中国腐蚀状况及控制战略研究丛书

海洋大气腐蚀环境下钢材氢脆理论及应用

黄彦良　郑传波 等　编著

科　学　出　版　社

北　京

内 容 简 介

本书总结了作者关于钢材在海洋大气腐蚀环境下腐蚀过程中的氢渗透及氢吸收行为、氢渗透与腐蚀的关系以及氢渗透对氢脆行为的影响方面的研究成果。全书共分九章,介绍了海洋大气腐蚀环境下应力腐蚀和氢脆的国内外发展状况,材料在海洋大气环境下腐蚀过程中的氢渗透行为,动载荷对氢渗透行为的影响,液膜下材料的电化学腐蚀行为,裂纹处的氢渗透行为特征,海洋大气环境下应力腐蚀开裂敏感性研究,基于氢渗透的氢渗透电流传感器,海洋大气环境下材料的氢脆机制,对基于氢渗透的腐蚀监测和应力腐蚀与氢脆监测的应用前景进行了展望。

本书内容翔实,数据丰富,可读性强,可以为滨海或海上码头、平台、桥梁等重大工程设施的防腐蚀监测设计、施工、管理和维护等提供重要参考。本书适用于有关高等院校、研究院所、工矿企业等同类专业人员研究参考,也十分适用于作为技术、施工及管理人员开展相关腐蚀监测、应力腐蚀与氢脆预防工作的指导读物。

图书在版编目(CIP)数据

海洋大气腐蚀环境下钢材氢脆理论及应用/黄彦良等编著. —北京:科学出版社,2016.2

(中国腐蚀状况及控制战略研究丛书)

ISBN 978-7-03-047225-0

Ⅰ.①海… Ⅱ.①黄… Ⅲ.海洋–大气腐蚀–钢–氢脆–研究 Ⅳ.① TG17

中国版本图书馆 CIP 数据核字(2016)第 013660 号

责任编辑:李明楠 李丽娇/责任校对:贾伟娟
责任印制:张 伟/封面设计:铭轩堂

辞 学 出 版 社 出版

北京东黄城根北街 16 号
邮政编码:100717
http://www.sciencep.com

北京中石油彩色印刷有限责任公司印刷
科学出版社发行 各地新华书店经销

*

2016 年 2 月第 一 版 开本:720×1000 B5
2016 年 2 月第一次印刷 印张:15 1/2
字数:286 000

定价:88.00 元

(如有印装质量问题,我社负责调换)

丛 书 序

腐蚀是材料表面或界面之间发生化学、电化学或其他反应造成材料本身损坏或恶化的现象,从而导致材料的破坏和设施功能的失效,会引起工程设施的结构损伤,缩短使用寿命,还可能导致油气等危险品泄漏,引发灾难性事故,污染环境,对人民生命财产安全造成重大威胁。

由于材料,特别是金属材料的广泛应用,腐蚀问题几乎涉及各行各业。因而腐蚀防护关系到一个国家或地区的众多行业和部门,如基础设施工程、传统及新兴能源设备、交通运输工具、工业装备和给排水系统等。各类设施的腐蚀安全问题直接关系到国家经济的发展,是共性问题,是公益性问题。有学者提出,腐蚀像地震、火灾、污染一样危害严重。腐蚀防护的安全责任重于泰山!

我国在腐蚀防护领域的发展水平总体上仍落后于发达国家,它不仅表现在防腐蚀技术方面,更表现在防腐蚀意识和有关的法律法规方面。例如,对于很多国外的房屋,政府主管部门依法要求业主定期维护,最简单的方法就是在房屋表面进行刷漆防蚀处理。既可以由房屋拥有者,也可以由业主出资委托专业维护人员来进行防护工作。由于防护得当,许多使用上百年的房屋依然完好、美观。反观我国的现状,首先是人们的腐蚀防护意识淡薄,对腐蚀的危害认识不清,从设计到维护都缺乏对腐蚀安全问题的考虑;其次是国家和各地区缺乏与维护相关的法律与机制,缺少腐蚀防护方面的监督与投资。这些原因就导致了我国在腐蚀防护领域的发展总体上相对落后的局面。

中国工程院"我国腐蚀状况及控制战略研究"重大咨询项目工作的开展是当务之急,在我国经济快速发展的阶段显得尤为重要。借此机会,可以摸清我国腐蚀问题究竟造成了多少损失,我国的设计师、工程师和非专业人士对腐蚀防护了解多少,如何通过技术规程和相关法规来加强腐蚀防护意识。

项目组将提交完整的调查报告并公布科学的调查结果,提出切实可行的防腐蚀方案和措施。这将有效地促进我国在腐蚀防护领域的发展,不仅有利于提高人们的腐蚀防护意识,也有利于防腐技术的进步,并从国家层面上把腐蚀防护工作的地位提升到一个新的高度。另外,中国工程院是我国最高的工程咨询机构,没有直属的科研单位,因此可以比较超脱和客观地对我国的工程技术问题进行评估。把这样一个项目交给中国工程院,是值得国家和民众信任的。

这套丛书的出版发行,是该重大咨询项目的一个重点。据我所知,国内很多领域的知名专家学者都参与到丛书的写作与出版工作中,因此这套丛书可以说涉及了我国生产制造领域的各个方面,应该是针对我国腐蚀防护工作的一套非常全面的丛书。我相信它能够为各领域的防腐蚀工作者提供参考,用理论和实例指导我国的腐蚀防护工作,同时我也希望腐蚀防护专业的研究生甚至本科生都可以阅读这套丛书,这是开阔视野的好机会,因为丛书中提供的案例是在教科书上难以学到的。因此,这套丛书的出版是利国利民、利于我国可持续发展的大事情,我衷心希望它能得到业内人士的认可,并为我国的腐蚀防护工作取得长足发展贡献力量。

徐匡迪

2015 年 9 月

丛 书 前 言

众所周知,腐蚀问题是世界各国共同面临的问题,凡是使用材料的地方,都不同程度地存在腐蚀问题。腐蚀过程主要是金属的氧化溶解,一旦发生便不可逆转。据统计估算,全世界每 90 秒钟就有一吨钢铁变成铁锈。腐蚀悄无声息地进行着破坏,不仅会缩短构筑物的使用寿命,还会增加维修和维护的成本,造成停工损失,甚至会引起建筑物结构坍塌、有毒介质泄漏或火灾、爆炸等重大事故。

腐蚀引起的损失是巨大的,对人力、物力和自然资源都会造成不必要的浪费,不利于经济的可持续发展。震惊世界的"11·22"黄岛中石化输油管道爆炸事故造成损失 7.5 亿元人民币,但是把防腐蚀工作做好可能只需要 100 万元,同时避免灾难的发生。针对腐蚀问题的危害性和普遍性,世界上很多国家都对各自的腐蚀问题做过调查,结果显示,腐蚀问题所造成的经济损失是触目惊心的,腐蚀每年造成损失远远大于自然灾害和其他各类事故造成损失的总和。我国腐蚀防护技术的发展起步较晚,目前迫切需要进行全面的腐蚀调查研究,摸清我国的腐蚀状况,掌握材料的腐蚀数据和有关规律,提出有效的腐蚀防护策略和建议。随着我国经济社会的快速发展和"一带一路"战略的实施,国家将加大对基础设施、交通运输、能源、生产制造及水资源利用等领域的投入,这更需要我们充分及时地了解材料的腐蚀状况,保证重大设施的耐久性和安全性,避免事故的发生。

为此,中国工程院设立"我国腐蚀状况及控制战略研究"重大咨询项目,这是一件利国利民的大事。该项目的开展,有助于提高人们的腐蚀防护意识,为中央、地方政府及企业提供可行的意见和建议,为国家制定相关的政策、法规,为行业制定相关标准及规范提供科学依据,为我国腐蚀防护技术和产业发展提供技术支持和理论指导。

这套丛书包括了公路桥梁、港口码头、水利工程、建筑、能源、火电、船舶、轨道交通、汽车、海上平台及装备、海底管道等多个行业腐蚀防护领域专家学者的研究工作经验、成果以及实地考察的经典案例,是全面总结与记录目前我国各领域腐蚀防护技术水平和发展现状的宝贵资料。这套丛书的出版是该项目的一个重点,也是向腐蚀防护领域的从业者推广项目成果的最佳方式。我相信,这套丛书能够积极地影响和指导我国的腐蚀防护工作和未来的人才培养,促进腐蚀与防护科研成果的产业化,通过腐蚀防护技术的进步,推动我国在能源、交通、制造业等支柱产业上的长足发展。我也希望广大读者能够通过这套丛书,进一步关注我国腐蚀防护技术的发展,更好地了解和认识我国各个行业存在的腐蚀问题和防腐策略。

　　在此,非常感谢中国工程院的立项支持以及中国科学院海洋研究所等各课题承担单位在各个方面的协作,也衷心地感谢这套丛书的所有作者的辛勤工作以及科学出版社领导和相关工作人员的共同努力,这套丛书的顺利出版离不开每一位参与者的贡献与支持。

侯保荣

2015 年 9 月

序

　　21 世纪是海洋的世纪，海洋资源以惊人的速度和规模被开发和利用，海洋产业高速发展，这就对各类海工设施的耐久性、稳定性和安全性提出了更高的要求。由于高强度钢的应力腐蚀和氢脆敏感性较高，在海洋大气环境下腐蚀过程中产生的氢对钢结构安全性的影响需要引起重视。

　　海洋腐蚀无时无刻不在发生，严重破坏了蓝色经济赖以发展的海工设施。我国每年因海洋腐蚀造成的损失超过全国海洋产业 GDP 的 3%，有数据表明在大气环境中腐蚀损失的金属约占总损失量的 50%以上。海洋腐蚀不但造成了材料资源消耗，材料在使用过程中还具有发生应力腐蚀和氢脆的潜在危险，严重阻碍了海洋产业的发展进程。有资料表明若能较好地将现代腐蚀防护技术应用到海工设施的防护中去，可以减少 25%～40%的经济损失，更重要的是减少灾难性腐蚀事故的发生。因此，研究海洋大气腐蚀过程中的氢渗透行为及其对应力腐蚀和氢脆的影响规律，将研究成果应用到指导海工设施的应力腐蚀和氢脆的监测中去，对及时发现隐患，减少灾难性海洋腐蚀事故的发生，确保服役期内的安全，对保障我国蓝色经济健康发展具有重大意义。

　　在发展蓝色经济过程中，将不断兴建大量海洋工程基础设施，如港口码头、跨海大桥、海洋石油平台、栈桥等，钢铁材料仍将是最常用的材料之一。海洋大气腐蚀环境比陆地大气腐蚀环境要苛刻得多。由于湿度大，钢铁材料表面常常覆盖一层含 Cl⁻的液膜，腐蚀速率远高于陆地，由此引起的腐蚀过程中产生的氢也比陆地环境要多，向材料内部渗透的量也可能大，增加发生氢脆的危险，严重影响着钢构造物的使用寿命和安全生产。

　　中国科学院海洋研究所自 20 世纪 60 年代开始，就一直从事海洋钢铁设施的腐蚀规律与控制技术研究，积累了海洋大气环境腐蚀规律和防护经验，近年来又开展了大气腐蚀过程中材料对氢的吸收及其对材料应力腐蚀和氢脆影响方面的研究工作，在海洋大气腐蚀环境下钢结构腐蚀过程中的氢渗透行为研究方面有独到之处，在海洋大气腐蚀环境下渗氢监测和腐蚀危险性监测方面取得了有价值的研究成果。

　　在中国工程院的支持下，中国科学院海洋研究所承担了我国腐蚀状况及控制战略研究课题。海洋大气腐蚀过程中发生的应力腐蚀和氢脆作为和腐蚀伴生的一种破坏，它的腐蚀破坏机理和危险性监测技术也是本战略研究的重要内容。该书的出版将是我国腐蚀状况及控制战略研究的重要成果之一。

相信该书的出版，将会使人们对海洋大气腐蚀过程中氢渗透行为及其所引起的应力腐蚀和氢脆的危害性有一个新的认识，也将使人们看到大气腐蚀渗氢监测技术在减少或避免应力腐蚀和氢脆危害性方面的潜在应用前景。

侯保荣

2015 年 11 月

前　言

　　海洋大气腐蚀环境是海洋腐蚀环境之一。在海洋大气环境中金属表面能凝结一层电解质液膜，膜的厚度随昼夜的更替而发生变化。正是在这种条件下，金属发生各种类型的腐蚀形态。

　　金属材料在大气环境中除发生均匀腐蚀外，还发生应力腐蚀、氢脆、腐蚀疲劳等形式的环境敏感断裂。在大气环境中发生环境敏感断裂的例子已有很多。例如，美国跨越俄亥俄河的"银桥"在使用 40 年后于 1967 年 12 月断裂，事后由专家鉴定，发现是由于环境敏感断裂产生了裂缝而破坏，引起腐蚀破裂的环境是大气中含有微量 SO_2 或 H_2S。1987 年 5 月，瑞士一室内游泳池天花板的不锈钢挂钩发生应力腐蚀开裂，造成严重事故。滨海设施的高强度构件和紧固件发生环境敏感断裂的例子也多有报道。研究表明，大气环境下环境敏感断裂的发生是由于金属材料表面存在电解质液膜，电解质液膜的成分一般不同于所处的环境，常常具有极高的浓度和极低的 pH。液膜与溶液有着不同的性质，而且，液膜会随着环境湿度的变化而变化，使金属表面出现干湿交替的现象，当大气中含有污染物时情况将更加复杂。

　　在环境敏感断裂中，氢脆是其中的一个重要类型，但有关大气环境中的氢渗透行为的研究却不多见。虽然有关碳钢和耐候钢的大气腐蚀机理、锈层结构和成分研究得较多，但是腐蚀过程中由于氢离子的还原反应相对其他阴极反应（如氧的阴极还原反应）所占比例较小，氢的渗入被多数研究者所忽略。

　　本书根据作者近年来的相关工作参阅国内外同类研究文献总结了海洋大气环境下腐蚀过程中氢渗透行为与应力腐蚀和氢脆研究的最新成果，为我国腐蚀状况及控制战略研究提供了重要素材。

　　全书内容分为 9 章，第 1 章介绍了海洋大气腐蚀、应力腐蚀和氢脆研究的背景材料以及国内外发展状况，强调海洋大气腐蚀氢渗透行为与应力腐蚀和氢脆研究的重要性；第 2 章介绍了海洋大气腐蚀环境下氢渗透行为的研究成果；第 3 章介绍了动载条件下氢渗透行为与形变的关系；第 4 章介绍了薄液膜下的应力腐蚀和不锈钢裂纹尖端处的氢渗透特征；第 5 章介绍了裂纹尖端及其周围的氢渗透行为；第 6 章介绍了海洋大气环境下的应力腐蚀及氢脆的研究方法和部分材料的海洋大气应力腐蚀开裂敏感性，介绍了污染物的影响；极化条件下的氢渗透行为和包覆防腐对氢脆的抑制作用；第 7 章介绍了氢渗透电流监测在腐蚀监测方面的应用；第 8 章介绍了材料在海洋大气环境下的氢脆机制；第 9

章对海洋大气环境下腐蚀过程中氢渗透行为监测在钢材应力腐蚀和氢脆保护方面的应用前景进行了展望。

希望本书的出版能在理论上完善环境敏感断裂理论，使人们对海洋用钢在海洋大气环境下的腐蚀破裂机制及其与氢渗透行为之间的关系有更深入的认识，作为应用部门在发展氢致断裂监测传感器，监测海上结构设施发生腐蚀开裂的危险性方面的参考。

在本书撰写过程中，编委会成员在资料查阅、整理和成文过程中付出了辛勤劳动，在此表示衷心感谢。

本书的研究内容得到国家自然科学基金 No. 40576049 和 No. 40876048 的资助，本书的出版得到中国工程院重大咨询项目"我国腐蚀状况及控制战略研究"的资助。

由于水平有限，时间仓促，错误和不足难免存在，恳请广大读者批评指正！

黄彦良

2015 年 11 月

目　　录

第1章 绪　论

1.1　研　究　背　景

　　腐蚀造成的损失是十分巨大的，据有关统计，腐蚀损失占国民经济生产总值的 3%～5%，全世界每年因腐蚀而造成的直接经济损失约为 7000 亿美元，我国2008 年因腐蚀造成的经济损失已超过 9000 亿元。在当今世界不断增长的生存压力下，世界各国正在想方设法谋求可持续发展的道路，沿海国家不约而同地将目光投向了浩瀚的海洋，纷纷制定海洋发展规划，完善政策法规，发展海洋高科技产业，不断加快海洋资源开发的步伐。因此，海洋是我们未来发展的一个突破口，研究开发和利用海洋资源是科技工作者的责任所在。

　　21 世纪海洋的开发和利用成为各国竞争的焦点，无论是政治的、经济的，还是军事上的竞争，归根到底是海洋科技的竞争，因此，海洋科技的发展必将成为重中之重。目前，已有 100 多个国家把海洋开发定为基本国策，大力发展海洋科技。美国从 20 世纪 50 年代起，先后出台了一系列战略规划，如《全球海洋科学规划》、《90年代海洋学：确定科技界与联邦政府新型伙伴关系》、《1995～2005 年海洋战略发展规划》、《21 世纪海洋蓝图》等，为其海洋科技的快速发展提供了强有力的政策支持，使美国在海洋科学基础研究和技术开发方面都形成了显著的领先优势，为美国海洋事业的发展与强盛提供了根本的支撑。英国政府也公布了《海洋科技发展战略》的报告，提出了海洋战略目标，优先发展对实施海洋发展战略具有重大意义的海洋科技，特别是海洋高新技术。

　　海洋不仅是巨大的资源宝库，而且是人类生存与发展不可缺少的空间环境，是解决人口剧增、资源短缺、环境恶化三大难题的希望所在。我国是一个海洋资源十分丰富的国家，不仅拥有 18 000 多千米的海岸线、6500 个沿海岛屿和 37 万平方千米的领海，还拥有近 300 万平方千米的管辖海域，这为发展我国海洋事业提供了十分广阔的天地。海洋资源可分为四大类：海洋生物资源、海洋矿产资源、海水化学资源以及海洋能量资源。这些海洋资源的开发和利用，离不开海上基础设施的建设。由于海洋苛刻的腐蚀环境，钢铁构筑物的腐蚀不可避免。作为工业材料，由于钢铁价格便宜、韧性大、强度高，在海洋环境中被大量使用，但是钢铁又极易发生腐蚀。海洋大气腐蚀区是海洋腐蚀环境之一，在钢结构自身所受应力及腐蚀的影响下，钢铁材料在海洋大气区除了发生均匀腐蚀外，还会发生一种严重的局部腐蚀——应力腐蚀，氢致开裂是重要的应力腐蚀机理之一。氢致开裂是原子氢在合金晶体结构内的渗入和扩散所导致的脆性断裂的现象，有时又称作氢脆或氢损伤。氢致开裂导致了钢铁材料强度降低，在较低载荷下会导致钢铁结构灾害性破坏，给国民经济生产及人民生命和财产安全造成了灾难性的后果，应给予足够重视并加以预防。随着海洋石油的开发，海上运输和观光业的发展，建造了大量的石油平台、栈桥、码头和船舶。这些设施大多是由高强度钢材建造而成，在海洋大气腐蚀环境中极易发生氢致开裂，因此研究高强度钢在海洋大气腐蚀环境中的氢渗透及氢致开裂行为对延长海洋钢铁设施的使用寿命，保证海上钢铁构造物的正常运行和安全使用以及促进海洋经济的发展，具有十分重要的意义。

1.2　海洋大气腐蚀

1.2.1　大气腐蚀的概念

金属材料及其制品在大气自然环境下，由于大气中水和氧等物质的作用而引起的腐蚀，称为大气腐蚀。由于大气环境的广泛存在，所以，材料在自然大气环境中的腐蚀最为普遍，所造成的损失也最大[1]。钢在自然环境中的大气腐蚀是钢与其周围的大气环境相互作用的结果，由于自然环境的复杂性，其腐蚀过程也是相当复杂的[2]。美国材料试验学会（ASTM）从 1906 年开始建立材料大气腐蚀试验网，进行多种材料的大气腐蚀试验，尤其是从 20 世纪 20 年代以来，金属在自然大气中的腐蚀成为主要的研究方向[3]。我国开展材料自然环境中（大气、海水、土壤）腐蚀试验开始于 20 世纪 50 年代中期，1980 年全面展开了我国常用材料大气、海水、土壤环境中长期、系统的腐蚀试验研究，并取得了大量有价值的研究成果[4, 5]。

大气腐蚀是自然界中普遍存在的一种腐蚀现象，它与本体溶液中的腐蚀有着很大差别。金属在自然环境尤其大气环境中的使用非常普遍，全世界在大气中使用的钢材一般超过其每年生产总量的 60%，在大气环境中腐蚀损失的金属约占总损失量的 50%以上。因此，研究金属在大气环境中的腐蚀性能，了解其在不同环境中的耐蚀性能和腐蚀规律，对于合理选用材料，提供相应的防护措施，控制其在大气环境中的腐蚀速率，延长设备、构件的使用寿命，减少腐蚀造成的经济损失有重要意义。

1.2.2　大气腐蚀学科的发展

金属的大气腐蚀是金属与其周围的大气环境相互作用而发生的腐蚀。近百年来，全世界对大气腐蚀进行了广泛而深入的研究。20 世纪初，英国和美国就已开始研究大气暴露腐蚀问题，当时是将金属暴露在污染较严重的环境中（如乡村、海洋、城市、工业区等），了解金属在这些环境中表现出的不同腐蚀行为，二三十年代 Vernon 发现 SO_2 在一定的相对湿度以上时，腐蚀速率迅速增大。后来，U. R. Evans，J. L. Rosenfeld 和 K. Barton 等著名科学家通过对腐蚀的研究，阐述了大气腐蚀中电化学反应的重要作用，电化学技术成为探讨腐蚀机理的一项常用手段。但由于电解池中的试样完全浸于水溶液中或被一层较厚的水膜覆盖，与实际的大气环境有差距，所以电化学的应用在探讨大气腐蚀中也只是部分有效。二十世纪六七十年代，人们发明了表面分析技术 X 射线镜、俄歇电子光镜，提供了被腐蚀材料表面电子层厚度、化学成分等信息，为分析大气腐蚀机理提供了更为详细的资料，也对电化学技术进行了补充。近年来研究者利用原子显微镜、石英晶体微天平、红外反射吸收光谱、穆斯堡尔谱、开尔文探针、大气腐蚀监测仪（ACM）等先进技术研究了金属腐蚀产物的特征及形成过程，测量了初期和以后形成的腐蚀产物的组成、结构、厚度等，并和环境参数联系起来，从而对大气腐蚀的复杂过程有了更深入、全面的了解。

近百年来在世界范围内，对材料的大气腐蚀进行了广泛深入的研究。一些专著[6-8]及 ASTM 特殊出版物[9-12]和历届国际金属腐蚀会议有关大气腐蚀的论文，展示了材料大气腐蚀研究的进展。

影响大气环境腐蚀性的因素很多，其中研究最多的是大气组分和润湿时间。

1. 大气组分

大气中的污染物对金属的大气腐蚀有重要的影响。对此主要研究了 SO_2[13-23]、氯化物[24, 25]、NO_x[14-16, 26]、O_3[14-16]、CO_2[27, 28]、烟、碳氢化合物、PVC 燃烧的气体[29-31]、烟尘颗粒[32-34]等的作用。

2. 润湿时间

金属材料表面有薄水膜的持续时间为润湿时间，它对金属的大气腐蚀有十分重要的作用。Dean 等[35]，Cole 等[36]，Tidblad 等[37]分别提出了计算润湿时间的模型。

1.2.3 大气腐蚀的分类

大气腐蚀的分类方法多种多样，有按气候特征划分的（热带、湿热带和温带等）；也有按水汽在金属表面的附着状态分类的。从地理和空气中含有微量元素的情况来看，可将大气分为以下几类：农村大气、工业大气、城市大气、海洋大气。乡村地区的大气比较纯净；工业地区的大气中则含有 SO_2、H_2S、NH_3 和 NO_2 等[33]。海洋大气是指在海平面以上由于海水的蒸发，形成含有大量盐分的大气环境。此种大气中盐雾含量较高，对金属有很强的腐蚀作用。与浸于海水中的钢铁腐蚀不同，海洋大气腐蚀同其他环境中的大气腐蚀一样是由潮湿的气体在物体表面形成一个薄水膜而引起的。这种腐蚀大多发生在海上的船只，海洋平台以及沿岸码头设施上。我国许多海滨城市受海洋大气的影响，腐蚀现象是非常严重的。普通碳钢在海洋大气中的腐蚀比沙漠大气中大 50～100 倍[38]。表 1-1 给出了几种常用金属在不同大气环境中的平均腐蚀速率，并对海水和土壤中腐蚀速率进行了比较[39]。

表 1-1　常用金属在大气、海水、土壤中的腐蚀速率

腐蚀环境	平均腐蚀速率/[mg/(dm²·d)]		
	钢	铜	锌
农村大气	—	0.17	0.14
工业大气	2.9	0.31	0.32
海洋大气	1.5	1.0	0.29
海水	25	10	8.0
土壤	3	3	0.7

　　从腐蚀条件看，人们认识到参与材料大气腐蚀过程的主要组分是氧、水汽和大气污染物。大气中含有水蒸气，水蒸气压与同一温度下大气中饱和水蒸气压的比值称为相对湿度。相对湿度达到100%时，大气中的水蒸气含量达到饱和，就会凝结成水滴，凝聚在金属表面形成可见的水膜。即使相对湿度小于100%，由于毛细管凝聚、吸附凝聚或化学凝聚作用，水蒸气也可以在金属表面凝聚成很薄的液膜，液膜的厚度影响着金属在大气中的腐蚀速率，大气中的水汽是形成腐蚀性薄液膜的前提条件。因此，我们可以根据材料表面的润湿状态，将材料的大气腐蚀进行分类。以金属材料（主要研究对象）为例，可以将大气腐蚀分为以下三类[1]。

1. 干大气腐蚀

　　干大气腐蚀是指金属表面基本上不存在薄液膜层时的大气腐蚀，属于化学腐蚀中的常温氧化，其特点是在金属表面形成不可见的保护性氧化膜（1～10nm）和某些金属失泽现象，如铜、银等在硫化物污染的空气中所形成的一层膜。干大气腐蚀主要是由纯化学作用引起的，其腐蚀速率较低，破坏性也小。

2. 潮大气腐蚀

潮大气腐蚀是指金属在相对湿度小于 100% 的大气中,表面存在肉眼不可见的薄的液膜层（10nm～1μm）时发生的大气腐蚀。例如,铁即使没受雨淋也会生锈。这种薄液膜是由于毛细管作用、吸附作用或化学凝聚作用而在金属表面形成的。所以,这类腐蚀是在超过临界相对湿度情况下发生的。这种情况下,由于大气中的氧通过金属表面的水膜比通过完全浸没时的液层要容易得多,因此,金属表面氧的去极化作用容易发生,腐蚀速率相对较大。

3. 湿大气腐蚀

湿大气腐蚀是指金属表面存在肉眼可见的水膜（1μm～1mm）时发生的大气腐蚀。当空气相对湿度约为 100% 或水分以雨、雾、雪等形式直接溅落在金属表面上时,就发生这种腐蚀。这种腐蚀与金属全浸于电解液中的电化学腐蚀机理基本一致。

通常情况下,大气腐蚀主要指的是潮大气腐蚀和湿大气腐蚀,它们实质上属于电化学腐蚀范畴,由于表面薄液膜厚度的不同,它们的腐蚀速率也不同,如图 1-1 所示。图中横坐标为水膜层厚度,用 δ 表示,纵坐标为腐蚀速率,用 v 表示。

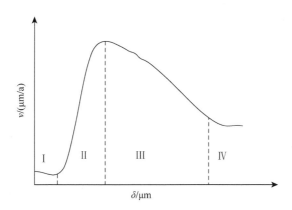

图 1-1　大气腐蚀速率与金属表面上水膜层厚度之间的关系[40]

Ⅰ：δ=1～10nm；Ⅱ：δ=10nm～1μm；Ⅲ：δ=1μm～1mm；Ⅳ：δ>1mm

其中Ⅰ区为金属表面上有几个分子层厚的吸附水膜,没有形成连续的电解液,相当于“干氧化”状态。Ⅱ区对应于“潮的大气腐蚀”状态,此时由于电解质液膜的存在，开始了电化学腐蚀过程，腐蚀速率急剧增加。Ⅲ区为可见的液膜层，随着液膜厚度的进一步增加，氧的扩散变得困难，因而腐蚀速率逐渐降低。液膜更厚时，进入Ⅳ区，这与本体溶液中腐蚀相同。

1.2.4 大气腐蚀环境的特点及影响因素

影响大气腐蚀的因素很多，本质上与材料自身的性质密切相关，另外，随着气候、地区的不同，大气的成分、湿度、温度等均有很大的差别。

1. 材料自身性能

不同钢材对大气腐蚀有着不同的敏感性。通过合金化在普通碳钢的基础上加入某些适量的合金元素，可以改变锈层结构，生成一层具有保护作用的锈层，可大大改良钢的耐大气腐蚀性能。例如，在钢中加入 Cu、P、Cr、Ni 等，效果比较显著。

金属表面状态特别是材料表面的光洁度，对大气腐蚀的发生和发展有很大的影响。因为不光洁的表面增加了材料表面的毛细管效应、吸附效应和凝聚效应，从而使得材料表面出现"露水"时的大气湿度（即临界大气湿度）下降。当表面存在污染物质时，对表面微液滴的形成更加有利，会进一步促进腐蚀过程。

另外，腐蚀产物[40-42]是大气腐蚀发展的又一重要因素。经大气腐蚀后的材料表面上所形成的腐蚀产物膜，一般均有一定的"隔离"腐蚀介质的作用。故对于多数材料来说，腐蚀速率随暴露时间的延长而有所降低，但很少呈直线关系。这种产物保护现象对耐候钢尤为突出，其原因在于其腐蚀产物膜中含金属元素富集，使锈层结构致密，起到良好的屏蔽作用。但对于阴极性金属保护层，常常由于镀层有孔隙，在底层下生成的腐蚀产物，因体积膨胀而导致表面保护层脱落、起泡、龟裂等，甚至发生缝隙腐蚀。

2. 气候因素

大气腐蚀实质上是一种水膜下的化学或电化学反应，空气中水分在材料表面凝聚而生成水膜是发生大气腐蚀的基本条件之一，而水膜的形成又与大气中的相对湿度密切相关。因此，空气中的相对湿度是影响大气腐蚀的一个非常重要的因素[43, 44]。有研究表明，相对湿度对金属材料大气腐蚀的影响不是线性的，而存在某一相对湿度值，当环境的相对湿度超过此值时，金属的腐蚀速率会迅速增加，这值被称为临界相对湿度[45]。不同的材料或同一材料的不同表面状态，对大气中水分的吸附能力是不同的，因此它们有着不同的临界湿度值。据报道，几种常用金属材料钢、Fe、Cu、Zn、Al 的腐蚀临界相对湿度为 70%～80%[46]。需要指出的是，在实际大气环境中，临界湿度值还取决于其他环境条件，如大气中的 SO_2 污染程度等。环境温度[1, 47]及其变化是影响大气腐蚀的又一重要因素，因为它能影响着材料表面水蒸气的凝聚、水膜中各种腐蚀性气体和盐类的溶解度，还可以影响水膜的电阻以及腐蚀微电池中阴、阳极过程的反应速率。另外，工业大气环境中的雨水还溶解了空气中的污染物，如 SO_2、NO_x 等，形成通常所说的"酸雨"，能促进腐蚀进程[1, 48]。

3. 不同大气环境

工业、海洋和农村大气环境对大气腐蚀的影响也不同，工业大气中的 SO_2、NO_3 等酸性气体都可能对材料大气腐蚀产生促进作用[49, 50]。大气中的 SO_2、NO_2 和 NO 主要来源于燃料燃烧排放的气体，它们或通过大气化学作用在大气中被氧化成相应的酸或盐沉积于材料表面，或直接沉积溶解于表面水膜，通过催化氧化作用形成相应的酸或盐进而影响材料大气腐蚀。

在海洋大气环境中，海盐粒子被风携带并沉降在暴露的材料表面上，它具有很强的吸湿性，促进金属表面微液滴的形成，进而促进材料大气腐蚀过程[51]。Corvo[52]的研究表明，碳钢的腐蚀速率随暴露点距海岸线的距离增大而急剧减小，与空气中的氯离子浓度分布显著相关，反映了海洋大气的强腐蚀性；亦有研究表明，海盐粒子中的 Cl⁻具有强烈的穿透性，可容易穿过表面腐蚀产物层而渗透到基体[53]。

1.2.5　海洋大气腐蚀环境的特点及影响因素

大气腐蚀一般被分成乡村大气腐蚀、工业大气腐蚀和海洋大气腐蚀。海洋大气环境与乡村大气和工业大气相比有明显不同[54]。海洋大气中盐雾含量较高，对金属有很强的腐蚀作用，是由于潮湿的气体在材料表面形成薄水膜而引起的常发生在海上的船舶和沿岸码头上。我国海滨城市多，海洋大气腐蚀现象非常严重。普通碳钢的腐蚀速率远高于沙漠大气中的。

钢铁海洋大气腐蚀是大气环境中诸多因素在其表面综合作用的结果，而暴露在其他大气环境中的金属腐蚀更容易受所处环境的主要条件影响[43]，影响钢铁海洋大气腐蚀有以下一些主要因素。

1. 大气相对湿度

海洋大气中相对湿度较大，空气的相对湿度都高于它的临界值。因此海洋大气中的钢铁表面有腐蚀性水膜[55]。表面水膜的厚度对钢铁的海洋大气腐蚀有重要影响，它直接影响到钢铁腐蚀速率和腐蚀机理，同一般的大气腐蚀相比，由于海洋大气环境具有高的湿度，钢铁表面通常存在较厚的水膜，且随着水膜厚度的增加，腐蚀速率变大。对于海洋大气环境的不同湿度，所形成的水膜也具有不同的厚度，因而在不同海域的海洋大气腐蚀形式也不完全相同。由于日晒和风吹，钢铁表面的水膜厚度也会发生改变，从而改变钢铁表面大气腐蚀的过程。腐蚀性水膜对钢铁发生作用的海洋大气腐蚀过程，符合电解质中电化学腐蚀规律。这个过程使氧特别容易到达钢铁表面，钢铁腐蚀速率受到氧极化过程控制。此外，海洋环境中的雨、雾、露中的水分通过不同的方式影响相对湿度[56]，进而影响钢铁的大气腐蚀过程。试验结果表明钢在相对湿度大于70%时腐蚀严重[57]。

2. 大气含盐量

海洋大气中因富含大量的海盐粒子，形成含有大量盐分气体的环境，这是与其他气体环境的重要区别。这些盐粒子杂质溶于钢铁表面的水膜中，使这层水膜变为腐蚀性很强的电解质，加速了腐蚀的进行，与干净大气的冷凝水膜比，被海雾周期饱和的空气能使钢的腐蚀速率增加8倍[55]。盐粒当中对大气腐蚀发生较大影响的是NaCl等氯化物，NaCl的存在促进了腐蚀的发生。另外，在海岸带的大气中常含有钙和镁的氯化物，这些盐类的吸湿性增加了在金属表面形成液膜的趋势，这在夜间或气温达到露点时表现得更为明显[58]。

3. 大气温度

海洋大气腐蚀环境的温度及其变化，影响金属表面水蒸气凝聚、水膜中各种腐蚀气体和盐类溶解度、水膜电阻以及腐蚀电池中阴、阳极过程的腐蚀速率，从而影响金属材料的海洋大气腐蚀。海洋大气腐蚀环境中，由于空气湿度大，常常高于金属的临界相对湿度，温度的影响十分明显，温度升高使海洋大气腐蚀明显加剧。对于一般的化学反应，温度每升高10℃，反应速率提高1倍。

4. 干湿交替

暴露于海洋大气环境下的金属材料表面常常处于干湿交替变化的状态中，干湿交替导致金属表面盐浓度较高从而影响金属材料的腐蚀速率[59]。干湿交替变化频率受多种因素影响。空气中的相对湿度通过影响金属表面的水膜厚度而影响干湿交替的频率；日照时间如果过长导致金属表面水膜的消失，降低表面的润湿时间，腐蚀总量减小。另外，降雨、风速对金属表面液膜的干湿交替频率也有一定的影响。在海洋大气区金属表面常会有真菌和霉菌沉积，这样由于它保持了表面的水分而影响干湿交替的频率从而增强了环境的腐蚀性。

5. 光照条件

光照条件是影响材料海洋大气腐蚀的重要因素。光照会促进铜及铁金属表面的光敏腐蚀反应及真菌类生物的生物活性，这就为湿气和尘埃在金属表面储存并腐蚀提供更大的可能性。另外，海洋大气中的材料背阳面比朝阳面腐蚀更快。这是因为与朝向太阳的一面相比，背向太阳面的金属材料尽管避开太阳光直射、温度较低，但其表面尘埃和空气中的海盐及污染物未被及时冲洗掉，湿润程度更高使腐蚀更为严重。

总之，海洋大气环境的腐蚀性与诸多因素有关。对于一些海滨城市，如海洋大气环境中伴有严重的工业污染，钢铁的海洋大气腐蚀将会更加严重，因此，海洋钢铁设施在严酷腐蚀环境与应力的共同作用下，发生氢脆等类型的应力腐蚀开裂的可能性大大增加。

1.2.6　大气腐蚀的机理

阳极过程：在薄的液膜条件下，由于阳极钝化及金属离子水化过程的困难，大气腐蚀的阳极过程受到较大阻碍。

阴极过程：主要是依靠氧的去极化作用，还会伴随微弱的水去极化作用。

在大气腐蚀条件下，金属表面液层变薄会使阴极过程更容易进行，而阳极过程变得越来越困难。潮大气腐蚀环境时，腐蚀过程主要受阴极控制，阳极控制大为减弱。而在湿大气腐蚀环境时，腐蚀过程则主要由阳极过程控制，阴极控制减弱。可见，金属表面水膜厚度的变化不仅影响潮湿的程度，最重要的是转变了电极过程的控制特点。但一般来说，在大气中长期暴露的钢，其腐蚀速率还是逐渐减慢的：一是锈层增厚会使锈层电阻增加和氧渗透困难，导致阴极去极化作用减弱；二是附着性好的锈层增加了阳极极化作用使大气腐蚀速率减慢[60]。

1.2.7　大气腐蚀试验的研究方法

由于认识到大气污染对材料的腐蚀危害，从 20 世纪初开始，美国试验与材料协会（ASTM）就展开了大气腐蚀试验研究，Larrabee 等[61-63]先后进行了大气腐蚀数据积累工作，总结腐蚀规律，探讨了腐蚀机理。此后，在世界各个地区广泛开展了大量的大气腐蚀试验，积累了一系列的研究方法。近几十年来国内外大气腐蚀试验的研究方法叙述如下。

1. 现场试验

把专门制备的金属试片置于现场实际应用的环境介质中进行试验，称为现场试验。现场试验是研究大气腐蚀的最常用的方法，其特点是腐蚀介质和试验条件均与实际使用情况严格相同、试验结果可靠、试验操作简单，缺点是环境因素无法控制、腐蚀条件变化较大、周期长、试片易失落、试验结果较分散、重现性差等。

基于现场试验的真实、可靠性，各国对金属材料的大气腐蚀现场试验都十分重视，做了大量的工作。20 世纪初，有些国家就已经开始用这种方法对金属材料在大气环境下的腐蚀行为进行研究。美国率先开展材料大气腐蚀与防护的试验工作，美国国家标准局（NBS）、美国材料和试验学会（ASTM）等单位互相合作，建立了大气腐蚀试验网[64]。1930 年始，英国钢铁研究协会建立了大气腐蚀试验网。日本与有关企业合作，建立 20 多个大气腐蚀试验站，对金属材料等进行系统的自然环境腐蚀试验与材料耐蚀性评定。根据国家建设发展的需要，中国从 20 世纪 50 年代末开始建立全国大气腐蚀试验网站，60 年代中期到 70 年代试验中断，1980 年开始恢复。现已在中国典型的城市、乡村、海洋及工业大气区建立 10 个大气环境腐蚀试验站，开始了我国常用材料长期、系统的自然环境腐蚀试验和研究工作[65]，对材料使用与改进都有着很大的指导作用。Chandler, Ailor 等[8, 66]对自然环境大气腐蚀数据进行了积累，总结了腐蚀规律，探讨了腐蚀机制，取得了较大的成果。美国曾在 523 个城市进行为期 25 年的大气腐蚀调查，并绘制了大气腐蚀图[67]。目前，我国已经在全国范围建立了 8 个不同气候环境地区的黑色金属、有色金属和涂渡层 3 大类材料的大气腐蚀数据库[68]；绘制了辽宁省及海南省的材料大气腐蚀图[69]，这些工作为国民经济各项工程提供了必需的基本信息。于国才等[70]对沈阳地区碳钢和耐候钢在工业大气环境下，进行了为期 9 年的大气户外暴晒试验，结果分析表明，4 种材料的腐蚀失重与试验时间的关系遵循指数规律，碳钢腐蚀较重，耐候钢腐蚀较轻，表现出较好的耐候性。大量的试验表明[71-75]，影响大气腐蚀的因素主要有 3 个：润湿时间、二氧化硫含量和盐粒子含量。梁彩凤等[74]分析中国 7 个试验点 17 种钢 8 年大气腐蚀数据，认为对于碳钢和低合金钢，危害最大的污染是二氧化硫及氯离子，对于非耐候钢，湿热条件对长期腐蚀的影响非常大。

理论研究方面，汪轩义等[76]运用模式识别技术，对影响金属大气腐蚀的主要因素进行聚类分析，初步研究了运用典型地区金属大气腐蚀数据预测和评价有关地区大气环境腐蚀性，为腐蚀工程建设提供有参考价值的数据。运用模糊数学综合评价方法[77]，根据国际标准化组织 ISO9223 大气腐蚀性分级标准和我国大气腐蚀网站的腐蚀数据，对中国典型地区的大气腐蚀进行了综合评价。蔡建平等[78]发展了人工神经网络技术来预测碳钢和低合金钢的大气腐蚀性。栾艳冰等[79]用神经网络技术建造碳钢和低合金钢大气腐蚀知识库，效果明显。Cai 等[80]构建了一个 5-8-1 的神经网络模型来预测大气腐蚀行为，采用的输入因子为温度、相对湿度时间、暴露时间、二氧化硫浓度和氯离子浓度，输出结果为腐蚀深度。Pintos 等[81]用人工神经网络（ANN）技术对南美洲大气腐蚀进行了预测，数据来自 14 个国家 72 个测试点，研究了相对湿度时间、氯离子浓度、二氧化硫浓度、湿度等因素腐蚀的影响，误差小于线性回归模型。

2. 实验室试验

为了研究生产实践中已经发生或可能发生的腐蚀问题及有关理论问题，可以在实验室内有目的地将专门制备的小型金属试样在人工配制的（或取自然环境）、受控制的环境介质条件下进行腐蚀试验，这称为实验室试验。优点是：①可以充分利用实验室测试仪器及控制设备的严格精确性；②可以自由选择试样的大小和形状；③可以严格地分别控制各个影响因素；④周期较短、重现性好。但实验室试验不能很好地模拟真实大气环境。

实验室试验一般包括模拟试验和加速试验两类，其结果应该以现场暴露试验为参照依据。

1）实验室模拟试验

这是一种不加速的长期试验，即在实验室的小型模拟装置中，尽可能精确地模拟自然界或工业生产中遇到的介质及环境条件,或在专门规定的介质条件下进行试验。试验条件容易控制、观察和保持，结果可靠，重现性高。但是，模拟试验的周期长，费用也较大。Svensson 和 Johansson 等[27, 82]从模拟自然大气条件出发,成功研究了不同温度和湿度下几种污染气体成分在与大气环境中浓度相近时对 Zn 腐蚀行为的影响，发现 Zn 的大气腐蚀过程与温度具有相关性。

2）实验室加速试验

这是一种人为控制试验条件加速的腐蚀试验方法。加速方法包括盐雾试验、电解腐蚀试验（EC 试验）、湿热腐蚀试验、二氧化硫气体腐蚀试验、硫化氢气体腐蚀试验、膏泥腐蚀试验等。盐雾试验包括中性盐雾试验（NSS）、醋酸盐雾试验（ASS）等，被认为是模拟海洋大气对不同金属作用最有用的方法，并且与室外大气腐蚀试验具有良好的相关性[83]。电解法适用于钢铁件和锌压铸件上 Cu-Ni-Cr 或 Ni-Cr 多层镀层的加速腐蚀试验，其原理是使镀层不连续处暴露出的镍层在电解液中发生阳极溶解，从而获得镀铬层的完整性状况。湿热腐蚀试验主要用于考虑冷凝水膜的作用、模拟热带地区的大气条件，在高温高压下能加速电偶腐蚀，所以此法适合于对产品组合件综合性能的鉴定，但试验周期较长。二氧化硫气体腐蚀试验是一种模拟工业大气和污染气氛条件的加速腐蚀试验方法，适用于检验汽车零部件镀层、电子器件触点的耐蚀性及对接触特性的影响等。我国国家标准 GB/T2423.19—2013 规定了评定含 SO_2 大气对贵金属镀层的电子触点和连接件的耐蚀性及其对接触特性影响的试验方法。膏泥腐蚀试验方法主要适用于 Cu-Ni-Cr 或 Ni-Cr 和铬镀层的加速腐蚀试验，模拟汽车上的电镀件经含有尘埃、盐类等泥浆溅泼后遭受的腐蚀情况，与室外大气试验具有良好的相关性。Pourbaix 等[84]首先提出用干湿周期循环试验方法研究大气腐蚀，较好地模拟金属在大气下的真实条件，与室外有良好的相关性。

3. 实物试验

实物试验是将待试验的金属材料制成实物部件、设备或小型试验装置，在现场应用条件下进行的腐蚀试验。这种试验如实地反映了实际使用的金属材料状态及环境介质状态，包括加工、焊接产生的应力、热经历和工况应力等作用影响，能够比较全面、正确地提供金属材料在实际使用状态下的性能。但试验周期冗长，费用高，在进行实物试验前，必须先进行实验室试验和现场试验，取得足够数据后才可考虑实物试验。

4. 电化学测试方法

金属材料的大气腐蚀是一种电化学腐蚀。当金属表面的电解液膜极薄时，金属的腐蚀情况与浸入溶液里时有很大区别。随电解液膜不断减薄，腐蚀电流逐渐增大，在膜层即将干燥的最后阶段，金属腐蚀最为严重。Rosenfeid 等[85]的研究也指出，金属表面电解液膜的减薄，增加了氧化还原速率，从而提高了由扩散控制的腐蚀速率。电化学试验技术有润湿时间，并发展了用润湿时间仪连续测量大气腐蚀过程，结果表明，电池电流随电解液膜厚度减小而急剧增加，在液膜干燥前达到一个峰值。还有极化电阻[86]等，这些方法一直使用到现在。除此之外，还有以下方法。

1）电化学阻抗（EIS）

用小幅度正弦交流信号扰动电解池，并观察体系在稳态时对扰动的跟随情况，能够分析阻抗数值，计算金属溶液界面的等效电路图。张万灵等[87]用在户外暴露的带锈试样在 $NaHSO_4$ 溶液中进行了 EIS 测量，采用传统的三电极系统，结果表明，EIS 图上均有两个时间常数，由于锈层较厚，扩散层明显，低频段有一条直线，不是单一的 warburg 阻抗。清华大学[88]通过非原位电化学阻抗研究了锌初期大气腐蚀产物的形成，效果较好。

2）Kelvin 电极技术

20 世纪 80 年代后期，Stratman[89, 90]等首先将 Kelvin 探头振动电容法技术应用到金属腐蚀研究中，对环境试验中大气腐蚀的电化学研究测试带来了突破性进展。它的基本原理是，在待测金属上方，有一块上下振动的惰性金属，振动改变了待测金属与探头间的距离和极间电容，从而感生出交变电流。王佳和水流彻的研究[91]表明利用 Kelvin 探头测得的电位与用微参比电极测的电位之间有很好的线性关系。北京航空材料研究院已经开展了此方面的研究工作，与中国科学院海洋研究所合作研制了 Kelvin 探头大气腐蚀测量仪。中国科学院金属研究所也建立了 Kelvin 振动探针装置，用于环境腐蚀现场监测。由于 Kelvin 电极在测量时不与金属直接接触，也不和表面液膜接触，测量结果不受溶液压降的影响。利用这种技术可以对薄液膜下金属表面电位分布进行测量，也可测得极化曲线[91]。孙志华等[92]用此技术，测得了液膜下金属电极电位及极化曲线，为研究大气环境下的材料腐蚀行为提供了先进的技术和方法。Tahara 等[93]用此技术研究了 Fe/Zn 电偶在薄液膜下的腐蚀，探头以垂直于 Fe/Zn 的分界线方向从 Zn 扫到 Fe，Zn 区的 E_{kp}（Kelvin potential）几乎不变，而 Fe 区的 E_{kp} 离分界线越远，其值越接近孤立存在时的电位，Fe 区的过渡区范围表征了 Zn 对 Fe 的阴极保护范围。Nazarov 等[94]用扫描 Kelvin 探针研究了金属和聚合物涂料界面，结果表明界面双电层电压降对所测得的电位值起主要作用。

3）石英晶体微天平的应用

石英晶体微天平（QCM）是一种具有纳克级灵敏度的质量检测仪器，是根据压电谐振原理，来实现对电极表面质量变化的监测。借助于 QCM 的超高灵敏度，可以原位地对金属在大气腐蚀过程中的质量变化进行实时监测，Zakipour[95]和 Forslund 等[96]曾分别用此法对大气腐蚀初期或短期内的动力学规律进行了研究。但电极的制备技术制约了 QCM 的发展，虽然原则上可以通过气相沉积法和电镀来制备，但技术较为落后，阻碍了其发展。

5. 物理学研究方法

随着物理学的发展、精密仪器的出现，腐蚀研究也越来越微观化。在腐蚀研究中常用的现代物理方法有光信息法、电子信息法、离子信息法等。其中光信息法包括椭圆偏光法、X 射线荧光光谱法（XRFS）、X 射线衍射法（XRD）等。电子信息法包括透射电子显微镜（TEM）、扫描电镜（SEM）、电子探针法（EPMA）、俄歇电子能谱法（AES）等。离子信息主要指二次离子质谱法（SIMS）。SEM 可给出金属在不同时期表面形态，观察表面局部腐蚀行为。XRD 与 AES 结合使用可对腐蚀产物进行分析，判断腐蚀产物中的元素组成并可进行半定量分析。利用XRD 可获得具有一定含量晶型物质的信息。红外光谱可用于部分产物的鉴定，如非晶型 FeOOH。原位红外和原位原子力显微镜的联合使用不仅能实时观察形貌变化，还能分析产物的形成过程。Wadsak 等[97]就用原位红外和原位原子力显微镜成功地研究了 Cu 的初期腐蚀过程。可以说，物理学方法在腐蚀研究中的应用越来越广泛。

1.2.8　大气腐蚀的危害及防护方法

当前，大气腐蚀已经遍及国民经济和国防建设各个领域，其危害十分严重，具体表现在以下几个方面。

1. 大气腐蚀容易造成灾难性事故和重大经济损失

据统计，每年因腐蚀造成的经济损失约占当年国民经济生产总值（GDP）的1%～4%。全世界在大气中使用的钢材一般超过其每年生产总量的 60%，在大气环境中腐蚀损失的金属约占总损失量的 50%以上[98, 99]。在大气腐蚀和其他外力因素的联合胁迫下，往往会造成重大事故，危及人身安全。例如，美国跨越俄亥俄河的"银桥"在使用 40 年后于 1967 年 12 月断裂；瑞士一室内游泳池与主结构相连的悬挂天花板的奥氏体不锈钢构件发生应力腐蚀开裂。

2. 大气腐蚀对人类文化遗产带来了重大破坏

例如，世界上最大的古代石刻佛像——四川的乐山大佛，由于受酸雨和风吹日晒等的影响，鬓发脱落，鼻梁发黑，佛容日渐暗淡，虽然投入巨资维护，但收效甚微；希腊的 Acropolis 纪念碑和雕塑因硫化而产生裂纹和斑迹；美国的自由女神像因大气污染而严重被侵蚀等[100]。

3. 大气腐蚀造成环境污染，影响生态平衡

Stigliani 等[101]的研究指出，水体中的许多金属元素（如 Zn、Cd、Pb）绝大部分来自分散面源的排放，其中就包括材料大气腐蚀这一过程。

基于以上大气腐蚀对经济和生命安全的危害，研究者很早就开始了对防止大

气腐蚀措施的研究。大致方法有以下几类：①通过改变材料自身属性加强抗大气腐蚀能力，如通过改变材料冶炼方法和合金化，改变锈层结构，改善钢的耐大气腐蚀能力；②隔离金属与氧气或水的接触，也能减慢大气腐蚀速率，包括涂层、镀层、防锈油、防锈脂、惰性气体保护等。

1.2.9 模拟海洋大气区的研究进展[102]

Li 等[103]构建了 80%相对湿度的海洋大气环境，并在此条件下模拟研究了氯化钠颗粒影响下的 Mo/Nd16Fe71B13/Mo 膜腐蚀机理。董俊华等[104]构建了模拟海岸线-工业大气环境的干/湿循环加速腐蚀测试体系，并以此体系研究了在模拟海洋大气条件下低成本 MnCuP 耐候钢的大气抗腐蚀性。此外，他们还把 MnCuP 耐候钢置于模拟的海洋大气中进行浸湿/烘干循环操作，并利用腐蚀重量增加、扫描电镜、XRD 和电化学分析方法对铁锈的生成情况进行了研究[105]。韩恩厚等[106]研究了涂有环氧富锌漆的碳锰硅钢污染表面的腐蚀行为。电化学阻抗谱研究表明，被污染的油漆涂层的抗腐蚀性在很大程度上受锌腐蚀产物扩散情况的影响。

王树涛等[107]构建了模拟海洋大气环境的加速腐蚀实验研究体系，并利用该体系对低碳铁素体钢和耐候钢 09CuPCrNi 的朝天面与朝地面的腐蚀行为及相应锈层进行了研究。通过研究提出了锈层孔隙模型，认为锈层保护性能差异的原因是锈层干/湿交替频率的不同导致的，研究证明两种结构钢的朝地面均比朝天面腐蚀严重。武博等[108]利用构建的周浸加速腐蚀试验模拟研究体系研究了两种满足 E690要求的低碳贝氏体钢在模拟海洋大气环境中的耐腐蚀性能和拉伸性能的变化。研究表明，在试验环境中腐蚀对两种试验钢的力学性能影响较小，说明没有产生严重的局部腐蚀。

李春玲等[109]构建了模拟海洋大气的模拟实验体系，并对该条件下 NdFeB（M35）初期的腐蚀行为进行了模拟研究。研究表明，在模拟海洋大气腐蚀环境的初期阶段 NdFeB（M35）表面产生非选择性分布的腐蚀微电池以及材料独特的结构使这种材料出现不同类型的局部腐蚀。随着暴露时间的延长，NdFeB（M35）表面形成了新的阴阳极区，腐蚀不断扩展，腐蚀过程中晶界与富 Nd 相最先腐蚀，之后磁性相发生腐蚀，研究表明腐蚀微电池的形成及腐蚀微电池电位变化是NdFeB（M35）腐蚀的外因。

韩德盛等[110]设计了模拟海洋大气环境的"溶液浸泡/气氛暴露"的加速腐蚀试验体系。并利用该体系研究了 LY12 铝合金的初期腐蚀行为，通过与同期进行的"间歇盐雾"、"周期浸泡"等的试验结果进行对比得到以下实验结论。在腐蚀形貌方面，"周期浸泡"与"间歇盐雾"结果相似，其腐蚀程度远大于"溶液浸泡-气氛暴露"试验方法；在腐蚀后的自腐蚀电位方面，三种方法的试验结果相同。综合比较证明，所设计的"溶液浸泡-气氛暴露"的加速腐蚀试验，相比常用"间歇盐雾"和"周期浸泡"，对 LY12 铝合金腐蚀的加速程度较轻。

杨帆等[111]通过连续盐雾腐蚀实验对 0359 铝合金在模拟海洋大气环境中的腐蚀行为进行了研究。作者主要对氯离子浓度对腐蚀性能的影响进行了细致的研究，分析了腐蚀试样的表面形貌、腐蚀产物、点蚀深度和腐蚀失重。研究结构表明：氯离子浓度增大对 0359 铝合金的腐蚀具有明显的加速作用；0359 铝合金经盐雾腐蚀后，腐蚀形貌主要以点蚀为主，且点蚀随盐雾浓度升高逐步扩展；随着氯离子浓度由 1%升至 9%，试样腐蚀形貌由轻微的点蚀发展为点蚀深度明显的大点蚀坑；以万宁地区户外暴露腐蚀失重为参考，该合金可满足海洋大气环境中 10 年以上的使用寿命。

李黎等[112]对热浸镀锌及锌铝合金镀层在模拟海洋大气环境中腐蚀行为进行了电化学研究。作者在 0.02mol/L NaCl 溶液中，用电化学方法测定了纯锌镀层（GI）、5% Al-Zn 合金镀层（GF）和 55% Al-Zn 合金镀层（GL）的极化曲线及腐蚀速率，用扫描电子显微镜观察了 3 种镀层腐蚀产物的表面形貌及去除腐蚀产物后的镀层表面形貌，并对腐蚀产物成分进行了分析。结果表明：在 0.02mol/L NaCl 溶液中，GL 镀层耐腐蚀性最好，GF 镀层次之，GI 镀层最差，镀层会发生选择性腐蚀，并在镀层表面生成致密、难溶的 $Al(OH)_3$ 化合物。

1.3　应力腐蚀开裂

在海洋大气腐蚀环境中，除发生均匀腐蚀外，还存在各种局部腐蚀，如电偶腐蚀、缝隙腐蚀、选择性腐蚀以及应力腐蚀等。其中，应力腐蚀是在事先没有明显预兆而突然发生的脆性断裂，是破坏性和危害性极大的一种腐蚀形式，下面将从概念、特征、影响因素、机理、研究方法以及控制方法等方面详细介绍应力腐蚀。

应力腐蚀开裂（stress corrosion cracking，SCC）是指金属材料在固定应力和特定介质的共同作用下所引起的破裂，简称应力腐蚀。这种应力和环境联合作用往往使金属机械性能下降，比单个因素分别作用后再叠加起来要严重得多。SCC并不是一个新问题[113]。然而，人们有意识地注意和重视 SCC 只是始于工业突飞猛进的 19 世纪下半叶。当时由于冲压黄铜弹壳的广泛使用，在储存过程中，发生了严重的应力腐蚀开裂。1886 年又发现含银和铜的冷拉合金丝在 $FeCl_3$ 溶液中具有 SCC 敏感性。到 19 世纪末，又出现了蒸汽机车铆接锅炉的碱脆问题。20 世纪20 年代初，发现铝合金在潮湿大气中也发生了 SCC。1930 年报道了镁合金军用飞机在潮湿大气中的 SCC 事件。美国路易斯安那州输气管线和阿拉伯东部阿卜凯克油田管线，分别于 1965 年和 1977 年发生油气泄露事件，在大火中丧生多人，经济损失巨大。事后经过事故分析，都是由于输油管道外侧发生 SCC 引起的[114]。

我国的油气管线同样也发生过类似的事故，1968 年四川威远至成都的输气管线发生泄露爆炸，造成了严重的人员伤亡和巨大的经济损失。

金属材料的应力腐蚀开裂是一个很重要的实际问题。应力腐蚀开裂占不锈钢材料腐蚀破坏的 20%以上[115]，而海洋环境中含有大量 Cl⁻，当不锈钢材料应用于海洋这种苛刻的腐蚀环境中时，应力和 Cl⁻联合作用使不锈钢材料的机械性能下降往往比单个因素分别作用后再叠加起来的效果要严重得多，因为海洋腐蚀环境和应力的协同作用可以相互促进，加速材料的破坏[116-121]。不锈钢材料在酸性含 Cl⁻环境中的应力腐蚀开裂是科研工作者的重要研究方向[122-130]。

较常遇到的而又研究较多的是奥氏体不锈钢的应力腐蚀开裂问题。目前在研究裂纹尖端化学和电化学状态，应力强度与裂纹扩展速率的关系，氢在裂纹扩展中的地位，应力和应变速率的作用等方面已经取得了很大的进展。科研工作者们提出了多种不同的机理来解释 SCC 现象，但迄今尚无公认的统一机理。SCC 是一个非常复杂的问题，造成裂纹的原因和裂纹扩展过程在不同条件下也是不同的，所以很多时候不能只用一种理论来解释。由于 SCC 是一个与腐蚀有关的过程，其机理必然与腐蚀过程中发生的阳极反应和阴极反应有关，因此 SCC 机理主要可以分为两大类：阳极溶解型机理[128, 129]和氢致开裂型机理[131, 132]，以及在这两类机理基础上发展起来的表面膜破裂理论、活性通道理论、应力吸附开裂理论、腐蚀产物楔入理论、闭塞电池理论等[116, 133]。

1.3.1　应力腐蚀开裂的特征

当应力与腐蚀同时作用时，可以加速金属的破坏。在最简单的情况下，这两个因素的破坏作用只是简单叠加。如果是均匀腐蚀，则截面积逐渐减小，使真实应力逐渐增加。最终达到材料的断裂强度而断裂。如果是晶间腐蚀，则晶间的结合力将会降低，外加的应力使腐蚀介质更容易沿晶界进行进一步的破坏，最终使残余的晶间结合力不能承受外加应力而致断裂。当应力不存在时，腐蚀甚微，施加应力后，经过一段时间后，金属会在腐蚀并不严重的情况下发生脆断。这种应力腐蚀断裂有如下三个共同特征[134]。

1. 力学特征

1）具备拉应力

一般 SCC 都在拉应力下才发生，而在压应力下不发生 SCC，这种拉伸应力可以是工作状态下材料承受外加载荷造成的工作应力；也可以是在生产、制造、加工和安装过程中在材料内部形成的热应力、形变应力等残余应力；还可以是由裂纹内腐蚀产物的体积效应造成的楔入作用或是阴极反应形成的氢产生的应力。

2）存在临界应力

合金所承受的应力越小，断裂时间越长，当应力小于某一临界值后，此应力成为临界应力。在大多数的材料-环境体系中，存在一个临界应力，当应力低于该临界值时，则不产生 SCC。

2. 环境特性

1）腐蚀介质的特性

只有在特定的腐蚀介质中含有某些对发生 SCC 有特效作用的离子、分子时才会发生 SCC。这种特定的腐蚀剂并不一定要大量存在，而且往往浓度很低。表 1-2 列出了一些合金发生应力腐蚀的常见环境。

表 1-2　一些金属和合金产生 SCC 的特定介质

材料	介质
低碳钢	NaOH 溶液、硝酸盐溶液、含 H_2S 和 HCl 溶液、$CO-CO_2-H_2O$、碳酸盐、磷酸盐
高强钢	各种水介质、含痕量水的有机溶剂、HCN 溶液
奥氏体不锈钢	氯化物水溶液、高温高压含氧高纯水、连多硫酸、碱溶液
铝合金	熔融 NaCl、湿空气、海水、含卤素离子的水溶液、有机溶剂
铜和铜合金	含 NH_4^+ 的溶液、氨蒸气、贡盐溶液、SO_2 大气、水蒸气
钛和钛合金	发烟硝酸、甲醇（蒸气）、NaCl 溶液（>290℃）、HCl（10%，35℃）、H_2SO_4（6%～7%）、湿 Cl_2（288℃，346℃，427℃）、N_2O_4（含 O_2，不含 NO，24～74℃）
镁和镁合金	湿空气、高纯水、氟化物、$KCl+K_2CrO_4$ 溶液
镍和镍合金	熔融氢氧化物、热浓氢氧化物溶液、HF 蒸气和溶液
锆合金	含氯离子水溶液、有机溶剂

2）溶液的浓度

值得指出的是，即使有时整体浓度是很低的，但是由于局部位置上的浓缩作用，该处极易产生局部腐蚀。

3）具有一定的电位范围

从电化学的角度来看，材料与特定介质的偶合导致 SCC 的条件是它发生在一定的电位范围内，一般是发生在钝化-活化的过渡区或钝化-过钝化区。

3. 冶金学特性

1）不同的化学成分和纯度具有不同 SCC 敏感性

纯金属一度被认为不发生 SCC，但是通过试验发现，纯度高达 99.999%的铜及99.99%的铁在一定条件下也发生了晶间应力腐蚀开裂，因此，认为合金比纯金属更易产生应力腐蚀是恰当的。

2）不同组织具有不同的SCC敏感性

金属晶体结构的差异也影响到材料的耐蚀性，体心立方晶格（铁素体和马氏体）比面心立方晶格（奥氏体）更耐应力腐蚀。一般说来，粗晶粒比细晶粒对应力腐蚀更为敏感。晶格缺陷，如晶界、亚晶界、露头的位错群等，对应力腐蚀破裂敏感，将优先溶解，常常成为应力腐蚀破裂发生的裂缝源。

4. SCC裂纹扩展速率

金属在无裂纹、无蚀坑或缺陷的情况下，SCC过程可分为3个阶段：裂纹萌生阶段，即由于腐蚀引起裂纹或蚀坑的阶段；裂纹扩展阶段，即由裂纹源或蚀坑开始到达极限应力值为止的这一阶段；失稳断裂阶段。裂纹萌生阶段的长短取决于合金的性能，环境的特性和应力的大小，这一时期短的仅几分钟，长的可达几年、十几年或几十年，裂纹萌生期是服役寿命的主要部分。

5. SCC的形态特征

1）SCC的宏观形态特征

即使具有很高延性的金属，其SCC仍具有完全脆性的外观。SCC都呈脆性断裂，SCC的宏观断口常有放射花样或人字纹。

2）SCC的微观形态特征

SCC断口的微观特征比较复杂，它与钢的成分、热处理、环境条件、应力状态、晶体结构以及机械性能等有关。金属材料发生SCC时，仅在局部地区出现由表及里的腐蚀裂纹，其裂纹形态主要有穿晶型、晶界型和混合型三种。不同的金属-环境体系，将出现不同的裂纹形态。例如，软钢、铜合金、镍合金多半显晶界型，奥氏体不锈钢多半显穿晶型，而钛合金多半显混合型。不论表现形式如何，裂纹的共同特点是在主干裂纹延伸的同时还有若干分支同时发展，裂纹出在与最大应力垂直的平面上，其破裂断口显现出脆性断裂的特征[13]。

1.3.2 应力腐蚀开裂的影响因素

SCC的主要影响因素可以分为以下三种：①合金成分及有关的冶金因素；②力学因素；③环境因素。

这三者的组合构成了庞大的合金-环境系统。图1-2表示了产生应力腐蚀的三个基本条件: 材料因素、环境因素和力学因素之间的关系，即应力腐蚀 SCC 是上述三个基本条件的交集。

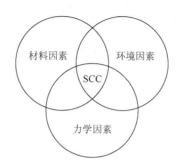

图 1-2　应力腐蚀产生的三个基本条件

1. 合金成分及有关的冶金因素

杂质元素对钢的 SCC 敏感性影响很大。纯铁或低碳钢中去除碳、氮后，在硝酸盐中均不发生 SCC[135, 136]。纯铁中含氮量达 0.43%时，SCC 抗力明显下降[136]。氮对不锈钢有类似的有害作用。在 Fe-20Cr-18Ni 不锈钢中含氮量大于 30×10^{-6} 可使氯脆敏感性增加[137]。大多数杂质元素是对合金 SCC 抗力有害，因此，提高纯度一般可改善其抗力。

热处理对碳钢的 SCC 敏感性影响很大，一般都认为热处理将直接影响到碳钢的显微组织，最后导致碳钢具有不同的强度水平。对于 HE 型 SCC 而言，回火的温度越低，碳钢对 SCC 的敏感性就越大。对阳极溶解型的 SCC 而言，钢奥氏体化的温度影响也很大。低碳钢奥氏体化温度越高，SCC 敏感性也越大[138]；冷却速度越慢，则 SCC 敏感性越小。

2. 环境因素影响

在遇水可分解为酸性的氯化物溶液中均可能引起奥氏体不锈钢的 SCC，其影响程度为 $MgCl_2 > FeCl_3 > CaCl_2 > LiCl > NaCl$。奥氏体不锈钢的 SCC 多发生在 $50 \sim 300℃$ 范围内，氯化物的浓度上升，SCC 的敏感性增大。大多数金属都是在低于 100℃ 的温度下产生 SCC 的，不过金属在开裂前都有一个最小温度，这个温度称为开裂临界温度。高于此值时材料才发生 SCC，低于此值时材料则不发生 SCC。

溶液中的溶解氧对钢的 SCC 行为影响也是很大的。例如，在高温高浓度的 $MgCl_2$ 中，不锈钢产生 SCC 不一定有氧的存在，而在热水和高温水中，溶解氧对

SCC 则起着决定性作用。一般认为，在只含微量 Cl⁻的溶液中，没有溶解氧要使 Cr-Ni 不锈钢产生 SCC 几乎是不可能的。随着介质 pH 的减小，H^+ 浓度增加，SCC 发生的概率也会增加。例如，在脱硫工段中，其介质中含有 H_2S、CO_2 等，溶于水形成碳酸，释出 H^+，降低环境的 pH，从而增大材料的 SCC 敏感性。电位对 SCC 裂纹扩展速率的影响也是明显的，在临界电位范围内，裂纹扩展速率迅速加快。

3. 应力的影响

拉应力的方向与晶粒方向之间的关系对合金的 SCC 也有很大影响。横向受力比纵向受力苛刻，而 Z 向受力又比横向受力苛刻。合金构件所受的应力低于临界应力时，发生 SCC 的概率就极小。

影响应力腐蚀的因素很多，也很复杂，这些因素并不是孤立的存在，而是相互影响，因此如果想要采取有效措施减缓或抑制 SCC，确保化工设备、管道和海洋设施等安全正常运行，就要对 SCC 机理进行深入的了解。

1.3.3 应力腐蚀开裂机理

金属及其合金的应力腐蚀开裂已被广泛研究, 研究 SCC 的最基本问题是探索裂纹起源、扩展的原因和过程。目前已经在研究裂纹尖端化学和电化学状态、应力强度与裂纹扩展速率的关系、氢在裂纹扩展中的地位、应力和应变速率的作用等方面取得了很大进展。目前已经提出的应力腐蚀开裂机理有阳极溶解型机理和氢致开裂型机理两大类。在这两类机理的基础上又发展了表面膜破裂理论、活性通道理论、应力吸附开裂理论、腐蚀产物楔入理论、闭塞电池理论、以机械开裂为主的两段论及开裂三阶段理论等[116, 133]。SCC 是一个非常复杂的问题，裂纹只是其形式的一种，造成裂纹的原因和裂纹进展过程在不同条件下也不同，所以很多时候不能只用一种理论来解释。以下将简要介绍应力腐蚀的相关机理。

1. 阳极溶解机理

阳极溶解理论是由 Hoar 和 Hines 提出的[139]。本理论认为，在应力和腐蚀的联合作用下，局部位置上产生了微裂纹。这时金属的整个表面是阴极区，裂纹的侧面和尖端组成了阳极区，产生了大阴极、小阳极的电化学腐蚀。SCC 是由裂纹尖端的快速阳极溶解所引起的，裂纹的侧面由于有表面膜等，侧面方向上的溶解受到了抑制，从而比裂纹尖端处的溶解速率要小得多，这就保证裂纹能像剪刀似地向前扩展。这种理论最适用于自钝化金属。由于裂纹两侧受到钝化膜保护，更显示出裂纹尖端的快速溶解，随着裂纹向前推进，裂纹两侧的金属将重新发生钝化（即再钝化），因此这种理论与膜的再钝化过程有密切联系。如果再钝化太快，就不会产生裂缝的进一步腐蚀，如果再钝化太慢，裂缝尖部将变圆而形成活性较低的蚀孔。只有当裂缝中钝化膜破裂和再钝化过程处于某种同步条件下才能使裂纹向纵深发展，可以设想有一个使裂缝进展的狭小的再钝化时间的范围。阳极溶解理论是传统的 SCC 机理，关于它的研究比较多。

2. 氢致开裂机理

近年来，应力腐蚀的吸氢脆变理论研究取得了较大的进展。该理论认为由于腐蚀的阴极反应产生氢，氢原子扩散到裂缝尖端金属内部，这一区域变脆，在拉应力作用下脆断。此理论几乎一致的意见是：在应力腐蚀破裂中，氢起了重要的作用。由于海洋结构用钢在腐蚀很强的海洋大气环境中，在金属表面容易发生阴极析氢反应，造成氢在钢铁表面的吸附及向内部的扩散，钢铁结构脆变，同时在交变载荷作用下，钢铁结构很容易发生由氢脆造成的断裂，危害巨大，氢致开裂的具体机理将在下一节重点介绍。

3. 表面膜破裂机理

在腐蚀介质中，金属表面形成具有保护能力的表面膜，此膜在应力作用下引起破坏或减弱，结果暴露出新鲜表面。此新鲜表面在电解质溶液中成为阳极，它与阴极具有表面膜的金属其余表面组成一个大面积阴极和小面积阳极的腐蚀电池；阳极部位产生坑蚀，进而萌生裂纹。表面膜破裂是由多种因素造成的，如机械损伤。在应力的作用下表面膜的破坏可以用滑移阶梯来解释[140]。金属在应力的作用下产生塑性变形就是金属中的位错沿滑移面的运动，结果在表面汇合处出现滑移阶梯，如果表面的保护膜不能随着阶梯发生相应的变化，表面膜就要被破坏。

4. 活性通道理论

这是由迪克斯（Dix）、米尔斯（Meats）和布朗（Brown）等最先提出的，他们认为，在发生应力腐蚀开裂的金属或合金中存在着一条易于腐蚀、基本上是连续的通道，沿着这条活性通道优先发生阳极溶解。活性通道可由以下一些不同的原因构成：①合金成分和显微结构上的差异，如多相合金和晶界的析出物等；②溶质原子可能析出的高度无序晶界或亚晶界；③由于局部应力集中及由此产生的应变引起的阳极晶界面；④由于应变引起表面膜的局部破裂；⑤由于塑性变形引起的阳极区等。

在腐蚀环境中，当活性通道与周围的主体金属建立起腐蚀电池时，电化学腐蚀就沿着这条路线进行。

局部电化学溶解将形成很窄的裂缝，而外加应力使裂缝顶端应力集中产生局部塑性变形，然后引起表面膜撕裂。裸露的金属成为新的阳极，而裂缝两侧仍有表面膜保护，与金属外表面共同起阴极作用。电解液靠毛细管作用渗入到裂缝尖端，使其在高电流密度下发生加速的阳极活性溶解。随着反应进行，裂缝尖端的电解质发生浓度变化，产生极化作用和表面膜的再生，腐蚀速率迅速下降。重复缓慢的活性通道腐蚀，直到裂缝尖端重新建立起足够大的应力集中，再次引起变形和裂缝产生。这个过程不断重复，直到裂缝深入到金属内部，使金属断面减小到不足以承受载荷而断裂。

活性通道假说强调了应力作用下表面膜的破裂与电化学活性溶解的联合作用。因此，这个理论提出了发生应力腐蚀开裂必须具备的两个基本条件：一是合金中预先要存在一条对腐蚀敏感的、多少带有连续性的通道，这条通道在特定的环境介质中对于周围组织是腐蚀电池的阳极；二是合金表面上要有足够大的基本上是垂直于通道的张应力，在该张应力作用下裂缝尖端出现应力集中区，促使表面膜破裂。在平面排列的位错露头处，或新形成的滑移台阶处，处于高应变状态的金属原子发生择优腐蚀，沿位错线向纵深发展，形成隧洞。在应力作用下，隧洞间的金属产生机械撕裂。当机械撕裂停止后，又重新开始隧道腐蚀，此过程的反复发生导致裂纹的不断扩展，直到金属不能承受载荷而发生过载断裂。此模型虽然有一定的试验基础，但属于一种伴生现象，并非是 SCC 的必要条件，不能成为应力腐蚀的主要机理。

5. 应力吸附开裂理论

上述几种理论都包含电化学过程，但是应力腐蚀过程的一些现象，如腐蚀介质的选择性，破裂临界电位与腐蚀电位的关系等，用电化学理论不能圆满解释。为此，尤利格（Uhlig）提出应力吸附破裂理论。他认为，应力腐蚀开裂一般并不是由于金属的电化学溶解所引起的，而是由于环境中某些破坏性组分对金属内表面的吸附，削弱了金属原子间的结合力，在拉应力作用下引起破裂。这是一种纯机械性破裂机理。此模型为纯机械开裂模型，该模型得到的最大支持是许多纯金属和合金在液态金属中的脆断。吸附使金属表面能降低，降低得越多，SCC 敏感性越高，但有的现象却是相反的，缺乏广泛的试验支持，在水介质的 SCC 理论中所占的比重不大。

6. 腐蚀产物楔入理论

此理论是由 Nielsen[141]首先提出的，他认为，腐蚀产物沉积在裂纹尖端后面的阴极区。这种腐蚀产物有舌状、扇状等。在未加应力时，腐蚀产物杂乱分布；加应力后，不仅使腐蚀产物沿晶体缺陷，特别是沿位错线排列，而且舌状、扇状等也发展得更突出。腐蚀产物的沉积对裂纹起了楔子作用，产生了应力。当沉积物造成的应力达到临界值后，使裂纹向前扩展，新产生的裂纹内吸入了电解质溶液，使得裂纹尖端阳极溶解继续进行，这就产生了更多的可溶性金属离子，这些离子扩散至阴极区并生成氧化物和氢氧化物等沉积下来，因此而产生的应力又引起裂纹向前扩展，如此反复，直至开裂。

7. 闭塞电池理论

闭塞电池理论[142]（occluded cell corrosion）认为，由于金属表面某些选择性腐蚀的结果，或者由于某些特殊的几何形状，电解液中这些部位的流动性受到限制，造成这些部位的液体化学成分与整体化学成分有很大差异，从而降低了这些部位的电位，加速该区域的局部腐蚀，形成空洞，这些空洞就是所谓的闭塞电池。闭塞电池内，阳极反应的结果使酸度增加，从而加速了孔蚀的速率，在应力的作用下孔蚀可扩展为裂纹。

8. 以机械开裂为主的两段论

以机械开裂为主的两段论认为：SCC 首先由于电化学的腐蚀作用形成裂纹源，然后在应力的作用下迅速扩展而开裂。当裂纹扩展遇到析出物或不规则取向晶粒时而停止，然后再进行电化学腐蚀，这样交替进行，直至开裂。

9. 开裂三段论理论

左景伊[116]提出开裂三阶段理论，其要点是解释所谓的特性离子作用。这三个阶段是：材料表面生成钝化膜或保护膜，全面腐蚀速率比较低，使腐蚀只发生在局部区域；保护膜局部破裂，形成孔蚀或裂纹源；缝内环境发生了关键性的变化，裂缝向纵深发展，而不是在表面径向扩散。

1.3.4　应力腐蚀开裂研究方法

所有的应力腐蚀开裂试验的最终目的都是测定合金在特定应用环境中的抗应力腐蚀开裂性能。SCC 试验是根据 SCC 的特征和试验目的而设计的。鉴于材料、介质、应力状态和试验目的的多样性，现已发展了多种 SCC 试验方法。概括起来，按照试验地点和环境性质可将试验方法分为现场试验、实验室试验和实验室加速试验；按照加载方式不同，可将其分为恒负荷试验、恒变形试验、断裂力学试验和慢应变速率拉伸试验。不同的试样类型、加载系统及环境系统的组合，构成了众多的试验方法。

1. 应力腐蚀试验的试样

应力腐蚀试验的试样一般可分为三类：光滑试样、带缺口试样和预制裂纹试样。

光滑试样：光滑试样是在传统力学试验中常用的试样，也是 SCC 试验中用得最多的试样类型。应力腐蚀试验中静止加载的光滑试样可以分为三大类：弹性应变试样、塑性应变试样和残余应力试样。弹性应变试样包括弯梁试样、C 形环试样、O 形环试样、拉伸试样和音叉试样。

缺口试样：缺口试样是模拟金属材料中宏观裂纹和各种加工缺口效应以考察材料 SCC 敏感性的专门试样。使用缺口效应有以下优点：①缩短孕育期，加速 SCC 进程；②使 SCC 限定于缺口区域；③改善测量数据的重现性；④便于测量某些参数，如裂纹扩展速率。

预制裂纹试样：预制裂纹试样是预开机械缺口并经疲劳法处理产生裂纹的试样，通过 SCC 试验和断裂力学分析，测试结果可用于工程设计、安全评定和寿命设计。这种基于断裂力学的预制裂纹试样，由于显著地缩短了孕育期而加速 SCC 破坏，测试时间短，数据比较集中，便于研究裂纹扩展动力学过程。

2. 应力腐蚀试验的加载方式

在 SCC 试验中,应根据试验目的选择合适的试样类型和加载方式。加载方式[143]通常可以分为恒载荷、恒变形和慢应变速率拉伸加载三种方式。

1）恒载荷加载方式

利用砝码、力矩、弹簧等对试样施加一定的载荷进行 SCC 试验。这种加载应力的方式往往用于模拟工程构件可能受到的工作应力和加工应力。可采用直接拉伸加载，如在一端固定的试样上直接悬挂砝码，也可采用杠杆系统加载，这种方式始终具有恒定的外加载荷。恒载荷 SCC 试验虽然外加载荷是恒定的，但试样在暴露过程中由于腐蚀和产生裂纹使其横截面积不断减小，故断裂面上的有效应力不断增加。与恒变形试验相比，必然导致试样过早断裂。恒载荷试验条件更为严苛，试样寿命更短，SCC 的临界应力更低。

2）恒变形加载方式

通过直接拉伸或弯曲使试样变形而产生拉应力，利用具有足够刚性的框架维持这种变形或者直接采用加力框架，以保证试样变形恒定，此为恒变形加载方式。这种加载应力方式的试样类型及恒变形加载的预制裂纹试样等均属于恒变形加载方式。恒变形 SCC 试验过程中，当裂纹产生后还会引起应力下降，这是因为应力在裂尖高度集中，使裂纹张开，而且有一部分外加弹性应变转变成为塑性应变，应力下降使裂纹的发展放慢或终止，因此可能观察不到试样完全断裂的现象，只能借助微观金相检查分析裂纹的生成。此外，为确定裂纹最初出现的时间，经常需要中断试验，取出试样观察。

3）慢应变速率加载方式

慢应变速率试验（slow strain rate test，SSRT）方法是由 Parkins 和 Honthorne 等[144, 145]提出，并作为实验室试验方法[146]而建立起来的。1977 年统一命名为 SSRT。作为实验室试验方法，最初应用于快速选材、判断不同合金成分和不同结构等对应力腐蚀的敏感性或对各类电化学参数的影响等，近年来已用于理论研究，并逐渐成为研究应力腐蚀行为的经典方法，已被 ISO 和 ASTM 定为判断应力腐蚀开裂的一种标准方法。SSRT 方法提供了在传统应力腐蚀试验不能迅速激发 SCC 的环境里确定延性材料 SCC 敏感性的快速试验方法，由于它具有可大大缩短应力腐蚀试验周期，并且可以采用光滑小试样等一系列优点，因而被广泛应用于各种材料-介质的应力腐蚀研究[147-156]。

一些研究者[157]认为：在发生 SCC 的体系中，应力的作用是为了促进应变速率，真正控制 SCC 裂纹发生和扩展的参数是应变速率而不是应力本身。事实上，在恒载荷和恒应变试验中以及在实际发生 SCC 的设备部件中，裂纹扩展的同时也或多或少地伴有缓慢的动态应变，应变速率取决于初始应力值和控制蠕变的各冶金参量。电子金相研究表明，SCC 是通过外加应力所产生的滑移台阶上的腐蚀产生的，某一体系的 SCC 只在某一应变速率范围内才显示出来。

慢应变速率试验中，最重要的变量是应变速率的大小。一般发生应力腐蚀的应变速率为 $10^{-4} \sim 10^{-7} \mathrm{s}^{-1}$，在这一应变速率范围内，将使裂纹尖端的变形、溶解、成膜和扩展处于产生应力腐蚀破裂的临界平衡状态[158]。

除了进行专门的研究，通常推荐使用标准的拉伸试样（ASTME8），其标距长度、半径等都做了具体的规定。由于 SSRT 方法本身就具有加速作用，所以对试验介质一般要求不是特别苛刻，可以采用实际应用的介质。

SSRT 最常用的加载方式是采用单轴拉伸方法。这种加载方法，是在拉伸机上将试样的卡头以一定唯一速度移动，使试样发生慢应变，其应变速率在 $10^{-3} \sim 10^{-7} \mathrm{s}^{-1}$ 变化，直至把试样拉断。图 1-3 中即为一种单轴拉伸 SSRT 试验机。对一台 SSRT 所用的单轴向拉伸试验机的要求是：①在试样所承受的载荷下，设备有足够的刚性，不致变形；②能提供可重现的恒应变速率，范围约为 $10^{-4} \sim 10^{-8} \mathrm{s}^{-1}$；③备有能维持试验条件的试验容器及其他控制和记录的仪器、仪表。

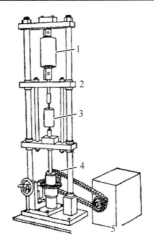

图 1-3 典型的慢应变速率拉伸机

1. 测力传感器；2. 移动式支架；3. 腐蚀电解池和试样；4. 涡轮牵引装置；5. 恒速源

慢应变速率试验结果通常与在不发生应力腐蚀的惰性介质（如油或空气）中的试验结果进行比较，以两者在相同温度和应变速率下的试验结果的相对值表征应力腐蚀的敏感性。主要有以下几个评定指标。

塑性损失：用腐蚀介质和惰性介质中的延伸率、断面收缩率的相对差值来度量应力腐蚀敏感性。根据采用的塑性指标不同，可分为 $F(\delta)$ 和 $F(\psi)$，它们的定义分别为

$$F(\delta) = \frac{\delta_0 - \delta}{\delta_0} \times 100\% \qquad (1\text{-}1)$$

$$F(\psi) = \frac{\psi_0 - \psi}{\psi_0} \times 100\% \qquad (1\text{-}2)$$

式中，$F(\delta)$，$F(\psi)$ 分别为以延伸率和断面收缩率表示的应力腐蚀敏感性指数；δ_0，δ 分别为惰性介质和腐蚀介质中的延伸率；ψ_0，ψ 分别为惰性介质和腐蚀介质中的断面收缩率。

吸收的能量：应力-应变曲线下的面积代表试样断裂前吸收的能量。惰性介质和腐蚀介质试验中吸收能量差别越大，应力腐蚀敏感性也越大。此时应力腐蚀敏感性指数 $F(A)$ 的定义为

$$F(A) = \frac{A_0 - A}{A_0} \times 100\% \qquad (1\text{-}3)$$

式中，$F(A)$ 为以应力-应变曲线下面积表示的应力腐蚀敏感性指数；A_0，A 分别为惰性介质和腐蚀介质中断裂前吸收的能量。

断裂应力 σ_c：在腐蚀介质中和惰性介质中的断裂应力比值越小，应力腐蚀敏

感性就越大。

断裂时间：从开始试验到载荷达到最大值时所需的时间就是断裂时间 t_f。应变速率相同时，腐蚀介质中和惰性介质中断裂时间比值越小，则应力腐蚀敏感性越大。应力腐蚀敏感性指数 $F(t)$ 定义为

$$F(t)=\frac{t_f}{t_{f_0}}\times 100\% \tag{1-4}$$

式中，$F(t)$ 为以断裂时间表示的应力腐蚀敏感性指数；t_{f_0}，t_f 分别为惰性介质和腐蚀介质中的断裂时间。

研究 SCC 行为、规律和机理时，还经常辅以金相观察、断口分析和扫描电镜等多种现代研究分析手段。

1.3.5　应力腐蚀开裂控制方法

由于 SCC 涉及材料、应力和环境三个方面，所以消除这三方面中一切可能导致 SCC 的因素就能控制 SCC。或从内因入手，合理选材、降低和消除材料的残余应力；或从外因入手，控制外应力、介质、外加极化电位等。图 1-4 为控制应力腐蚀开裂的措施。

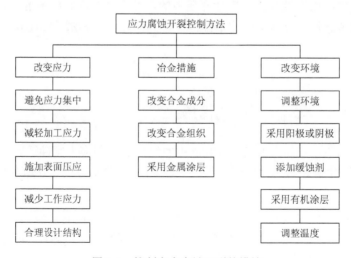

图 1-4　控制应力腐蚀开裂的措施

1. 合理选材

在设计金属构件时首先应明确地选用金属或合金材料，尽量避免金属或合金在易发生应力腐蚀的环境介质中使用。

2. 控制应力

在制备和装配金属构件时，应尽量使结构具有最小的应力集中系数，并使与介质接触的部分具有最小的残余应力。例如，选用大的曲率半径，采用流线设计，关键部位适当增加壁厚。

3. 改变环境介质

通过除气、脱氧、除去矿物质或蒸馏等办法可除去环境中危害较大的介质组分，还可控制温度、pH，添加适当的缓蚀剂来达到改变环境介质的目的。

4. 电化学保护

通过电化学极化的办法使金属的电位离开敏感电位范围，有可能抑制应力腐蚀开裂，阴极保护和阳极保护在不同场合的使用都是有效的。

5. 保护镀层或涂层

良好的镀层和涂层可使金属表面和环境隔离，从而避免产生应力腐蚀。

1.4 氢 脆

氢脆的研究由来已久，各国学者对其在各种环境下的产生原理及过程有着广泛而深入的探索。J. Woodtli 等学者研究了氢脆现象和应力腐蚀开裂现象的特征及破坏作用[159]；M. V. Biezma 等学者探讨了氢在微生物腐蚀环境下对于应力腐蚀开裂过程的影响，结果表明在此环境下，氢脆和应力腐蚀使材料力学性能的下降，并且两者之间有协同作用[160]；R. A. Oriani 等学者在氢的作用导致材料性能降低方面进行了研究，试验重点考察了吸收和解吸作用对氢渗透电流的影响，建立了一种新型的氢渗透数据处理模型[161]。

随着氢脆理论的完善，很多学者将理论与实际结合起来，在工程应用中探讨氢脆现象的发生机理。在石油化工行业中，氢致开裂事故在设备及管道中时有发生，氢致开裂属于低应力脆性破坏的一种，断裂前很少出现宏观上的塑性变形，发生时往往没有征兆，而生产过程中的物料多具有腐蚀性质，因此学者们将主要研究方向放在了设备管线内部介质对钢材的氢脆机理上。例如，卢志明等学者研究了含有硫化氢的介质对于 16MnR 钢的应力腐蚀断裂敏感性[162]。

在大气腐蚀方面，学者们主要研究了大气腐蚀中阴极过程的氧还原对于钢材的腐蚀，却忽略了氢的还原，所以关于大气环境中的氢脆现象的研究并不多见。我们通过室内试验证实，用蒸馏水湿润过的钢材试样表面可以检测出明显的氢渗透电流，说明氢渗透现象是普遍存在的[163]；张大磊等研究了湿度对热镀锌钢材在海洋大气环境中氢脆敏感性的影响，结果表明相对湿度在 70%以上时，氢渗透电流随着湿度的增加而增大，氢脆敏感性提高[164]。由此可见，海洋大气环境中钢材的氢致敏感断裂问题不容忽视[39]。

由氢和应力的共同作用而导致金属材料产生脆性断裂的现象，称为氢致开裂，简称氢脆。近年来，应力腐蚀的吸氢脆变理论引起了部分科技工作者的关注。该理论认为由于腐蚀的阴极反应产生氢，氢原子扩散到裂缝尖端金属内部，金属材料在拉应力作用下脆断。在腐蚀很强的海洋环境中，在金属表面容易发生阴极析氢反应，造成氢在钢铁表面的吸附及向内部的扩散，由于氢原子很小，很容易在金属的晶格中移动，所以钢铁结构脆变，同时在交变载荷作用下，钢铁结构很容易发生由氢脆造成的断裂，危害巨大。

氢致开裂是重要的应力腐蚀机理之一。氢致开裂是原子氢在合金晶体结构内的渗入和扩散所导致的脆性断裂的现象，有时又称作氢脆或氢损伤。严格来说，氢脆主要涉及金属韧性的降低，而氢损伤除涉及韧性降低和开裂外，还包括金属材料其他物理性能或化学性能的下降，因此含义更为广泛。

1.4.1　氢的来源

氢的来源可分为内氢和外氢两种。内氢是指材料在使用前内部就已经存在的氢，主要是在冶炼、热处理、酸洗、电镀、焊接等过程中吸收的氢。外氢或环境氢是指材料在使用过程中与含氢介质接触或进行阴极析氢反应吸收的氢。

1.4.2　氢的传输

氢的传输有扩散和位错迁移两种方式。一是扩散，金属中存在氢的浓度梯度或应力梯度时就会导致氢的扩散。当金属中存在氢的浓度梯度时，氢将从浓度高的地方向浓度低的地方扩散。在稳态条件下，扩散遵从菲克定律；在常温下，由于氢陷阱的存在，对氢在金属中的扩散行为影响较大；高温下，影响较小。二是位错迁移，位错是一种特殊的氢陷阱。位错不仅能将氢原子捕获在其周围，形成科氏气团，而且由于氢在金属中扩散快，在位错运动时氢气团还能够跟上位错一起运动,即位错能够迁移氢。当运动的位错遇到与氢结合能更大的不可逆陷阱时,氢将被"倾倒"在这些陷阱处。

1.4.3 氢的存在形式

在金属中,氢的存在形式有很多种:①H^-、H、H^+,氢可以 H^-、H、H^+的形式固溶在金属中;②氢分子,当金属中的氢含量超过溶解度时,氢原子往往在金属的缺陷(孔洞、裂纹、晶间等)聚集形成氢分子;③氢化物,氢在 V、Ti、Zr 等ⅣB 或 V B 族金属中的溶解度较大,但超过溶解度后会形成 TiH_x,Ni 也可以形成氢化物;④气团,氢与位错结合形成气团,可看做是一种相。

1.4.4 氢致开裂的分类

按照氢脆敏感性与应变速率的关系,可以将氢致开裂分为两大类。

1. 第一类氢脆

氢脆的敏感性随应变速率的增加而增加,即材料加载前内部已存在某种裂纹源,加载后在应力作用下加快了裂纹的形成与扩展。第一类氢脆包括三种形式:①氢腐蚀,由于氢在高温高压下与金属中第二相(夹杂物和合金添加物)发生化学反应,生成高压气体(如 CH_4、SiH_4)引起材料脱碳、内裂纹和鼓泡的现象;②氢鼓泡,过饱和的氢原子在缺陷位置(如夹杂)析出,形成氢分子,在局部造成很高的氢压,引起表面鼓泡或内部裂纹的现象;③氢化物型氢脆,氢与ⅣB 和 V B 族金属有较大的亲和力,氢含量较高时容易产生脆性的氢化物相,并在随后受力时成为裂纹源,引起脆断。

上述三种情况将造成金属永久损伤,使材料塑性或强度降低,即使从金属中除氢,损伤也不能消除,塑性或强度也不能恢复,故称为不可逆氢脆。

2. 第二类氢脆

氢脆的敏感性随应变速率增加而降低,即材料在加载前并不存在裂纹源,加载后在应力和氢的交互作用下逐渐形成裂纹源,最终导致脆性断裂。第二类氢脆包括两种形式:一是应力诱发氢化物型氢脆。在能够形成脆性氢化物的金属中,当氢含量较低或氢在固溶体中的过饱和度较低时,尚不能自发形成氢化物;而在应力作用下,氢会向应力集中处富集,当氢浓度超过临界值时就会沉淀出氢化物。

这种应力诱发的氢化物相变只在较低的应变速率下出现,并由此导致脆性断裂,一旦出现氢化物,即使卸载除氢,静止一段时间后再高速变形,塑性也不能恢复,故也是不可逆氢脆。二是可逆氢脆。是指含氢金属在高速变形时并不显示脆性,而在缓慢变形时由于氢逐渐向应力集中处富集,在应力与氢交互作用下裂纹形核、扩展,最终导致脆性的断裂,在未形成裂纹前去除载荷,静置一段时间后高速变形,材料的塑性可以得到恢复,即应力去除后脆性消失,因此称为可逆氢脆。由内氢引起的称可逆内氢脆,由外氢引起的称环境氢脆。通常所说的氢脆主要指可逆氢脆,是氢致开裂中最主要、最危险的破坏形式。

1.4.5 氢致开裂的机理

关于氢脆的机理,尚无统一认识。各种理论的共同点是:氢原子通过应力诱导扩散在高应力区富集,只有当富集的氢浓度达到临界值 C_{cr} 时,使材料断裂应力 σ_f 降低,才发生脆断。目前较为普遍的观点有以下几种。

1. 氢的扩散机理

裂纹尖端处于阴极区,由于阴极反应的结果,介质中的氢离子获得电子后还原成氢原子,一部分氢原子进一步结合成氢气后逸出,一部分氢原子向金属内部扩散。原子氢在金属中的扩散,有浓差扩散和应力扩散。裂纹尖端高应力塑变区晶格缺陷的堆积,产生氢与金属中缺陷交互作用的陷捕效应,使氢在此区域内产生高浓度的集中,从而使该区域的金属脆化。

2. 氢压理论

在 H_2 环境中,H_2 分解成 H 进入金属,其浓度 C_H 和 $\sqrt{P}$ 成正比,反过来,如果溶解在金属中的 H 进入某些特殊区域(如夹界或第二相界面,空位团),就会复合成 H_2,即 $2H \longrightarrow H_2$,这时该处的 H_2 压力 P 就和 C_H^2 成正比,但由于 H_2 不是理想气团,压力较高时要用逸度 f 代替,即

$$f = (C_H / S)^2 = C_H^2 \exp(-2\Delta H / RT) \tag{1-5}$$

当局部区域 C_H 很高时,按上式算出的逸度换算成压力后等于原子键合力 σ_{th},就会使局部地区的原子键断裂而形成微裂纹,在高逸度电解充氢时,充氢过程中就会产生氢鼓泡(出现在表层)或氢致微裂纹,它和是否存在外加应力无关,也不需要滞后时间(即不需要应力诱导扩散、富集),这完全是氢压力 P 等于 σ_{th},

从而使原子键断裂而形成微裂纹。氢压理论成功地解释了电解充氢过程中产生的裂纹[165, 166]、钢中白点[167]以及钢在硫化氢溶液中产生的裂纹。但对于不可逆损伤，如氢致可逆塑性损失以及氢致滞后开裂，仅仅用氢压理论无法解释。

3. 氢降低表面能理论

氢降低表面能理论是 Petch 和 Stabls 在 1952 年提出的[168]。材料断裂时将形成两个新的表面，对于完全脆性的材料，断裂时所需的外力做功等于形成新的表面所需的表面能。当裂纹尖端区处于阴极状态时，由于阴极反应的结果，表面将产生大量的氢原子，根据断裂力学的观点，处于高应力裂纹尖端的表面会有效地促使表面吸附氢原子，吸附在材料表面的氢会使材料的表面能降低，使断裂所需的临界外应力降低，引起氢脆[136]。它没有考虑塑性变形功，因而对金属材料是不适用的。到了 70 年代，McMahon[169]对这一理论进一步作了修正。他用 Orowan 判据，把局部塑性变形的因素考虑进去，导出了塑性变形功 Γ_p 和表面能 Γ 的关系。氢降低表面能理论存在的问题如下：一方面，对氢吸附后表面能降低的物理本质尚不清楚；另一方面，这一理论忽视了局部塑性变形对断裂过程的主导作用。

4. 弱键理论

该理论认为氢进入材料后能使材料的原子间键力降低，原因是氢的 1s 电子进入过渡族金属的 d 带，使 d 带电子密度升高，s 与 d 带重合部分增大，因而原子间排斥力增加，即键力下降。该理论简单直观，容易被人们接受。然而试验证据尚不充分，如材料的弹性模量与键力有关，但试验并未发现氢对弹性模量有显著的影响。此外，没有 3d 带的铝合金也能发生可逆氢脆，因此不可能有氢的 1s 电子进入金属的 d 带。

5. 氢促进局部塑性变形机理

此理论的基础是一系列断口形貌研究结果[170]和随后的金相及透射电镜原位跟踪试验结果[171-173]。该理论认为，氢能促进位错的增殖和运动，使得局部地区（如裂尖、无位错区、位错塞积群前端）的应力集中 σ_y 等于被氢降低了的原子键合力 σ_{th}（H），从而导致氢致微裂纹在该处形核，原子键进入微裂纹就复合成 H_2，产生氢压，它能使微裂纹稳定化，同时也能协助局部应力使之解理扩展，该理论同时考虑了氢促进局部塑性变形，氢降低原子键合力以及氢压作用。

该理论表明，从微裂纹上看，氢促进位错发射和运动，从宏观上看，氢使门

槛应力 τ_c（或应力强度因子），

$$\tau_c = \tau_f + \sigma_{th}(4L/3C)^{1/2} \tag{1-6}$$

下降为 $\tau_c(H)$，

$$\tau_c(H) = [\tau_f + \sigma_{th}(H)(4L/3C)^{1/2}]/K \tag{1-7}$$

也使临界断裂应变下降，从而使材料变脆。因为只有当氢通过应力诱导扩散富集到等于临界值 C_{th} 时，才会明显促进局部塑性变形并使应变高度局部化，同时也使 $\sigma_{th}(H)$ 明显下降，从而在低的外应力下就导致开裂。

1.4.6　氢脆的研究方法[174]

按照实验原理可把氢脆的研究方法分为氢渗透方法、力学方法和物理方法等，下面将介绍它们当中最常用的几种方法。

1. 氢渗透法

在氢渗透实验中，最常用的是 Devanathan-Stachurski 双面电解池技术[175]。一般双电解池采取两室设计，其中一室用来充氢，另一室用来检测氢渗透电流，两室中间用试样隔开，充氢面供研究用即研究面，充氢方式根据不同的研究情况可采取气相充氢、电化学充氢、环境自充氢等。测氢面先经过适当的表面处理，然后镀上一层很薄的钯或镍[176]。在测氢面电解池内注入一定浓度（常为 0.2mol/L）的氢氧化钠溶液，并以 Hg/HgO/0.2mol/L NaOH 电极体系作为参比电极，调节恒电位仪使测试面电位相对于参比电极一定的电位（此电位足够使渗透过来的氢氧化），在研究面电解池中注入研究溶液（有些研究者在其中加入 As_2O_3 等氢渗透促进剂），调节恒电流装置，使研究面的阴极电流密度保持一定数值，由恒电位仪记录测试面的电流密度，通过电流密度对时间曲线求得氢在研究材料中的渗透特性[177]。一般都假设金属薄片的氢渗透由扩散过程控制，采用由菲克第一定律和第二定律得出的时间滞后模型计算有效扩散系数。这种双面电解池法，试验装置简单测量方便，特别适用于扩散系数较大的试样测量，但对较薄和扩散系数较小的试样不太适用，而且由于假定氢的浓度达到稳定值后不随时间变化，测量得到的氢渗透系数存在较大的误差，为此，张利、印仁和等[178]采用电化学交流法，以氢在试样中的非稳态扩散为出发点，设定与前人不同的阴极边界条件求解菲克第二定律，从而得出更接近于纯铁薄试样中氢的扩散系数。此外，通过采用熔融电解液，可以测定高温条件下的氢渗透系数。

2. 力学方法

研究氢脆的诸多力学方法中，延迟断裂实验在探讨氢脆机理，评价材料在特定环境中的氢脆敏感性方面起着重要的作用，几乎所有的氢脆研究都用到延迟断裂实验，一般加速延迟断裂实验可分为以下几类：①恒载荷和恒应变（拉伸、弯曲）试验，得到延迟断裂临界应力（门槛值或一定时间下的断裂应力）或断裂时间；②慢应变速率拉伸试验（SSRT），得到断裂应力和塑性参量；③断裂力学试验，用预制疲劳裂纹的试样得到临界应力场强度因子 K_{IH} 或 K_{Iscc} 及裂纹扩展速率 da/dt 等断裂力学参量；④测定发生断裂的临界氢含量等。从应力加载方式来看，可分为恒应变（恒位移）、恒载荷和慢应变速率试验三种。受力方式以弯曲应力和拉伸应力为主。其中慢应变速率拉伸试验（SSRT）由于其操作快速、包括断裂的全过程、可在研究介质中实验等优点，被越来越多的研究者所采用。通过分析拉伸曲线可得到屈服强度、抗拉强度、断后伸长率等参数，进而对材料的氢脆敏感性做出评价。

此外，一些研究者还建立了拉伸数值模型，用于模拟拉伸试验过程。例如，A.T. Kermanidis 等[179]通过采用边界元数值分析计算方法，综合考虑了各项参数，对 2024T351 铝合金的拉伸性能进行计算，得出了与试验相一致的结果。通过拉伸试验，可以定量地研究氢对金属脆断的影响程度，与氢渗透实验、断面分析等其他手段相结合，可以推断不同环境下氢促进裂纹扩展的机制，进而得出氢脆发生的机理，是研究氢脆非常重要而且有用的通用方法。

3. 物理方法

物理方法主要包括断口分析，所运用的仪器测试方法如扫描电镜（SEM）为了对拉伸试验的结果作出详尽的描述与分析，断口分析技术在氢脆研究中有着不可替代的作用，断口分析的目的主要是：判定断裂的性质、寻找破坏的原因、研究断裂机理、提出防止断裂事故的措施。断口分析有宏观分析和微观分析两类，一般宏观分析只是做出整体粗略的判断，如需进行断裂原因分析，微观金相分析是必不可少的。一般使用 SEM，通过对比分析，对断口的断面进行描述、分析，对断裂类型做出判断，进而得出断裂原因。由氢脆引起的断裂一般呈现部分脆性断裂的特征，并有着自己的微观形貌。如韧窝变小、变浅，数量变多，断裂面出现撕裂棱，呈现准解离特征等；刘白[180]在对 30CrMnSiA 高强度钢氢脆断裂机理的研究中发现有三种氢脆断口特征：①氢脆准解理断口，它又分为两种形式，穿条或沿条氢脆准解理，解理小刻面周围有明显的撕裂棱或韧窝带等塑性痕迹；穿束氢脆准解理具有不明显的撕裂棱、条状花样和亚裂纹等形态；②氢脆沿晶断裂，晶界上有小孔、撕裂棱等痕迹。此外，在进行断口分析时，金相分析和能谱分析也是常用的方法，特别是在裂纹形成机理探讨方面有很重要的作用。透射电镜和 X 射线衍射技术也用来对氢脆过程中金属组织结构的变化做出判断鉴定。

　　总之，在进行断口分析时，根据不同的研究目的，可以选择适当的分析方法和技术，通过各种方法和技术有效地结合，对实验现象进行说明解释，进而得出正确有用的结论。

4. 其他方法

　　在氢脆研究中，氢浓度的准确测定有着非常重要的意义。金属中氢含量的测定，试样经过预处理后，一般采用热分解技术将氢从金属中分离出来，然后运用氢测量技术测出氢含量，它是一个复杂但非常重要的步骤，在定量研究氢脆机理中起着非常重要的作用。S.Jayalakshmi 等[181]运用热力学质量分析仪 TGA，通过程序升温加热 0.67K/s，使氢从试样中分离逸出，通过质谱仪 MS 测定氢的含量，绘制出氢含量对充氢时间图、氢含量对温度图，得出氢含量与充氢时间的非线性关系和氢在不同温度下的逸出情况。王毛球等[182]运用 TDS（thermal desorption spectrometry）测氢技术，将试样在真空中以 100K/h 的升温速率加热到 1100K，利用四重极质谱仪测定氢析出速率，通过累积计算氢含量，研究发现可扩散氢与充氢条件有关，根据氢析出峰值温度随加热速率的变化，计算出各峰值处析出氢的激活能，发现 600K 以下析出的可扩散氢主要来自实验钢中的晶格、晶界、位错等处。S.M. Beloglazov[183]运用电化学阳极溶解法绘制氢浓度分布图，发现研究试样中金属吸收的氢都存在于金属表面的薄层中，在材料承受静或动应力时，正是这些氢对材料的力学性能造成了影响。

　　此外，为了研究不同的体系，取得有针对性的结果，许多技术被采用，为了研究氢脆中裂纹的扩展过程，AET（acoustic emission techniques）技术被用来提供裂纹生长的信息，取得了很好的结果。在研究大气环境下的氢脆中[176-184]，干湿循环方法和薄液膜法是最经常用的方法，为了研究可行性，必须采用不同的试验设计方法。

　　总之，氢脆研究中，根据具体的研究体系，可采用不同的可实施性研究方法，其他领域中的研究方法技术也可被借鉴，特别是随着检测和测量技术的快速发展，各种物理、化学、光学乃至声学等检测手段的成熟，许多新方法也越来越多地被采用，为进一步揭开氢脆的机理和更好地预防氢脆，提供了准确、迅速、简便、直观的技术。随着计算机技术的发展，越来越多的计算模拟方法也进入到氢脆研究中来。氢脆研究是一个交叉边缘学科，需要多领域的合作和多技术的联合才能取得更准确的成果。

1.4.7 评定氢脆的试验方法

评定氢脆的试验方法有以下几种[185]。

1. 弯曲次数法

应用板状试样，在特制的夹具上对试样进行一定角度的弯曲（通常是120°）直至试样断裂，记下弯曲的总次数 n，脆性系数 α 可表示如下

$$\alpha = \frac{n_{空} - n_{氢}}{n_{空}} \tag{1-8}$$

式中，$n_{空}$ 为不含氢弯曲至断裂的次数；$n_{氢}$ 为充氢弯曲至断裂的次数。当 α 为零时，说明金属对氢脆不敏感；而当 α 为 1 时，则极为敏感。

2. 断面收缩率比较法

应用拉伸试样，在一定的拉伸速率下，测量试样断裂时的断面收缩率 ψ，其脆性系数可表示为

$$\alpha = \frac{\psi_0 - \psi}{\psi_0} \tag{1-9}$$

式中，ψ_0 为空白试样的断面收缩率；ψ 为含氢试样的断面收缩率；α 在 0~1 之间变化，α 越小，说明氢脆敏感性越小。

3. 慢应变速率法

此方法详见 1.3.4 小节。

4. 氢渗透法

目前多采用 Devanathan-Stachurski 双电解池技术[175]来测量腐蚀过程中氢的渗透量。它是由作为双面电极的金属所构成的两个电解池构成的，金属的一面作为阴极池，一面作为阳极池。阴极池内发生析氢反应，产生的氢原子渗透过金属试样在阳极池被氧化为氢离子，用记录仪测得氧化电流，即氢渗透电流的大小，作出它随时间的变化关系图，通过对电流-时间曲线下的面积进行积分计算，可得到氢渗透量。改变阴极池电解质的浓度和外加电位的大小，作出浓度、电位与氢渗

透电流的关系图。此方法较直观，能够较准确地测得金属中的氢渗透情况，以此来评价金属发生氢脆的可能性。

一些研究者利用氢渗透法进行了相关的研究。张学元等[186]研究得出了 16Mn 钢在 H_2S 溶液中的稳态氢渗透电流 I_H 和 H_2S 浓度的关系，并认为温度对 H_2S 扩散的影响主要表现在扩散系数上。氢在金属中的扩散速率受陷阱位置控制，取决于陷阱的大小和分布、氢与陷阱的结合能的大小等[187]。

1.4.8 氢脆的影响因素[174]

1. 环境因素的影响

氢脆是特定材料在特定环境下的脆断现象，是环境与材料相互作用的结果。敏感材料在含有氢元素的环境中都有可能发生氢脆，影响氢脆的环境因素有：温度、pH、氧化还原电位、特殊离子、气体化合物等。

温度：氢脆在温度-30～30℃附近最敏感，一般发生在-100～150℃范围内，在低温或高温时氢脆敏感性降低。随温度的升高氢在金属中的溶解度、扩散速率升高。温度不仅有利于氢渗透也有利于氢的复合，是一种双重影响。温度主要通过影响材料中氢浓度、氢扩散速率从而影响材料的氢脆。

pH：pH 的大小直接决定了 H^+ 的多少，进而可能影响氢的生成，但并不是简单的 pH 越低氢脆越容易发生。不同的材料和溶液会有不同的影响结果，通常情况下，由于 pH 降低 H^+ 增多有利于氢的产生，氢脆敏感性升高。但 E.M.K. Hillier 等研究发现，电镀中 pH 降低有利于能抑制氢脆的富钴相的形成，从而降低了材料的氢脆敏感性。虽然在高 pH 条件下 H^+ 较少，但并不一定影响氢的生成，主要起决定作用的是阴极反应。

氧化还原电位：电位越负越有利于析氢反应的发生，因此更有利于氢脆的发生。Wen-Ta Tsai 等[188]的研究发现 2205 双相不锈钢在阳极电位区以及腐蚀电位附近（380～500mV 范围内）均不发生氢脆，只有当电位处于较负的阴极电位区（<-900mV）时才发生氢脆。说明电位降低氢脆敏感性增高。特别是在对材料进行阴极保护时，控制保护电位对预防氢脆更重要。

特殊离子的影响：环境中的离子主要通过影响氢的产生，进而影响材料的氢脆。其中由于硫化氢或硫离子引发的 SCC 是目前国内外学者研究的焦点，特别是在研究含硫原油输油管道的环境脆断时，氢脆机理以硫化氢氢脆为主。余刚等[189]研究发现随溶液中硫化氢溶液质量分数的增加，16MnR 钢的稳态渗氢电流密度逐渐增大，在高质量分数区趋于稳定值。硫化氢质量分数的增大使二价硫离子含量增加，对原子氢结合成氢分子的毒化作用也逐渐增强，钢表面原子氢浓度的增大能增大渗氢的效率。亚硫酸根离子也能促进氢渗透，特别是在含有二氧化硫的大气氢渗透中作用更明显。其他的离子，如氯离子能破坏金属氧化膜，间接促进氢渗透，而且含氯离子环境，如海洋环境等是材料脆断的敏感介质，对氢脆也有一定的影响。

此外，生物因素，如硫酸盐还原菌（SRB）[190]在代谢过程中产生氢，对氢脆也会产生一定影响。总之，环境对氢脆的影响主要是通过影响氢的来源和传输扩散，进而对氢脆产生影响。电位、硫离子、亚硫酸根离子、pH 等对氢脆的影响较敏感。

2. 材料本身对氢脆的影响

强度水平：一般氢脆敏感性随硬度、强度的升高而增高；由于应力梯度有利于氢扩散，所以材料在使用、焊接等处理工艺过程中等造成的残余应力会使其氢脆敏感性提高。

合金元素：氢与不同的金属元素的结合作用能力、在其中的扩散速率不同造成不同金属材料的氢脆敏感性也不同。如在铁镍二元合金中，氢的渗透速率随镍含量的增加而增大，钛合金对氢脆的敏感性较其他金属更高，已经成为研究热点。

U.Prakash 等[191]研究发现铁铝合金中碳或铝的含量升高能适当抑制氢脆。

微观结构：不同的金属以及合金都有不同的微观结构，氢原子在金属中主要是通过晶界或空隙扩散，而且主要偏聚在晶界、夹杂物等缺陷处。微观结构直接影响了氢在材料中的扩散、偏聚、与金属的相互作用等材料脆断过程中的关键步骤，是氢脆的重要影响因素。不同晶体结构中，马氏体比贝氏体、珠光体、铁素体、奥氏体、沉积硬化钢的氢脆敏感性高；贝氏体比珠光体、铁素体的氢脆敏感性高[192]；抑制氢脆方面铁素体不如奥氏体[184]，而且两相的比例及晶粒大小也影响氢脆敏感性。微观结构中，位错作为可逆陷阱，位错密度越高，越有利于氢的扩散传输，从而增高氢脆敏感性；相反作为不可逆陷阱的微观结构如金属碳化物、晶间沉积物、转变奥氏体结构等的数量越多，分布越均匀，氢脆敏感性越低[192]。一般认为材料的晶粒越细、分布越均匀，缺陷越少，材料抗氢脆性能越好。此外，材料中的杂质元素与主体元素结合，改变了其微观结构以及陷阱的数量和分布形态，从而降低或提高材料的氢脆敏感性。

1.4.9 氢脆的预防措施

氢脆主要通过以下途径进行防护。

控制氢的来源。首先是减少内部氢的来源。例如，对材料进行退火处理，在电镀时尽量减少氢的渗透。其次减少外部氢来源，通过表面处理。例如，在材料表面增加能抑制氢渗透的保护膜；在对材料进行阴极保护时，尽量控制保护电位，减少发生氢脆的可能性。

抑制氢的扩散及其与材料的作用。主要是通过改变材料本身的结构，如加入微量元素、热处理、老化处理、固熔退火处理等技术工艺，加强材料的抗氢脆性能。

合理选材和设计。针对不同的环境合理选材，避免将材料应用在其氢脆敏感环境中。材料使用过程中，工程力学设计必须合理，减少残余应力，焊接工艺必须适当，防止热影响产生冷裂纹和脆化，制定合理的焊接工艺，如焊前预热、焊后保温等措施，严格焊条烘干温度，并经常对材料进行检测和监测及维护，防止氢脆的发生。

1.5　氢　与　金　属

自 1866 年 Thomas Graham 开始金属氢系的研究以来，氢与金属的相互作用就成了久盛不衰的热门课题。但直到第二次世界大战期间英国皇家空军飞机发生机毁人亡的惨痛事故后，科学家才开始研究钢材的氢脆问题。

1.5.1　氢的渗入

通常，氢不能以分子态进入金属，而是通过在金属表面上的物理吸附、化学吸附、溶解、扩散等一系列过程才进入金属内部一定位置。即使在常温常压下，在金属表面也会有一定数量的原子氢，它通过吸附就可以进入金属内部。

1. 气态氢的渗入

如果氢气和具有洁净表面的金属相接触，则分子氢将被吸附到金属表面（物理吸附），然后在表面上进一步分解成原子氢（化学吸附）。气态氢通过以下步骤进入金属内部。

（1）范德华力吸附，分子氢迁移到金属表面并和它碰撞吸附。

（2）碰撞表面的分子氢通过物理吸附留在金属表面上：

$$H_2 + M \longrightarrow H_2 \cdot M$$

（3）共价力吸附，即通过化学吸附形成共价型原子氢：

$$H_2 \cdot M + M \longrightarrow 2H_{共} \cdot M \ 或 \ H_2 M \longrightarrow H_{共} M + H$$

（4）吸附的共价型原子氢通过溶解，变成溶解型吸附原子氢：

$$H_{共} \cdot M \longrightarrow M \cdot H_{溶}$$

（5）溶解型原子氢通过扩散，进入试样内部：

$$M \cdot H_{溶} \longrightarrow M+H$$

（6）处在表面附近的原子氢通过扩散，进入试样内部：

$$H_{表} \xrightarrow{\text{扩散}} H_{内}$$

2. 阴极充氢时氢的渗入

金属在腐蚀介质中或在应力腐蚀条件下，当阴极反应是析氢反应时，所产生的原子能进入金属。另外，在电解充氢时（金属是阴极，铂是阳极），在金属上析出的原子氢也能进入金属。这些过程都属于阴极充氢过程，氢进入金属的步骤如下。

（1）水化的氢离子从溶液中通过迁移而到达金属表面：

$$(H^{+} \cdot H_{2}O)_{溶} \xrightarrow{\text{迁移}} (H^{+} \cdot H_{2}O)_{表面}$$

（2）水化氢离子获得电子而放电：

$$H^{+} \cdot H_{2}O + e^{-} \longrightarrow H + H_{2}O$$

（3）原子氢吸附在金属表面：

$$M + H \longrightarrow M \cdot H_{吸}$$

吸附在金属表面的原子氢有两条出路：一是由吸附型原子氢变成溶解型吸附原子氢，然后通过去吸附成为溶解在金属中的原子氢，并通过扩散进入金属内部；另一条出路是通过复合变成 H_{2}，它吸附在金属表面，然后通过去吸附变成 H_{2} 气泡放出，即按下述反应过程进行。

（1）原子氢变成溶解型吸附原子氢：

$$H_{共} \cdot M \longrightarrow M \cdot H_{溶}$$

（2）去吸附成为金属中的间隙原子：

$$M \cdot H_{溶} \longrightarrow M+H$$

（3）吸附的原子氢复合成分子氢，吸附在表面：

$$H \cdot M + H \cdot M \longrightarrow H_{2} \cdot M + M \text{ 或 } H \cdot M + H \longrightarrow H_{2} \cdot M$$

（4）分子氢去吸附以氢气泡方式逸出：

$$H_{2} \cdot M \longrightarrow M + H_{2} \uparrow$$

在腐蚀和应力腐蚀过程中，如果上述四个步骤有一个受阻，则整个过程将受到阻碍。从而由阳极过来的电子就会在阴极积聚，使阴极电位变得更负，形成阴极极化。

另外，有研究表明，在电解液中加入少量毒化剂，如 Na_2S、As_2O_3、CS_2、H_2S 等，能使吸氢和饱和吸氢量大大提高。但关于毒化作用的机理目前仍不十分清楚。一种意见认为，毒化剂并不影响水化氢离子的吸附和放电过程，但它使分子氢在金属表面的超电位升高，从而阻碍原子氢复合成分子氢和氢的去吸附过程。

1.5.2 氢在金属中的溶解和扩散

氢在金属中可能形成固溶体、氢化物、分子状态氢气，也可能与金属中的第二相进行化学反应而生成气体产物（例如，铜合金由 H_2 与 CuO 反应生成的高压水蒸气及钢中氢与碳反应生成的 CH_4 气体等）存在于金属中。当氢以分子状态存在时，主要处于金属内部各种缺陷，如气孔、微裂纹、晶界、相界、非金属夹杂物等处；当氢以甲烷的形式存在于金属中时，主要处于金属晶界、相界处；当氢以原子团形式存在时，主要处于应力集中区和位错密集区；当氢以负离子态存在时，处于金属晶格点阵上并以化学键与金属原子形成化合物；而当氢以原子态、正离子或金属氢化物态存在时，则氢主要处于金属晶格点阵的间隙中。

氢在金属中可发生正常扩散、异常扩散两种扩散形式。当氢原子处在点阵的间隙位置，它从一个间隙位置跳到另一个间隙位置的过程就是氢原子的正常扩散。异常扩散包括晶界扩散、沿位错管道扩散、隧道扩散等形式。晶界扩散是指晶粒边界处原子排列不规则，结构松散，间隙原子很容易通过这些松散区。即沿晶界扩散所需的扩散激活能很小，晶界可成为原子扩散的通道。位错管道扩散指晶粒中存在有大量的位错，它具有一定的宽度，相当于一个管道。位错中心区原子畸变很大，排列不规则，位错管道也是氢原子扩散的一种渠道。

此外，如果金属内部氢的化学位不相同，则系统处于不平衡状态，氢原子将从化学位高的地方向化学位低的地方扩散，直到化学位相同为止，这就是化学位梯度引起的扩散。当材料受到应力的作用时，也会发生应力诱导的氢扩散。

1.5.3 氢渗透研究方法

研究氢在金属中的扩散与渗透，定量的方法主要有阴极过程量气法[193]、电化学测量法[194]、核物理法[195]等。电化学测量方法的设备简单，灵敏度高，测量方便、快速、准确，因而被广泛用于氢渗透研究。

虽然有很多种电化学渗氢技术，但是它们的基本原理都是相同的，即将试样作为研究电极，夹在两个不相通的电解池之间，试样一侧处于自由腐蚀或阴极充氢状态，另一侧在氢氧化钠溶液中处于阳极氧化状态。它能把由充氢侧扩散过来的氢原子氧化掉，其氧化电流密度就是原子氢的扩散速率的直接度量。对于电化学渗氢，可采用菲克第二定律描述氢在金属中的扩散行为：

$$\frac{\partial c(x,t)}{\partial t} = D\frac{\partial^2 c(x,t)}{\partial x^2} \tag{1-10}$$

式中，D 为氢在金属中的扩散系数；$c(x,t)$ 是氢在金属内部的浓度分布函数。当氢渗透达到稳态时，由菲克第一定律可以求出阳极电流为

$$I(t)_{x=l} = -nDAF\left(\frac{\partial c(x,t)}{\partial x}\right)\Bigg|_{x=l} \tag{1-11}$$

式中，F 是法拉第常数；l 为试样厚度；n 为转移电子个数（对于氢，$n=1$）；A 为试样有效充氢区域面积。由式（1-11）可得

$$J(t)_{x=l} = -nDF\left(\frac{\partial c(x,t)}{\partial x}\right)\Bigg|_{x=l} \tag{1-12}$$

式中，$J(t)=I(t)/A$ 称为渗透电流密度，有时也简称为渗透电流，其单位为 A/m^2。除非特殊说明，本书以后把渗透电流密度均简称为渗透电流。

根据试验边界条件不同可以把电化学渗氢技术分为以下几类：①逐步法；②非稳态电位时间滞后法；③脉冲法；④强制振荡法；⑤自激振荡法；⑥比较析氢法。每类电化学渗氢技术都有各自相对应实验装备和数学分析方法。

测量氢在金属中的扩散最常用的方法是时间滞后法，这种方法最早由 Devanathan 和 Stachurski[194]提出。试样充氢侧的边界条件与逐步法相同：试样析氢侧施加阳极电位，氧化从金属中析出的氢原子，使试样表面氢浓度近似为零。假设试样内部初始氢均匀分布，在 $t=0$ 时，试样充氢侧氢浓度增加到 C_0，然后保持恒定；在试样析氢侧，氢浓度保持为零。试样中氢浓度的分布必须满足：

$$t=0,\ C(x,0)=0,\ 0\leqslant x\leqslant L$$

$$t>0,\ C(0,t)=C_0,\ C(L,t)=0$$

由上述初始和边界条件可以求得金属内部氢浓度分布函数为

$$c(x,t) = C_0 - C_0\frac{x}{L} + \frac{2}{\pi}\sum_{n=1}^{\infty}\frac{-C_0}{n}\sin\left(\frac{n\pi x}{L}\right)\exp\left(-\frac{Dn^2\pi^2 t}{L^2}\right) \tag{1-13}$$

可求得阳极氢渗透电流为

$$J(t)_{x=l} = J_{\infty}\left(1 + 2\sum_{n=1}^{\infty}(-1)^2\exp\left(\frac{Dn^2\pi^2 t}{L^2}\right)\right) \tag{1-14}$$

可以求得

$$t_i = \frac{\ln 16}{3}\frac{L^2}{\pi^2 D} \tag{1-15}$$

$$t_b = \frac{1}{2}\frac{L^2}{\pi^2 D} \tag{1-16}$$

$$t_L = \frac{1}{6}\frac{L^2}{D} \qquad (1-17)$$

由式（1-15）、式（1-16）和式（1-17）都可以求得氢扩散系数 D。

1.6　氢对金属材料性能的影响

进入钢中的氢在与材料中的残余应力或外加应力的协同作用下，会给金属的性能造成一定的损伤，即所谓的氢损伤。这种伤害可以是暂时的，即在氢逸出钢材后，受损伤的性能可以恢复；损伤也可以是永久的，即对性能的损伤是不可逆的，在氢离开金属后性能仍不可恢复。1976 年，Hirth 和 Johnson 在大量研究的基础上把氢损伤分为七类：氢脆（HE）、氢蚀（HA）、氢鼓泡（blistering）、发纹或白点（shatter cracks、fisheyes）、显微穿孔（microperforation）、流变性能退化和形成金属氢化物（hydride）。其中氢脆是最常见的一类，它又可以分为氢应力开裂、氢环境脆化和拉伸延性丧失三种。

金属的氢脆可分为两类：第一类氢脆的敏感性随形变速度的提高而增加，第二类氢脆敏感性随形变速度的提高而降低。两类氢脆的主要差别是前者在材料加载荷前已经存在氢脆源，后者在加载荷之前并不存在氢脆源，而是由于氢与应力产生交互作用后才形成的。

第一类氢脆表现有以下三种情况。

（1）氢蚀（hydrogen attack）：主要表现在石油高压加氢及液化石油气的设备中。其作用机理是在 300～500℃温度范围内，由于高压氢与钢中碳作用在晶界上生成高压 CH_4 而使材料脆化。实验证明要降低氢蚀宜采用经充分球化处理的低碳钢，钢液不宜采用 Al 脱氧（其脱氧产物 Al_2O_3 易成为 CH_4 气泡的核心），并尽可能加入 V、Ti 等元素使碳固定。

（2）白点：在重轨钢及大截面锻件中易出现这类氢脆。这是由于钢在冷凝过程中氢溶解度降低而析出大量氢分子。它们在锻造或轧制过程中形成高压氢气泡，在较快速度冷却时氢来不及扩散到表面逸出，于是在高压氢分子和应力（热应力或组织应力）的共同作用下造成白点等缺陷。采用缓冷或在钢中加入稀土、V、Ti 等元素可减轻这类氢脆。

（3）氢化物氢脆：由于ⅣB 族（Ti、Zr、Hf）和ⅤB 族（V、Nb、Ta）金属极易生成氢化物，而导致脆性。因为氢化物是一种脆性相，它与基体存在较弱的结合力及二者间弹性和塑性的不同，因此在应力作用下形成脆断。

第二类氢脆（可逆性氢脆）是近年来最活跃的研究领域。这是种由静载荷持久试验所产生的脆断。含氢材料在持续应力作用下，经过一定孕育期后形成裂纹，存在一个亚临界裂纹的扩展阶段，当外界应力低于某一极限值时，材料将长期不断裂，此极限值与疲劳极限十分相似。

可逆性氢脆（滞后破坏）的发生与金属的晶体结构无关。其共同特征是：只在一定温度范围内发生（-100~100℃）；氢脆敏感性与形变速度有关，形变速度越大，敏感性越小，当超过某一临界速度，则氢脆完全消失，氢脆断口平滑，多数是沿晶断裂。可逆性氢脆可以在含氢的材料中发生（内部氢脆），也可在含氢介质中发生（环境氢脆），二者实验条件不同，但表现出的氢脆特征是相同的。环境氢脆内容十分广泛，环境介质除 H_2、H_2S、H_2O 外，还有各种碳氢化合物及各种水溶液。因此，广义的环境氢脆包括各种水溶液的应力腐蚀。

氢对金属机械性质最重要而普遍存在的是氢脆，这意味着金属中充入一些氢后对负载-时间函数关系上引起机械失效所需功的减小。这种减少可表现为拉伸（应变）限度的减小而引起失效、金属可承受的静负载量的减少、负载-非负载循环次数的减少或表现为破裂传播速率的增加。重要的是要认识到氢的这种效应依赖于下列复杂并相互作用的方式，对于给定的合金组分，这些因素有纯净度、杂质分布、微结构和相分布、以前的机械历史（如形变的程度和种类）、表面化学和几何学（如凹坑）等。对某些金属（如高强度钢）不足百万分之一的氢含量就足以引发灾难性的氢脆[196]。而对另一些金属（如 Nb、Ta），严重的氢脆要到足够高的氢浓度形成氢化物时才会发生。

氢对金属材料的影响，一般认为是有害的，但是除了负面作用外，研究者利用氢溶入金属并与金属形成氢化物这一特点，制作具有高密度的储氢材料。另外，钛合金利用热氢处理，能够得到晶粒细化从而改善显微结构[197]。

第 2 章　海洋大气环境下的氢渗透行为

2.1　引　　言

大气腐蚀是指金属处在薄层电解质液膜下的电化学腐蚀，与浸没在大量电解质溶液中的腐蚀过程有不同的特点[198]。研究表明，大气环境下的环境敏感断裂的发生是由于金属材料表面存在电解质液膜。在大气腐蚀过程中氢原子可以通过电化学反应产生，氢原子由于其具有极小的体积，可以渗透到金属内部，并在金属内部的微小缺陷处结合形成氢分子，由氢原子变为氢分子带来的体积上的增大所产生的内部压力使金属产生鼓泡、变脆，最终导致金属失效[199]，氢脆导致了材料强度降低，在较低载荷下就会导致材料的灾害性破坏，氢渗入已被证明是构件、结构、管线和压力容器等失效的主要原因之一。一般认为随着钢材强度的增加，钢材的氢脆敏感性也逐渐增加[200]。

海洋大气因为其相对湿度高、昼夜温差大以及含大量海盐离子等原因，和内陆的大气环境相比具有较强的腐蚀性，发生氢脆的可能性更大。中国有 18 000 多公里的海岸线和广阔的领海，海洋天然资源非常丰富。随着中国社会经济的迅速发展和科学技术水平的逐渐提高，我国的海洋开发事业有了突飞猛进的发展，海洋构筑物也越来越多。例如，海洋石油的开发，建造了大量的海上固定钻井平台和辅助平台，铺设了许多海底油气输送管道；海上运输和旅游观光业的发展，建造了大量的栈桥、码头和船舶。这些设施大都是由金属材料，特别是钢铁建造而成，这其中有很大一部分构筑物采用高强度钢。这些钢铁构筑物受到严酷的海洋腐蚀环境的破坏，又由于油气生产过程中 H_2S、SO_2 等腐蚀性气体泄露至空气中，进一步增强了海洋大气的腐蚀性，使钢结构的氢脆开裂性大大增加，对钢铁构筑物构成了巨大的威胁，一旦发生事故，会造成巨大的生命和财产损失。

氢渗入已被证明是构件、结构、管线和压力容器等失效的主要原因之一。环境中的氢在金属加工或使用过程中会以多种途径进入金属材料，氢以原子形式溶解在金属组分中，其扩散和溶解性能与缝隙溶解原子（如碳）相似。金属材料中的氢与材料的残余应力或外加应力的协同作用下，使一些金属材料表现出一定的氢脆特性。氢脆导致了材料强度降低，在较低载荷下就会导致材料的灾害性破坏。研究氢进入金属体系的方法主要是气相充氢和电化学充氢，氢渗透的测量一般采用电化学阳极氧化法。对于在本体溶液中的氢渗透现象，许多学者做了大量工作，然而对于在气体环境中的氢渗透现象由于受到实验条件的限制，研究者少之又少，近几年来才有一些这方面的报道[201, 202]。因此为了保证海洋用钢使用的安全性，有必要对海洋高强度用钢在海洋大气中的氢渗透及腐蚀行为进行研究。

本章工作从室内模拟到室外实际海洋大气环境实验，研究了干湿交替和模拟海洋大气环境下金属材料的氢渗透行为。由于在海上采油平台附近常常存在 H₂S 和 SO₂，所以本章工作特别探讨了含有 H₂S 和 SO₂ 的海洋气体环境对氢渗透行为的影响。

2.2　干湿交替作用下金属的氢渗透行为

2.2.1　实验材料的准备

本研究实验材料为 16Mn 钢、X56 钢、35CrMo 高强度钢和 AISI 321 奥氏体不锈钢。16Mn 钢和 X56 钢试样为薄圆片状，直径为 40mm，厚度为 0.5mm，两面用砂纸逐级打磨至 600#。材料厚度对氢渗透电流有着直接的影响，材料厚度小于 0.2mm 时，由于试样在加工过程中会形成表面划痕等原因，材料氢渗透电流比实际情况大。当材料厚度大于 0.3mm 时，氢渗透电流趋于一稳定值。用酒精和丙酮采用超声波清洗，以彻底去除试样表面的油污。试样的一面镀镍，镀镍液为 Watt 型镀镍溶液（其组成为：250g/L 硫酸镍[NiSO₄·6H₂O]，45g/L 氯化镍[NiCl₂·6H₂O]，40g/L 硼酸[H₃BO₃]）。镀镍时，先用 3mol/L 盐酸清洗试样，再经丙酮去脂，二次水清洗干净。镀镍电流为 3mA/cm²，时间为 3min，镀镍层厚度约为 180nm。AISI 321 奥氏体不锈钢，试样为圆形片状，直径为 40mm，厚度为 0.1mm。试样两面逐级打磨至 600#。试样用酒精采用超声波清洗，以彻底去除试样表面的油污。之后用除锈液（含10%HNO₃、3%HF）采用超声波清洗以除去不锈钢表面的氧化皮，再经丙酮去脂，二次水洗干净后晾干，在试样边缘处焊接一导线。在试样的氢检测面镀钯，镀钯液组成为：0.8g/L 氯化钯[PdCl₂]，60g/L 氢氧化钠[NaOH]。镀钯电流为 12mA/cm²，时间是 2min。试样为圆形片状，直径为 40mm，厚度为 0.3mm。试样两面逐级打磨至 600#。腐蚀失重实验采用同样材料和尺寸的试样。试样用酒精及丙酮采用超声波清洗，以彻底去除试样表面的油污。试样的氢检测面镀镍，镀镍液为 Watt 型镀镍溶液（250g/L 硫酸镍[NiSO₄·6H₂O]，45g/L 氯化镍[NiCl₂·6H₂O]，40g/L 硼酸[H₃BO₃]）。镀镍时，先用 3mol/L 盐酸洗试样，再经二次水清洗。镀镍电流为 3mA/cm²，时间为 3min，镀镍层厚度约为 180nm。镀镍时表面处理过程见表 2-1。

表 2-1　镀镍时的表面处理过程

实验步骤	实验方法及溶液
1. 表面打磨	600#砂纸
2. 电抛光	H_3PO_4-CrO_3，$3kA/m^2$，12min
3. 酸洗	3mol/L HCl
4. 冲洗	二次蒸馏水
5. 去油	丙酮
6. 镀镍	Watt 型镀镍溶液，$3mA/cm^2$，3min
7. 冲洗	二次蒸馏水
8. 钝化	0.2mol/L NaOH，150mV vs. HgO|Hg|0.2mol/L NaOH，直到稳定
9. 氢渗透电流测量	150mV vs. HgO|Hg|0.2mol/L NaOH

　　阳极侧所用溶液为 0.2mol/L NaOH 溶液，用优级纯试剂和二次蒸馏水配制而成。本章采用 150mV vs.HgO\|Hg\|0.2mol/L NaOH 的极化电位。

　　阴极侧腐蚀溶液是根据上一部分奥氏体不锈钢表面酸性氯离子溶液膜的形成过程而确定。所涉及的实验药品：盐酸、$FeCl_3$，海水取自青岛海滨海水。图 2-1 为镀镍层在 0.2mol/L NaOH 溶液中的极化曲线，表明在–100～500mV 范围内极化电流很小，选择在这个范围内的电位作为氢的氧化电位是合适的。本实验选择阳极电位为 150mV vs. HgO\|Hg\|0.2mol/L NaOH。其中 E 表示电位，I 表示电流强度。

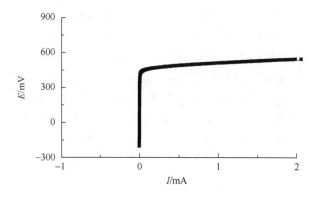

图 2-1　镀镍层在 0.2mol/L NaOH 溶液中的极化曲线

2.2.2　实验用溶液的配制

　　实验溶液为蒸馏水、青岛海滨海水、不同浓度的 H_2S 溶液以及不同浓度的 SO_2 溶液；腐蚀失重实验清洗液为自配，具体成分为：44mL 盐酸+456mL 蒸馏水+5.05g 六次甲基四胺。实验溶液用分析纯试剂和蒸馏水配制。高浓度 H_2S 水溶液由 FeS 和稀

H$_2$SO$_4$ 反应产生的 H$_2$S 气体通入已用高纯氮除氧的海水中制得，用硫离子选择电极法标定其浓度。高浓度 SO$_2$ 溶液由 Na$_2$SO$_3$ 和稀 H$_2$SO$_4$ 反应产生的 SO$_2$ 气体通入已用高纯氮除氧的海水中制得，用碘量法测定其浓度。实验时以此溶液为母液，用移液管移取一定量已知浓度的 H$_2$S 水溶液至除氧的海水中，配制成含不同 H$_2$S 和 SO$_2$ 浓度的溶液，即得实验用溶液。

2.2.3　实验装置

JH-2D 恒电位仪；多通道数据记录仪；自制改装 Devanathan-Stachurski 双电解池；恒温箱，超声波清洗机。

采用 Devanathan-Stachurski 双电解池技术测量 16Mn 钢、X56 钢、35CrMo 高强度钢和 AISI 321 奥氏体不锈钢在不同溶液中的氢渗透电流。改进的 Devanathan-Stachurski 双电解池原理示意图如图 2-2 所示，实验装置如图 2-3 所示。

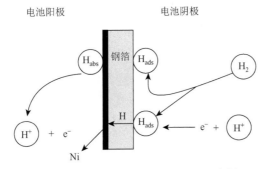

图 2-2　氢渗透实验双电解池原理示意图

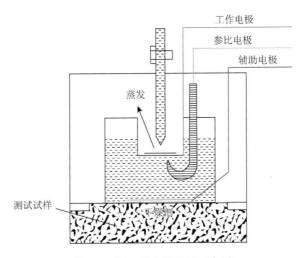

图 2-3　氢渗透实验装置示意图

　　该电解池是由作为双面电极的试样及其上下两个电解池构成，试样的上部为阴极池，下部为阳极池。试样作为公用工作电极，与参比电极（Hg/HgO 参比电极）、辅助电极（镍电极）构成一套三电极体系。实验时，将电解池放入密闭容器中，阴极面所面对的容器底部加入各种腐蚀溶液，向阴极池中试样表面滴加 0.5mL 试验溶液，发生析氢反应；阳极侧为检测池，所用溶液为 0.2mol/L NaOH，用优级纯试剂与二次水配制。实验时，镀镍侧（即阳极侧）在 0.2mol/L NaOH 溶液中（在 150mV vs. HgO|Hg|0.2mol/L NaOH 极化电位下）钝化 24h 以上，使背景电流密度小于 $0.1\mu A/cm^2$；试样另一侧（即阴极侧）滴加 0.5mL 不同的实验溶液，模拟在海洋大气中，在干湿循环条件下的氢渗透行为，发生腐蚀析氢反应记录不同条件下的氢渗透电流大小。将电解池置于底部装有干燥剂的恒温箱中，在控制温度为 30℃ 的条件下进行恒温腐蚀充氢，相对湿度（RH）小于 8%。实验时使用一台恒电位仪采集氢渗透电流，用计算机通过数据采集卡采集数据，记录在干湿循环中的氢渗透电流变化。阴极池一侧产生的氢原子渗透过金属薄片在阳极侧镀镍层的催化下被氧化为氢离子，用计算机通过数据采集器测得的氧化电流即为氢渗透电流。把氢渗透电流曲线的面积进行积分，作为评价氢渗透量的标准。

2.3　模拟海洋大气干湿循环条件下的氢渗透行为

2.3.1　蒸馏水干湿循环下氢渗透行为

　　图 2-4 和图 2-5 是 16Mn 钢和 X56 钢在干湿循环蒸馏水条件下的氢渗透电流。

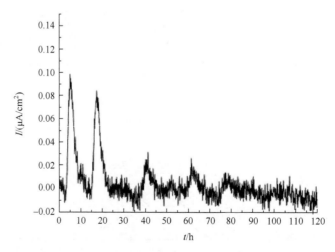

图 2-4　16Mn 钢在干湿循环蒸馏水条件下氢渗透电流变化与干湿循环次数的关系

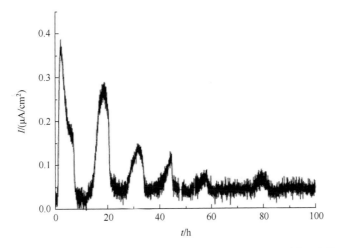

图 2-5　X56 钢在干湿循环蒸馏水条件下氢渗透电流变化与干湿循环次数的关系

在蒸馏水干湿循环条件下，随着试验溶液的滴入，很快在阳极池内检测到有氢渗透电流的产生，并且随着干湿循环次数的增加，氢渗透量减小。经过干湿循环后，腐蚀产物 FeO、Fe_3O_4、$FeOOH$ 等在金属表面形成一层腐蚀产物膜，由于渗氢的产生首先要有氢原子的产生、吸附，阳极池内能够检测到氢渗透电流说明，在阴极池内有氢的还原反应发生[202]：

$$H^+ + e^- \longrightarrow H_{ad} \tag{2-1}$$

氢的还原还有可能通过以下方式进行：

$$H_3^+O + e^- \longrightarrow H_2O + H_{ad} \tag{2-2}$$

$$H_2O + e^- \longrightarrow H_{ad} + OH^- \tag{2-3}$$

腐蚀反应发生后，在氧气的作用下，锈层进一步被氧化：

$$4Fe^{2+} + O_2 + 6H_2O \longrightarrow 4FeOOH + 8H^+ \tag{2-4}$$

有水存在的条件下，下列水解反应也有可能发生：

$$Fe^{2+} + H_2O \longrightarrow FeOH^+ + H^+ \tag{2-5}$$

$$Fe^{2+} + 2H_2O \longrightarrow Fe(OH)_2 + 2H^+ \tag{2-6}$$

$$3Fe^{2+} + 4H_2O \longrightarrow Fe_3O_4 + 6H^+ + 2H_{ad} \tag{2-7}$$

$$Fe^{3+} + 3H_2O \longrightarrow Fe(OH)_3 + 3H^+ \tag{2-8}$$

以上反应的结果使金属表面的 pH 降低，蒸馏水的 pH 大约为 7.0，但腐蚀产物层有金属表面的界面 pH 已达到 4.5，这一点已有研究论文表明[202]。

由于以上反应的发生，在滴加入蒸馏水很短的时间内，阳极池内可迅速检测到氢渗透电流。另外，随着干湿循环次数的增加，阳极池内检测到的氢渗透电流减小，这主要是由于每经过一次干湿循环后，试样表面生成一层腐蚀产物膜，并且在滴加蒸馏水条件下，腐蚀产物膜较为疏松，厚度较大。在溶液向金属表面扩散的同时，会发生以下反应：

$$H_{ad}+H_{ad} \longrightarrow H_2 \uparrow \qquad\qquad (2\text{-}9)$$

$$6H^+ +2H_{ad}+Fe_3O_4 \longrightarrow 3Fe^{2+}+4H_2O \qquad (2\text{-}10)$$

H^+和 H_{ad} 在腐蚀产物膜中扩散消耗加大，腐蚀产物膜阻止了 H_{ad} 和 H^+ 向金属表面的扩散，到达试样表面的氢来源减少，故氢渗透量随着干湿循环次数的增多而减小。

图 2-6 所示的是 16Mn 钢在经过 5 个干湿循环后，分别滴加 1mL 和 2mL 蒸馏水的氢渗透电流，由图 2-4 可知，经过 5 个干湿循环后，氢渗透量已经达到较小的值，随着滴加量的增大，氢渗透量又变大，这正是由于随着滴加量的增大，溶液向金属表面扩散加强，到达试样表面的溶液增多，在金属表面发生反应，其中反应式（2-1）～式（2-8）发生的概率变大，故氢渗透量随着滴加量的增大而增大。

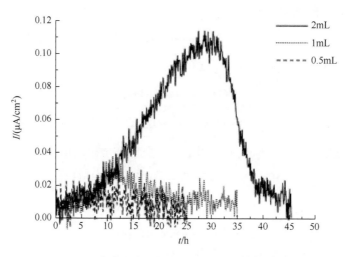

图 2-6　不同溶液滴入量对 16Mn 钢氢渗透量的影响

35CrMo 钢在蒸馏水干湿循环条件下，进行了 7 个循环的实验，其中第 7 个循环滴加 1mL 蒸馏水；同时进行 1、3、5 和 6 个循环的腐蚀失重实验。图 2-7 为蒸馏水条件下氢渗透电流密度随时间的变化图，表 2-2 为氢渗透及腐蚀失重的相关数据，图 2-8 为氢渗透量与腐蚀失重之间的关系图。

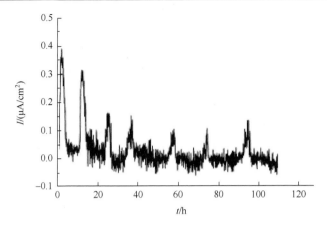

图 2-7　蒸馏水干湿循环中氢渗透电流密度的变化

表 2-2　蒸馏水干湿循环中氢渗透及腐蚀失重数据

循环次数	渗透时间/h	氢渗透量/(μmol/cm^2)	失重量/(mg/cm^2)
1	4.17	0.025 6	0.21
2	6	0.024 6	—
3	5.3	0.010 5	2.06
4	6	0.011 1	—
5	5.6	0.006 3	2.541
6	4.7	0.004 9	3.09
7	9.7	0.013 4	—

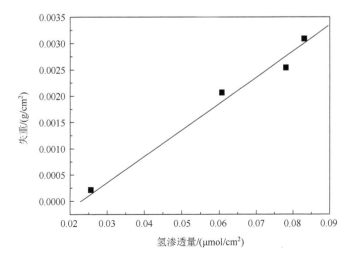

图 2-8　蒸馏水干湿循环条件下腐蚀失重与氢渗透量之间的关系图

从图 2-7 可以看出，蒸馏水干湿循环条件下，在一个循环中当试样表面被 0.5mL 蒸馏水润湿时，氢渗透电流被检测到并逐渐增大，最终到达一个最大值；当溶液逐渐蒸发干燥时，氢渗透电流也逐渐减小，最终回到溶液滴加之前的数值。在前 6 个循环中，每个循环中氢渗透电流的最大值随着循环次数的增加而减小，第一个循环中最大氢渗透电流密度大约为 $0.37\mu A/cm^2$，而第 6 个循环中最大电流密度仅为 $0.08\mu A/cm^2$；在第 7 个循环中，当已覆盖了锈层的试样表面被滴加上 1mL 蒸馏水时，最大氢渗透电流密度却又增加为 $0.12\mu A/cm^2$。

在大气腐蚀中，当钢铁表面被水分润湿时，钢铁的阳极溶解随即开始。反应如下

$$Fe \longrightarrow Fe^{2+}+2e^- \tag{2-11}$$

由此氧化反应得到的电子被其他还原反应所消耗，溶解在水中的氧气即是明显的氧化剂。当在薄液膜中氧含量较丰富时，腐蚀发生的阴极反应是氧的还原，反应如下

$$O_2+2H_2O+4e^- \longrightarrow 4OH^- \tag{2-12}$$

在试验中，可以监测到明显的氢渗透电流，所以氧的还原并不是唯一的阴极反应。

当试样表面被蒸馏水润湿时，表面即被 FeO，Fe_3O_4 和 $FeOOH$ 等腐蚀产物覆盖，同时腐蚀及水解反应使得试样表面的 pH 降低，H^+ 在试样表面以及锈层底部通过还原反应变为 H 原子，并吸附在试样表面，这是氢向试样内部渗透的第一步。

当试样刚被润湿时，反应如下

$$H_2O \longrightarrow H^++OH^- \tag{2-13}$$

由反应式（2-13）生成的 H^+ 通过反应式（2-14）被还原，

$$H^++e^- \longrightarrow H_{ad} \tag{2-14}$$

同时，H^+ 的还原也可按照以下方式进行[163]：

$$H_3^+O+e^- \longrightarrow H_{ad}+H_2\uparrow \tag{2-15}$$

$$H_2O+e^- \longrightarrow H_{ad}+OH^- \tag{2-16}$$

氢原子吸附在试样表面，随后渗透至试样内部，并达到试样的另一面，最终检测到氢渗透电流的发生。在干湿循环当中，随着锈层的出现及扩展，氢渗透电流逐渐增大，说明锈层在腐蚀溶液的作用下对氢渗透起到了促进作用，可能机理为溶液中的溶解氧作为氧化剂将锈层进一步氧化，产生更多的氢离子，促进了氢原子的进一步渗透。反应如下

$$4Fe^{2+}+O_2+6H_2O \longrightarrow 4FeOOH+8H^+ \tag{2-17}$$

除了以上反应，在试样表面还会发生以下水解反应：

$$Fe^{2+}+H_2O \longrightarrow FeOH^++H^+ \tag{2-18}$$

$$Fe^{2+}+2H_2O \longrightarrow Fe(OH)_2+2H^+ \tag{2-19}$$

$$3Fe^{2+}+4H_2O \longrightarrow Fe_3O_4+6H^++2H_{ad} \tag{2-20}$$

$$Fe^{3+}+3H_2O \longrightarrow Fe(OH)_3+3H^+ \tag{2-21}$$

反应式（2-17）～式（2-21）产生大量 H^+，使得试样表面的 pH 下降，也增加了 H^+ 还原的趋势。因此，当试样表面被蒸馏水润湿时，以上反应即开始发生，使得氢渗透电流密度增加，并达到一个最大值。随着试样表面水膜逐渐蒸发，反应逐渐减弱并停止，相对应地，氢渗透电流密度也逐渐降低，当试样表面水分完全蒸发干燥时，电流密度又返回至滴加蒸馏水之前的数值。

在前 6 个干湿循环中，试样表面的锈层逐渐变得完整，并且厚度也随着腐蚀的进行而逐渐增加。所以由于逐渐增加的锈层对氢渗透的阻碍作用，每个循环的最大氢渗透电流密度就随着循环数的增加而逐渐减小。在第 7 个循环中，1.0mL 的蒸馏水滴加在试样表面后，通过反应式（2-13）～式（2-21），可产生更多的渗透氢原子，因此最大电流密度在这个循环有所增加，但是由于锈层的阻碍作用，这个循环的最大氢渗透电流密度并不比第 1 个循环的大。

表 2-2 为蒸馏水干湿循环中的氢渗透及腐蚀失重数据，从表中数据可以看出，从第 1 循环开始，在每个循环中，氢渗透所持续的时间都有不同程度的增加，但是除了第 7 个循环外，在随后的循环中，氢渗透量却逐渐减小。在腐蚀过程当中，试样的表面会形成多孔的锈层，据研究表明，这些具有纳米尺寸孔洞的锈层很有可能不会完全干燥[203]。这也就意味着，多孔的锈层可以较长时间地保持水分，为腐蚀提供了有利环境，使得氢渗透发生时间得以延长。但是，又由于锈层增加对氢渗透起阻碍作用，所以随后循环中的氢渗透量反而减小。

将蒸馏水干湿循环失重实验数据，与表中氢渗透量数据对比，可以得到它们之间的关系。图 2-8 即为在蒸馏水干湿循环条件下氢渗透量与腐蚀失重之间的关系，从图中可以看出，氢渗透量与腐蚀失重之间存在着明显的线性关系，这表明，在大气腐蚀中，氢的还原反应与其他腐蚀反应存在着一定的联系，值得进一步探讨。

图 2-9 为 AISI 321 不锈钢在蒸馏水干湿循环条件下氢渗透电流的变化。当滴加 0.5mL 蒸馏水时，阳极池内很快就检测到了氢渗透电流。在一个干湿循环内，氢渗透电流首先升高到达一个最高值，之后随着试样表面蒸馏水的挥发，氢渗透电流逐渐降低，到达一个较低值，当再次滴加蒸馏水时，氢渗透电流再次升高，如此反复，最大氢渗透电流密度大约为 $0.13\mu A/cm^2$。由于不锈钢表面有一层钝化膜，能够减缓不锈钢基体腐蚀速率。本实验中阳极池内能够检测到氢渗透电流，说明阴极池内有氢的还原反应发生，而且被还原的氢能够吸附到不锈钢表面，进而扩散进不锈钢结构内，最终到达试样的另一面——阳极面，被镀钯层氧化后呈

现为氢渗透电流, 由此可以推断, 不锈钢表面的钝化膜并不是一个连续的整体。发生的反应有

$$Fe \longrightarrow Fe^{2+} + 2e^- \qquad (2-22)$$

由于不锈钢试样表面液膜中溶解氧含量比较丰富, 因此, 阴极反应有氧的还原反应:

$$O_2 + 2H_2O + 4e^- \longrightarrow 4OH^- \qquad (2-23)$$

实验中检测到了明显的氢渗透电流, 说明阴极反应除了氧的去极化反应外, 还有氢去极化反应:

$$H^+ + e^- \longrightarrow H_{ad} \qquad (2-24)$$

氢的还原还可能以下列方式进行:

$$H_3^+O + e^- \longrightarrow H_2O + H_{ad} \qquad (2-25)$$

$$H_2O + e^- \longrightarrow OH^- + H_{ad} \qquad (2-26)$$

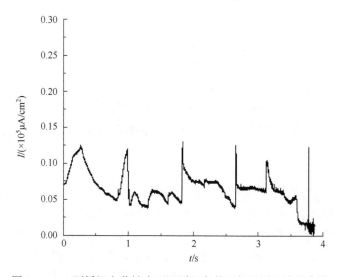

图 2-9　321 不锈钢在蒸馏水干湿循环条件下氢渗透电流的变化

　　经过几个干湿循环之后, 不锈钢试样表面并没有肉眼可见到的腐蚀产物生成, 说明不锈钢本身比较耐蚀, 但是并不能阻止氢渗入金属结构内部, 这是由于氢原子直径较小。由此可以推断: 在大气环境中服役的不锈钢材料或多或少存在着氢渗入其晶格内部的情况。虽然氢的还原不是主要的电化学阴极去极化过程, 但是, 氢的作用不能忽视。氢渗入金属内部以后, 在金属内部的微小缺陷处结合成氢分子, 由氢原子变成氢分子带来的体积上的增大所产生的内部压力使金属产生鼓泡、变脆, 最终导致金属失效。

　　图 2-10 所示的是不同蒸馏水滴入量对 321 不锈钢氢渗透电流的影响。实验

中前两个干湿循环分别滴加 0.5mL 蒸馏水，后两个干湿循环分别滴加 1mL 蒸馏水。可以看出，前两个干湿循环由于滴加的蒸馏水量较少，阳极池检测到的氢渗透电流也较小，从第三个干湿循环开始，滴加的蒸馏水的量是前面两个干湿循环蒸馏水滴加量的两倍，从图中可以看到，检测到的氢渗透电流明显增大。说明反应式（2-24）～式（2-26）反应产生的氢越多，氢向不锈钢表面扩散加强，到达不锈钢表面的氢也越多，则渗透进金属内部的氢也越多。

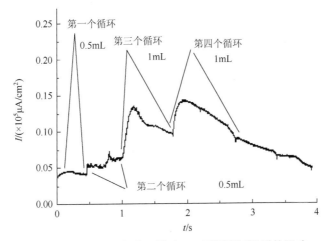

图 2-10　不同蒸馏水滴入量对 321 不锈钢氢渗透的影响

2.3.2　干湿循环海水条件下金属的氢渗透行为

图 2-11 是 16Mn 钢和 X56 钢在干湿循环海水条件下的氢渗透电流。在海水干湿循环条件下，每一次循环都有氢渗透电流产生，氢渗透量随着干湿循环次数的增加有增大的趋势。这一点与蒸馏水条件下不同。

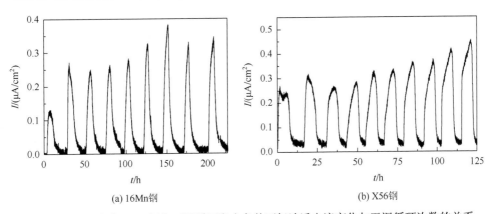

(a) 16Mn钢　　　　　　　　　　(b) X56钢

图 2-11　16Mn 钢与 X56 钢在干湿循环海水条件下氢渗透电流变化与干湿循环次数的关系

　　海水中含有大量的氯离子，除发生反应式（2-1）～式（2-8）外，由于Cl⁻的强极性和强穿透作用，还有可能发生以下水解反应：

$$FeCl^+ + H_2O \longrightarrow FeOH^+ + H^+ + Cl^- \qquad (2\text{-}27)$$

$$FeCl_2(aq) + H_2O \longrightarrow FeOH^+ + H^+ + 2Cl^- \qquad (2\text{-}28)$$

　　这些反应的发生大大加强了H_{ad}的产生，较大的浓度梯度加速了氢向金属的渗透。所以比较16Mn钢和X56钢在蒸馏水和海水干湿循环下第一个循环的氢渗透量，海水中的氢渗透量更大，如图2-12所示。另外，比较16Mn钢和X56钢第一循环的氢渗透量可知，相同环境下，X56钢的氢渗透量更大，这说明X56钢对氢更为敏感。

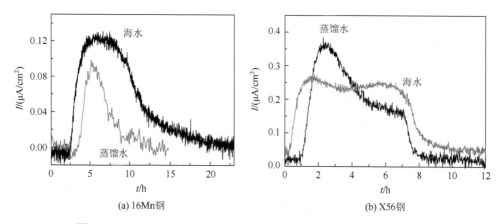

(a) 16Mn钢　　　　　　　　　　(b) X56钢

图 2-12　16Mn 钢与 X56 钢在蒸馏水和海水干湿循环下第一循环比较

　　从图2-13可以看出，在海水干湿循环条件下，在每一个循环中，氢渗透电流密度也存在着周期变化。同蒸馏水干湿循环情况不同，在海水条件下，在8个干

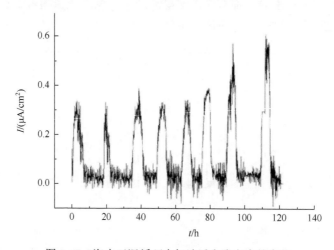

图 2-13　海水干湿循环中氢渗透电流密度的变化

湿循环中的最大氢渗透电流密度均保持着较大数值。这是因为当试样表面被海水润湿时，除了反应式（2-13）～式（2-21），Cl^-还可以穿透锈层，到达金属与锈层的界面处，发生水解反应，具体反应如下

$$FeCl^+ + H_2O \longrightarrow FeOH^+ + H^+ + Cl^- \tag{2-29}$$

$$FeCl_2(aq) + H_2O \longrightarrow FeOH^+ + H^+ + 2Cl^- \tag{2-30}$$

反应式（2-29）和式（2-30）使金属与锈层界面的 pH 降低，促进了氢的渗透。也有研究表明[204]，Cl^-可以促进 Fe^{2+} 氧化为 Fe^{3+}，Cl^-同样可以通过形成氯化物来促进 Fe^{3+} 的水解，而这一反应能够使 pH 降低。因此在海水干湿循环中，由于 Cl^- 的作用，氢渗透电流密度增大。

表 2-3 为海水干湿循环中氢渗透及腐蚀失重数据。从数据可以看出，同蒸馏水条件下相比，海水干湿循环中氢渗透时间更长，渗透量更大，腐蚀失重数值也更大，由此可以看出 Cl^-对氢渗透以及腐蚀的促进作用是非常明显的。通过对比氢渗透量与腐蚀失重，可以由图 2-14 看出，氢渗透量与腐蚀失重之间同样存在着明显的线性关系，这与干湿循环条件下的情况相同。

表 2-3　海水干湿循环中氢渗透及腐蚀失重数据

循环次数	渗透时间/h	氢渗透量/($\mu mol/cm^2$)	失重量/(mg/cm^2)
1	7.5	0.042 6	0.97
2	7	0.053 4	—
3	6.7	0.046 2	3.27
4	6.3	0.044	—
5	5.8	0.056 8	4.4
6	6.3	0.065 7	—
7	5.8	0.072 7	7.65

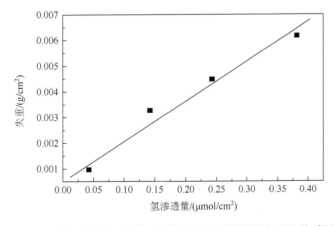

图 2-14　海水干湿循环条件下腐蚀失重与氢渗透量之间的关系图

图 2-15 显示的是在不锈钢试样表面滴加海水溶液后，在阳极池检测到的氢渗透电流的变化。滴加 0.5mL 海水溶液后，可以看到明显的氢渗透电流，最大的氢渗透电流密度大约为 $1.26\mu A/cm^2$，比在蒸馏水条件下检测到的氢渗透电流高了一个数量级。由于海水中含有比较丰富的 Cl^-，Cl^-具有强极性和较强的穿透能力，能够轻易穿透不锈钢表面的钝化膜，除了发生式（2-1）～式（2-5）的反应外，还能够促进 Fe^{2+} 的水解：

$$4Fe^{2+}+O_2+6H_2O \longrightarrow 4FeOOH+8H^+ \tag{2-31}$$

Fe^{2+} 的水解还可能通过以下反应发生：

$$Fe^{2+}+H_2O \longrightarrow FeOH^+ +H^+ \tag{2-32}$$

$$Fe^{2+}+2H_2O \longrightarrow Fe(OH)_2 +2H^+ \tag{2-33}$$

$$3Fe^{2+}+4H_2O \longrightarrow Fe_3O_4 +6H^+ +2H_{ad} \tag{2-34}$$

$$Fe^{3+}+3H_2O \longrightarrow Fe(OH)_3 +3H^+ \tag{2-35}$$

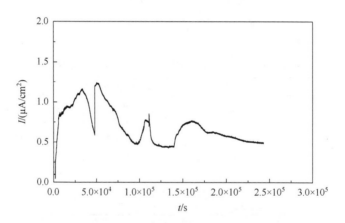

图 2-15　321 不锈钢在海水干湿循环条件下的氢渗透电流的变化

以上反应的结果使不锈钢表面的 pH 降低，蒸馏水的 pH 约为 7.0，但腐蚀产物层有金属表面的界面 pH 已达到 4.5，这一点已有研究论文证明[202]。除了发生以上反应外，由于 Cl^- 的存在，还有可能发生以下水解反应：

$$FeCl^+ +H_2O \longrightarrow FeOH^+ +H^+ +Cl^- \tag{2-36}$$

$$FeCl_2(aq)+H_2O \longrightarrow FeOH^+ +H^+ +2Cl^- \tag{2-37}$$

通过以上两步反应，产生了大量的 H^+，H^+ 得电子后生成的氢原子更多地吸附于不锈钢表面，较大的浓度梯度加速了氢向金属内部的扩散，促进了氢的渗透。因此，在海水条件下，由于 Cl^- 的作用，不锈钢的氢渗透电流更大。从图 2-16 可以清楚地看到，海水条件下测得的氢渗透电流密度大约为蒸馏水条件下的氢渗透电流密度的 10 倍。

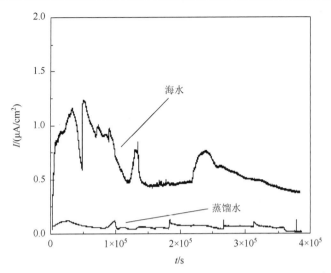

图 2-16　321 不锈钢在海水干湿循环和蒸馏水干湿循环条件下的氢渗透电流的对比

2.3.3　不同 H_2S 浓度对干湿循环海水条件下金属氢渗透的影响

图 2-17 表示 16Mn 钢在干湿循环含不同浓度的 H_2S 海水溶液中的氢渗透电流图。当试样表面用含 H_2S 的海水润湿后，金属表面首先发生如下电极反应：

阳极反应：

$$Fe \longrightarrow Fe^{2+} + 2e^- \qquad (2\text{-}38)$$

阴极反应：

$$H_2S \longrightarrow 2H^+ + S^{2-} \qquad (2\text{-}39)$$

$$H^+ + H^+ + 2e^- \longrightarrow H_2 \qquad (2\text{-}40)$$

总反应：

$$Fe + H_2S \longrightarrow FeS + H_2 \uparrow \qquad (2\text{-}41)$$

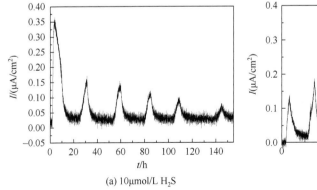

(a) 10μmol/L H_2S

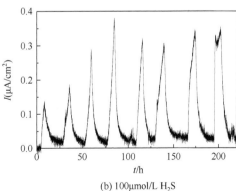

(b) 100μmol/L H_2S

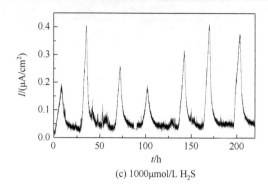

(c) 1000μmol/L H₂S

图 2-17　16Mn 钢在含不同浓度的 H₂S 海水溶液干湿循环中的氢渗透电流图

反应后，钢表面会生成 FeS 膜并产生氢气[205]。比较三种环境第一个干湿循环氢渗透量，三种含 H₂S 的环境中的氢渗透量都比海水润湿时大。海水时为 2.03μmol/cm²，含 H₂S 10μmol/L、100μmol/L、1000μmol/L 时分别为 3.96μmol/cm²、2.18μmol/cm²、2.69μmol/cm²。这是因为 H₂S 及其在溶液中电离出的 HS⁻、S²⁻ 在材料表面的吸附作用能抑制阴极反应产生的 H 原子结合成 H₂ 分子，从而提高了 H 原子在钢材表面吸附浓度。钢材表面的 H 原子浓度越高，钢材表面和基体金属内部之间产生的浓度梯度越大。在这种梯度力的作用下，H 原子向金属内部的扩散加剧，渗氢电流逐渐增大。H 进入金属内部后[206]，一方面与各种金属缺陷复合在一起，使这些缺陷在溶解过程中成为活性点，并对邻近的电化学特性产生影响，降低了反应的活化能，增加了活化点数，使材料易于腐蚀；另一方面，在拉伸应力作用下，H 进入金属晶格，使晶格膨胀，降低了原子间键合力，使其活性增加，更易于腐蚀，因而降低了钢的断裂延伸率，增大了钢的脆断敏感性。这与第 6 章材料在大气环境中的应力腐蚀敏感性研究实验结果相吻合。

在模拟表面干湿循环的情况下，各种溶液中都可以检测到氢渗透电流的出现，每一次干湿循环都可得到一个氢渗透电流峰值，并且不同的试验溶液得到不同的氢渗透电流。比较第一个循环的氢渗透电流可见，试样用 10μmol/L H₂S 的海水润湿时具有最大的氢渗透电流，H₂S 浓度增大时，第一个循环的氢渗透电流却减小，说明 H₂S 对于氢渗透电流的作用有个极值。这种 H₂S 极值现象在其对全浸状态下金属的腐蚀中也存在。钢材在 H₂S 薄层液膜下的腐蚀过程中，H₂S 参与了钢材的阴阳极过程，阳极是个快速反应，整个反应受阴极过程控制。随着 H₂S 浓度增大，H₂S 对阳极过程不再有促进作用，且对阴极过程开始表现出阻滞作用[207]。一种理论认为，金属表面较厚的产物膜抑制了阴极过程的进行[208]；另一种理论认为，H₂S 首先是通过在电极表面的吸附形成单分子吸附层再参加电极反应，当 H₂S 浓度不够大时，被吸附在电极表面的 H_2S 覆盖度 θ 较小时，自腐蚀电流随 H_2S 浓度的增大而缓慢增加，当 H_2S 浓度足够大被吸附在电极表面的 H_2S 表面覆盖度 θ 较大时，自腐蚀电流到达最大值，反应速率与 H_2S 浓度的增加不再有关联[209]。本实验为模拟薄层液膜中的大气腐蚀，第一循环时，当 H_2S 浓度不够高时，θ 随 H_2S 浓度的增大而增大，氢渗透电流也缓慢增加，当 H_2S 浓度足够大，H_2S 在电极 θ 达到一个定值后，参与阴极析氢反应的 H_2S 达到一定值，氢渗透电流不再随 H_2S 浓度的增加而增大。第一次循环以后，由于锈层的作用，氢渗透电流发生了不同的变化。

图 2-18 表示 X56 钢在干湿循环含不同浓度的 H_2S 海水溶液中的氢渗透电流图。

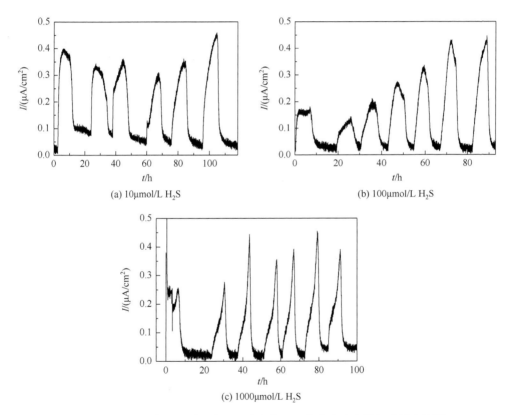

图 2-18　X56 钢在干湿循环含不同浓度的 H_2S 海水溶液中的氢渗透电流图

X56 钢在不同浓度 H_2S 中的氢渗透电流情况与 16Mn 钢一致，H_2S 对于氢渗透电流的作用也有极值出现。但是，从多个循环来看，两种钢材的氢渗透量都随着钢材在腐蚀环境中的干湿循环次数增加而增大。这说明，长期处于含 H_2S 的大气环境中的钢材，氢渗透量能迅速地增加，具有发生脆性断裂的危险。

　　35CrMo 钢在含 1500μmol/L H$_2$S 海水干湿循环条件下，进行了 9 个循环的实验，同时进行了 1、3、5、7 和 9 个循环的腐蚀失重实验。图 2-19 为海水条件下氢渗透电流密度随时间的变化图，表 2-4 为氢渗透及腐蚀失重的相关数据，图 2-20 为氢渗透量与腐蚀失重之间的关系图。

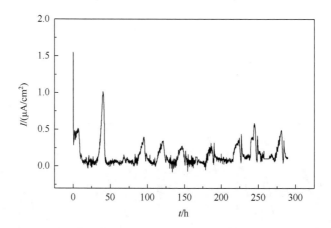

图 2-19　35CrMo 钢在含 1500μmol/L H$_2$S 海水干湿循环中氢渗透电流密度的变化

表 2-4　35CrMo 钢在含 1500μmol/L H$_2$S 海水干湿循环氢渗透及腐蚀失重数据

循环次数	渗透时间/h	氢渗透量/(μmol/cm^2)	失重量/(mg/cm^2)
1	13.5	0.154	0.44
2	15	0.177	—
3	18.3	0.079 9	4.01
4	17.5	0.088 3	—
5	15.8	0.058 2	6.19
6	15	0.079 9	—
7	14.2	0.084 6	12.3
8	13.3	0.099 6	—
9	14.2	0.082	14.7

　　35CrMo 钢在含 1360μmol/L H$_2$S 海水干湿循环条件下，进行了 9 个循环的实验，同时进行了 1、3、5、7 和 9 个循环的腐蚀失重实验。图 2-21 为海水条件下氢渗透电流密度随时间的变化图，表 2-5 为氢渗透及腐蚀失重的相关数据，图 2-22 为氢渗透量与腐蚀失重之间的关系图。

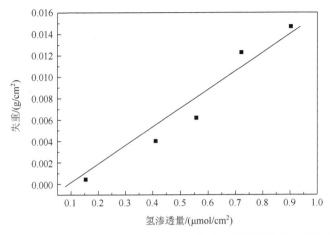

图 2-20　35CrMo 钢在含 1500μmol/L H₂S 海水干湿循环条件下腐蚀失重
与氢渗透量之间的关系图

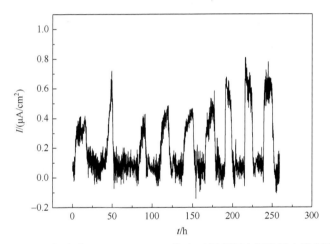

图 2-21　35CrMo 钢在含 1360μmol/L H₂S 海水干湿循环中氢渗透电流密度的变化

表 2-5　35CrMo 钢在含 1360μmol/L H₂S 海水干湿循环氢渗透及腐蚀失重数据

循环次数	渗透时间/h	氢渗透量/(μmol/cm²)	失重量/(mg/cm²)
1	16.7	0.145	0.32
2	14.17	0.099	—
3	15	0.073	3.74
4	18.55	0.124	—
5	17.7	0.141	5.2
6	14.17	0.153	—
7	14.8	0.157	10.9
8	16.7	0.212	—
9	15	0.224	13.2

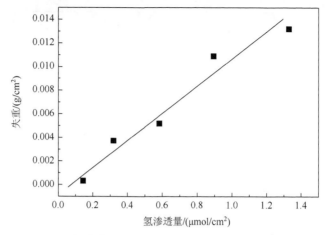

图 2-22 35CrMo 钢在含 1360μmol/L H₂S 海水干湿循环条件下腐蚀失重
与氢渗透量之间的关系图

35CrMo 钢在含 1000μmol/L H₂S 海水干湿循环条件下，进行了 9 个循环的实验，同时进行了 1、3、5、7 和 9 个循环的腐蚀失重实验。图 2-23 为海水条件下氢渗透电流密度随时间的变化图，表 2-6 为氢渗透及腐蚀失重的相关数据，图 2-24 为氢渗透量与腐蚀失重之间的关系图。

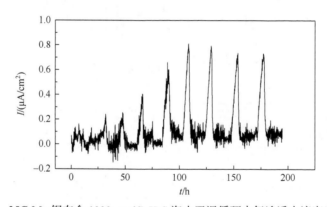

图 2-23 35CrMo 钢在含 1000μmol/L H₂S 海水干湿循环中氢渗透电流密度的变化

表 2-6 35CrMo 钢在含 1000μmol/L H₂S 海水干湿循环氢渗透及腐蚀失重数据

循环次数	渗透时间/h	氢渗透量/(μmol/cm²)	失重量/(mg/cm²)
1	8	0.021	1.04
2	8.3	0.020	—
3	10	0.020	4.87
4	7.8	0.051	—
5	10	0.106	8.65

续表

循环次数	渗透时间/h	氢渗透量/(μmol/cm²)	失重量/(mg/cm²)
6	9.16	0.104	—
7	8.67	0.092	11.16
8	10	0.099	—
9	8	0.101	15.83

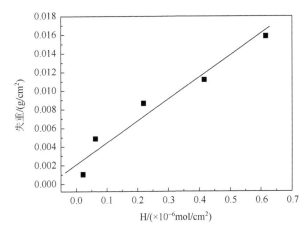

图 2-24 35CrMo 钢在含 1000μmol/L H$_2$S 海水干湿循环条件下腐蚀失重
与氢渗透量之间的关系图

35CrMo 钢在含 850μmol/L H$_2$S 海水干湿循环条件下,进行了 9 个循环的实验,同时进行了 1、3、5、7 和 9 个循环的腐蚀失重实验。图 2-25 为海水条件下氢渗透电流密度随时间的变化图,表 2-7 为氢渗透及腐蚀失重的相关数据,图 2-26 为氢渗透量与腐蚀失重之间的关系图。

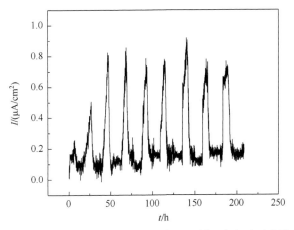

图 2-25 35CrMo 钢在含 850μmol/L H$_2$S 海水干湿循环中氢渗透电流密度的变化

表 2-7　35CrMo 钢在含 850μmol/L H₂S 海水干湿循环氢渗透及腐蚀失重数据

循环次数	渗透时间/h	氢渗透量/(μmol/cm²)	失重量/(mg/cm²)
1	8	0.03	2.99
2	10.8	0.052	—
3	10.5	0.123	5.81
4	13.3	0.115	—
5	10.83	0.128	7.81
6	8.5	0.106	—
7	10.83	0.155	9.58
8	10.15	0.136	—
9	10.83	0.147	12.14

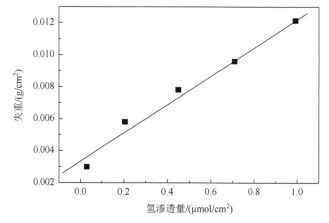

图 2-26　35CrMo 钢在含 850μmol/L H₂S 海水干湿循环条件下腐蚀失重与氢渗透量之间的关系图

35CrMo 钢在含 500μmol/L H₂S 海水干湿循环条件下,进行了 7 个循环的实验,同时进行了 1、3、5 和 7 个循环的腐蚀失重实验。图 2-27 为海水条件下氢渗透电流密度随时间的变化图,表 2-8 为氢渗透及腐蚀失重的相关数据,图 2-28 为氢渗透量与腐蚀失重之间的关系图。

表 2-8　35CrMo 钢在含 500μmol/L H₂S 海水干湿循环氢渗透及腐蚀失重数据

循环次数	渗透时间/h	氢渗透量/(μmol/cm²)	失重量/(mg/cm²)
1	5.17	0.058 6	0.287
2	6.67	0.027 7	—
3	5.5	0.019 8	0.43
4	6.67	0.021 9	—
5	6.5	0.023 4	1.55
6	5.83	0.018 8	—
7	5.83	0.025 9	2.39

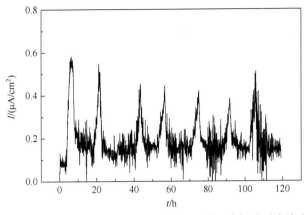

图 2-27　35CrMo 钢在含 500μmol/L H$_2$S 海水干湿循环中氢渗透电流密度的变化

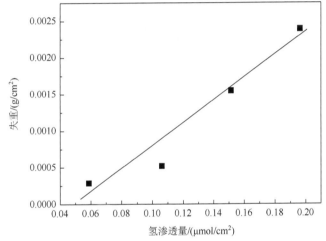

图 2-28　35CrMo 钢在含 500μmol/L H$_2$S 海水干湿循环条件下腐蚀失重与氢渗透量之间的关系图

35CrMo 钢在含 300μmol/L H$_2$S 海水干湿循环条件下,进行了 7 个循环的实验,同时进行了 1、3、5 和 7 个循环的腐蚀失重实验。图 2-29 为海水条件下氢渗透电流密度随时间的变化图,表 2-9 为氢渗透及腐蚀失重的相关数据,图 2-30 为氢渗透量与腐蚀失重之间的关系图。

表 2-9　35CrMo 钢在含 300μmol/L H$_2$S 海水干湿循环氢渗透及腐蚀失重数据

循环次数	渗透时间/h	氢渗透量/(μmol/cm^2)	失重量/(mg/cm^2)
1	6.67	0.029 5	0.337
2	8.33	0.026 2	—
3	7.5	0.020 3	0.55
4	6.67	0.030 5	—

续表

循环次数	渗透时间/h	氢渗透量/(μmol/cm²)	失重量/(mg/cm²)
5	8.3	0.016 7	1.52
6	7.5	0.023	—
7	6.67	0.025 2	2.56

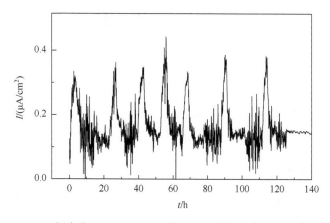

图 2-29　35CrMo 钢在含 300μmol/L H₂S 海水干湿循环中氢渗透电流密度的变化

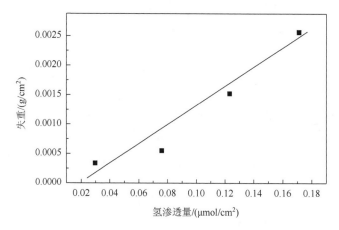

图 2-30　35CrMo 钢在含 300μmol/L H₂S 海水干湿循环条件下腐蚀失重与氢渗透量之间的
关系图

　　35CrMo 钢在含 100μmol/L H₂S 海水干湿循环条件下,进行了 9 个循环的实验,同时进行了 1、3、5、7 和 9 个循环的腐蚀失重实验。图 2-31 为海水条件下氢渗透电流密度随时间的变化图,表 2-10 为氢渗透及腐蚀失重的相关数据,图 2-32 为氢渗透量与腐蚀失重之间的关系图。

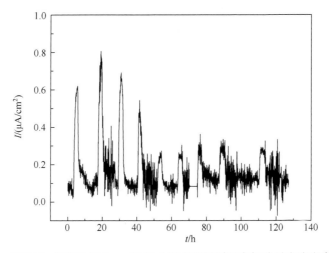

图 2-31 35CrMo 钢在含 100μmol/L H$_2$S 海水干湿循环中氢渗透电流密度的变化

表 2-10 35CrMo 钢在含 100μmol/L H$_2$S 海水干湿循环氢渗透及腐蚀失重数据

循环次数	渗透时间/h	氢渗透量/(μmol/cm^2)	失重量/(mg/cm^2)
1	11.17	0.057	0.176
2	5	0.058	—
3	4.17	0.047 5	0.983
4	4.17	0.033 1	—
5	5	0.012 3	1.96
6	3.5	0.015 5	—
7	4.17	0.019 4	2.97
8	4.83	0.021 7	—
9	5	0.019 3	3.79

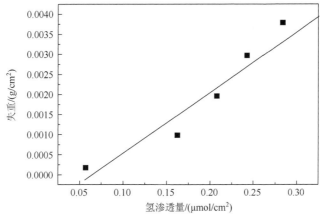

图 2-32 35CrMo 钢在含 100μmol/L H$_2$S 海水干湿循环条件下腐蚀失重与氢渗透量之间的关系图

　　35CrMo 钢在含 10μmol/L H₂S 海水干湿循环条件下，进行了 9 个循环的实验，同时进行了 1、3、5、7 和 9 个循环的腐蚀失重实验。图 2-33 为海水条件下氢渗透电流密度随时间的变化图，表 2-11 为氢渗透及腐蚀失重的相关数据，图 2-34 为氢渗透量与腐蚀失重之间的关系图。

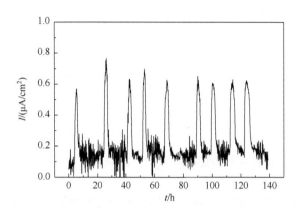

图 2-33　35CrMo 钢在含 10μmol/L H₂S 海水干湿循环中氢渗透电流密度的变化

表 2-11　35CrMo 钢在含 10μmol/L H₂S 海水干湿循环氢渗透及腐蚀失重数据

循环次数	渗透时间/h	氢渗透量/(μmol/cm²)	失重量/(mg/cm²)
1	5	0.04	0.15
2	4.5	0.05	—
3	4.67	0.039	0.78
4	4.33	0.044	—
5	6	0.05	1.45
6	5	0.041	—
7	6.17	0.045	2.56
8	7.17	0.054	—
9	7	0.061	3.2

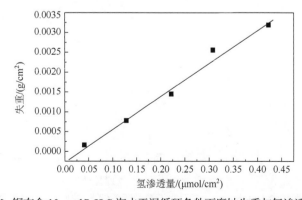

图 2-34　35CrMo 钢在含 10μmol/L H₂S 海水干湿循环条件下腐蚀失重与氢渗透量之间的关系图

从图 2-19～图 2-34 可以看出，在含不同浓度 H_2S 海水干湿循环条件下，在每一个循环中，氢渗透电流密度同样存在着周期变化，变化原因已在蒸馏水与海水条件下讨论。但是不同浓度 H_2S 条件下，氢渗透电流的变化也有与海水情况下不同的特点。

当试样表面被 H_2S 海水溶液润湿时，除了发生式（2-28）～式（2-38）所示的反应，H_2S 溶解在水中时，还会电离出 H^+，电离过程如下

H_2S 的电离：

$$H_2S_{aq} \xrightleftharpoons{K_1} H_{aq}^+ + HS_{aq}^- \tag{2-42}$$

HS^- 的电离：

$$HS^- \xrightleftharpoons{K_2} H_{aq}^+ + S_{aq}^{2-} \tag{2-43}$$

实验中，由反应式（2-42）和式（2-43）产生的氢可以渗透进入材料内部，使得氢渗透电流增大，另外，研究表明 S^{2-} 可以促进氢渗透进入钢材内部，这主要是因为对氢原子结合成为氢分子起到了毒化作用[210, 211]。另外金属表面生成的硫化物提高了 H 的析出电位，使阴极反应析出的氢原子不易复合成 H_2 并从溶液中逸出，使得氢原子大量进入钢基体中[212]。

当将 0.5mL H_2S 海水溶液滴加在试样表面几分钟以后，试样表面生成一层黑色物质，这层黑色物质是一层保护性的膜，由不同的硫化铁晶体组成，可能的电极反应如下[212-215]

$$Fe + H_2S + H_2O \longrightarrow FeSH_{ads}^- + H_3O^+ \tag{2-44}$$

$$FeSH_{ads}^- \longrightarrow Fe(SH)_{ads} + e^- \tag{2-45}$$

$$Fe(SH)_{ads} \longrightarrow FeSH^+ + e^- \tag{2-46}$$

Shoesmith[216] 认为电极表面上的 $FeSH^+$ 通过如下反应，可以进一步生长成为硫化铁保护层，反应如下

$$FeSH^+ \longrightarrow FeS_{1-x} + xSH^- + (1-x)H^+ \tag{2-47}$$

电极表面硫化物膜的形成可有效降低电极反应的有效面积，同时可阻碍膜内、外反应物种（Fe^{2+}、HS^- 等）在电极表面的自由通过，对电极表面化学反应起到一定的阻滞作用，在膜的生长初期，膜的溶解较为缓慢，而膜的生长却较快，且处于主导地位[217]。在海水干湿循环条件下，第一个循环的氢渗透时间为 7.5h，氢渗透量为 $0.0426\mu mol/cm^2$。而在不同浓度硫化氢条件下，除了在高浓度 H_2S 条件下的渗氢时间明显比海水条件下长以外，在其他浓度下渗氢时间没有明显增加，甚至渗氢时间有所缩短。这可能是由于在高浓度 H_2S 条件下，钢材表面 H 原子浓度越高，钢材表面和基体金属内部之间产生了较大的氢浓度梯度力。在这种梯度力的作用下，即使有硫化铁保护层的阻碍，H 原子也会向金属内部

加剧扩散，渗氢时间有所增加；而在中低浓度条件下，虽然钢材表面氢浓度要比海水条件下的大，但是由于硫化铁保护层阻碍作用，氢渗透时间与海水条件相比并没有明显的增加，反而略有减小。同样在高浓度条件下，第一个循环的氢渗透量由于表面较低 pH 的原因，和海水条件下相比也明显增大，而在中低浓度条件下，硫化铁保护层的阻碍作用占主导地位，氢渗透量没有明显增加，甚至有所减少。

在海水条件下，7 个干湿循环氢渗透量为 $0.3814\mu mol/cm^2$，在不同浓度 H_2S 条件下，7 个干湿循环氢渗透量分别为：$1500\mu mol/L$，$0.9036\mu mol/cm^2$；$1360\mu mol/L$，$0.8933\mu mol/cm^2$；$1000\mu mol/L$，$0.4162\mu mol/cm^2$；$850\mu mol/L$，$0.7091\mu mol/cm^2$；$500\mu mol/L$，$0.196\mu mol/cm^2$；$300\mu mol/L$，$0.171\mu mol/cm^2$；$100\mu mol/L$，$0.2426\mu mol/cm^2$；$10\mu mol/L$，$0.308\mu mol/cm^2$。可以看出，在高浓度 H_2S 条件下，经过 7 个干湿循环的氢渗透量明显大于海水条件下的结果，H_2S 的存在促进了氢渗透的发生；但在中低浓度条件下，却表现出相反的结果。这同样表明在中低浓度 H_2S 条件下，硫化铁的阻碍作用是占主导地位的，使得渗氢量减少。实验结果表明，在海水中，H_2S 的加入只在高浓度条件下对氢渗透起着促进作用，而在中低浓度条件下，氢渗透量却受到了试样表面硫化铁保护膜的阻碍而减少。在不同浓度 H_2S 海水溶液干湿循环实验中，氢渗透量与腐蚀失重之间都存在着明显的线性关系。

2.3.4　不同 SO_2 浓度对干湿循环海水条件下金属氢渗透的影响

图 2-35 表示 16Mn 钢在在干湿循环含不同浓度 SO_2 海水溶液中的氢渗透电流图。

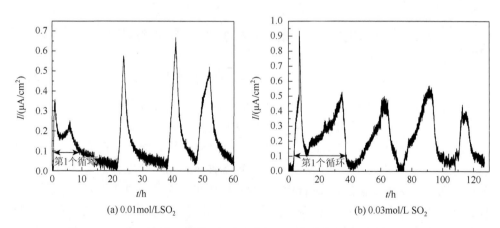

(a) $0.01mol/L SO_2$　　　　　　　　(b) $0.03mol/L SO_2$

图 2-35　16Mn 钢在干湿循环含不同浓度 SO_2 海水溶液中的氢渗透电流图

从图 2-35 中可以看出，16Mn 钢的第一个循环有两个峰出现，第一个峰值比第二个峰值稍大。刚用含 SO_2 的海水润湿试样表面时，氢渗透电流突然增大，经过一段时间后电流有所下降，然后电流又增大。这是由于：

$$SO_2 + H_2O \longrightarrow H_2SO_3 \tag{2-48}$$

$$H_2SO_3 \longrightarrow H^+ + HSO_3^- \tag{2-49}$$

$$HSO_3^- \longrightarrow H^+ + SO_3^{2-} \tag{2-50}$$

试样表面刚被含 SO_2 的海水润湿时，会发生上述反应，产生大量的氢离子，形成较高的浓度梯度，促进了氢的渗透。这是产生第一个峰值的原因。

Schikorr[218]认为一部分溶解的 SO_2 可以直接被氧化成 SO_3，并生成 H_2SO_4。另一部分溶解的 SO_2 吸附在金属表面并与之反应生成 $FeSO_4$。并且会进一步发生具有自催化性质的水解反应，生成 H_2SO_4。相关反应式如下

$$Fe + SO_2 + O_2 \longrightarrow FeSO_4 \tag{2-51}$$

$$4FeSO_4 + O_2 + 6H_2O \longrightarrow 4FeOOH + 4H_2SO_4 \tag{2-52}$$

$$4H_2SO_4 + 4Fe + 2O_2 \longrightarrow 4FeSO_4 + 4H_2O \tag{2-53}$$

$$H_2SO_4 + Fe \longrightarrow FeSO_4 + 2H_{ad} \tag{2-54}$$

产生大量的 H_{ad}，从而增大了氢渗透电流，这是第一循环第二个峰出现的原因。

比较两种不同浓度的 SO_2 海水溶液润湿时的氢渗透电流可以发现，16Mn 钢在存在较大浓度的 SO_2 时的氢渗透电流更大。钢材随着 SO_2 浓度的增大，渗氢电流也增大。

图 2-36 分别是 X56 钢在干湿循环含不同浓度 SO_2 的海水溶液中氢渗透电流图。X56 钢在两种环境中的氢渗透电流与 16Mn 钢相似，第一循环中出现两个峰值，并且氢渗透电流随着 SO_2 浓度的增大而增大。与 16Mn 钢不同的地方在于，X56 钢在含 SO_2 的环境中的氢渗透电流更大，说明 X56 钢的渗氢现象对 SO_2 更为敏感。

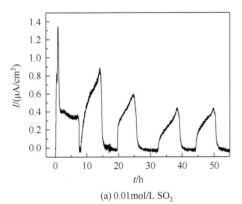

(a) 0.01mol/L SO_2

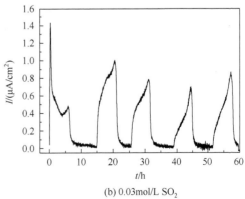

(b) 0.03mol/L SO_2

图 2-36　X56 钢在干湿循环含不同浓度 SO_2 海水溶液中的氢渗透电流图

35CrMo 钢在含 0.03mol/L SO$_2$ 海水干湿循环条件下，进行了 9 个循环的实验，同时进行了 1，3，5，7 和 9 个循环的腐蚀失重实验。图 2-37 为 0.03mol/L SO$_2$ 海水条件下氢渗透电流密度随时间的变化图，表 2-12 为氢渗透及腐蚀失重的相关数据，图 2-38 为氢渗透量与腐蚀失重之间的关系图。

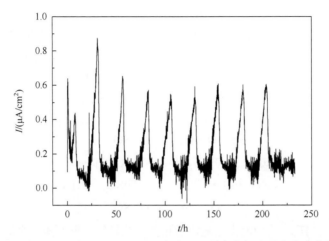

图 2-37　35CrMo 钢在 0.03mol/L SO$_2$ 海水干湿循环中氢渗透电流密度的变化

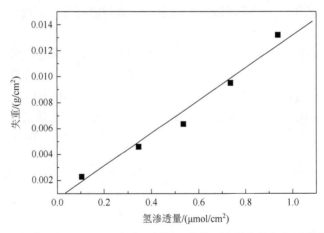

图 2-38　35CrMo 钢在 0.03mol/L SO$_2$ 海水干湿循环条件下腐蚀失重与氢渗透量之间的关系图

表 2-12　35CrMo 钢在 0.03mol/L SO$_2$ 海水干湿循环氢渗透及腐蚀失重数据

循环次数	渗透时间/h	氢渗透量/(μmol/cm^2)	失重量/(mg/cm^2)
1	10.83	0.105	2.3
2	13.3	0.142	—
3	11.67	0.099	4.6
4	11.67	0.085 1	—

续表

循环次数	渗透时间/h	氢渗透量/($\mu mol/cm^2$)	失重量/(mg/cm^2)
5	11.67	0.104 7	6.35
6	11.67	0.102 8	—
7	10.83	0.097 6	9.5
8	10.83	0.101 7	—
9	10.83	0.1	13.2

35CrMo 钢在含 0.01mol/L SO_2 海水干湿循环条件下,进行了 9 个循环的实验,同时进行了 1、3、5、7 和 9 个循环的腐蚀失重实验。图 2-39 为相应的氢渗透电流密度随时间的变化图,表 2-13 为氢渗透及腐蚀失重的相关数据,图 2-40 为氢渗透量与腐蚀失重之间的关系图。

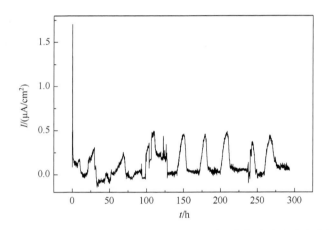

图 2-39　35CrMo 钢在 0.01mol/L SO_2 海水干湿循环中氢渗透电流密度的变化

表 2-13　35CrMo 钢在 0.01mol/L SO_2 海水干湿循环氢渗透及腐蚀失重数据

循环次数	渗透时间/h	氢渗透量/($\mu mol/cm^2$)	失重量/(mg/cm^2)
1	11.67	0.129	1
2	12.17	0.06	—
3	15	0.054	3.9
4	15	0.154	—
5	14.17	0.127	12.7
6	12.5	0.108	—
7	14.17	0.14	18
8	15	0.051	—
9	16.7	0.157	22

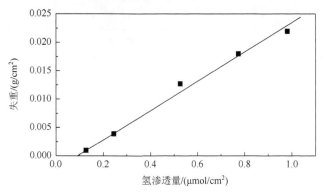

图 2-40　35CrMo 钢在 0.01mol/L SO$_2$ 海水干湿循环条件下腐蚀失重与氢渗透量之间的关系图

　　35CrMo 钢在含 0.006mol/L SO$_2$ 海水干湿循环条件下，进行了 7 个循环的实验，同时进行了 1、3、5 和 7 个循环的腐蚀失重实验。图 2-41 为相应的氢渗透电流密度随时间的变化图，表 2-14 为氢渗透及腐蚀失重的相关数据，图 2-42 为氢渗透量与腐蚀失重之间的关系图。

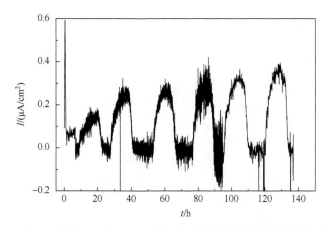

图 2-41　35CrMo 钢在 0.006mol/L SO$_2$ 海水干湿循环中氢渗透电流密度的变化

表 2-14　35CrMo 钢在 0.006mol/L SO$_2$ 海水干湿循环氢渗透及腐蚀失重数据

循环次数	渗透时间/h	氢渗透量/(μmol/cm^2)	失重量/(mg/cm^2)
1	7.8	0.020	0.4
2	15	0.057	—
3	14.13	0.096	1.5
4	12.7	0.099	—
5	14.2	0.111	2.6
6	15	0.16	—
7	14.17	0.172	3.5

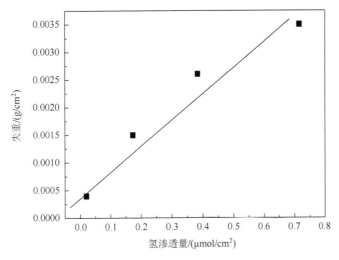

图 2-42 35CrMo 钢在 0.006mol/L SO$_2$ 海水干湿循环条件下腐蚀失重与氢渗透量之间的关系图

　　35CrMo 钢在含 0.0012mol/L SO$_2$ 海水干湿循环条件下，进行了 7 个循环的实验，同时进行了 1、3、5 和 7 个循环的腐蚀失重实验。图 2-43 为相应的氢渗透电流密度随时间的变化图，表 2-15 为氢渗透及腐蚀失重的相关数据，图 2-44 为氢渗透量与腐蚀失重之间的关系图。

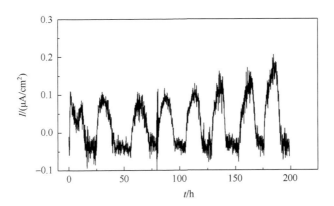

图 2-43 35CrMo 钢在 0.0012mol/L SO$_2$ 海水干湿循环中氢渗透电流密度的变化

表 2-15 35CrMo 钢在 0.0012mol/L SO$_2$ 海水干湿循环氢渗透及腐蚀失重数据

循环次数	渗透时间/h	氢渗透量/(μmol/cm^2)	失重量/(mg/cm^2)
1	15.8	0.039 5	0.58
2	15	0.056 3	—
3	16.7	0.053 7	2.48

续表

循环次数	渗透时间/h	氢渗透量/(μmol/cm²)	失重量/(mg/cm²)
4	16.7	0.048 6	—
5	16.7	0.056 8	3.1
6	13.3	0.054 5	—
7	17.5	0.070 2	4.6

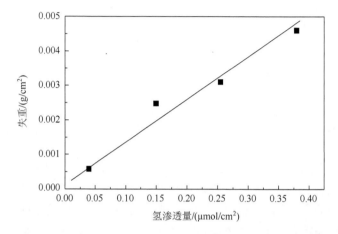

图 2-44　35CrMo 钢在 0.0012mol/L SO₂ 海水干湿循环条件下腐蚀失重与氢渗透量之间的关系图

SO₂ 试验结果表明，和蒸馏水以及海水情况下比较，海水中在加入了不同浓度的 SO₂ 后，氢渗透电流都有明显的增加，腐蚀失重也有不同程度的增加。这说明 SO₂ 的加入促进了氢渗透行为与腐蚀的发生。SO₂ 腐蚀机理如下

首先 SO₂ 通过水解反应变为亚硫酸根离子（SO_3^{2-}）[219]：

$$SO_2 + xH_2O \longrightarrow SO_2 \cdot xH_2O \tag{2-55}$$

$$SO_2 \cdot xH_2O \longrightarrow HSO_3^- + H^+ + (x-1)H_2O \tag{2-56}$$

$$HSO_3^- \longrightarrow H^+ + SO_3^{2-} \tag{2-57}$$

总反应为

$$SO_2 + H_2O \longrightarrow SO_3^{2-} + 2H^+ \tag{2-58}$$

SO_3^{2-} 会进一步被氧化为 SO_4^{2-}，反应如下

$$SO_3^{2-} + 1/2O_2 \longrightarrow SO_4^{2-} \tag{2-59}$$

$$SO_3^{2-} + H_2O \longrightarrow SO_4^{2-} + 2H^+ + 2e^- \tag{2-60}$$

在 SO₂ 变为 SO_4^{2-} 的过程中，H⁺ 通过反应式（2-56）～式（2-58）和式（2-60）生成，所以当 35CrMo 试样被含有 SO₂ 的海水润湿时，由上述反应生成的 H⁺ 会促进氢渗透的进行，所以在试样表面被润湿后，氢渗透电流逐渐增大。随着水

解反应的不断进行，SO_4^{2-} 不断地与 Fe^{2+} 和 $Fe(OH)_2$ 进行反应生成硫酸亚铁。反应如下

$$Fe^{2+} + SO_4^{2-} \longrightarrow FeSO_4 \tag{2-61}$$

$$Fe(OH)_2 + SO_4^{2-} + 2H^+ \longrightarrow FeSO_4 + 2H_2O \tag{2-62}$$

通过反应式（2-61）和式（2-62），H^+ 随着 $FeSO_4$ 的生成而被消耗，随着时间的延长，氢渗透电流又逐渐减小。然而，$FeSO_4$ 又可以再被氧化为 FeOOH，同时生成 H^+，反应如下[220]

$$4FeSO_4 + O_2 + 6H_2O \longrightarrow 4FeOOH + 4SO_4^{2-} + 8H^+ \tag{2-63}$$

随着反应式（2-63）的进行，H^+ 浓度又逐渐增大，氢渗透电流再次逐渐增加。反应式（2-63）产生的 SO_4^{2-} 又可通过反应式（2-61）和式（2-62）生成 $FeSO_4$，并通过反应式（2-63）再次生成 H^+，这就是自催化作用[218, 221]。随着 H^+ 的消耗以及溶液的蒸发，氢渗透电流最终降低为溶液滴加之前的数值。这就解释了为什么在各个浓度条件下的第一个循环中会出现氢渗透电流有两次增加和减小的现象。又由于在第一个循环中大部分 SO_2 转变为 SO_4^{2-}，所以在接下来的干湿循环中并没有出现类似的情况。

2.3.5　FeCl$_3$ 海水干湿循环条件下不锈钢的氢渗透行为

图 2-45 为 321 不锈钢在含有 0.1mol/L FeCl$_3$ 海水溶液干湿循环条件下的氢渗透电流的变化。

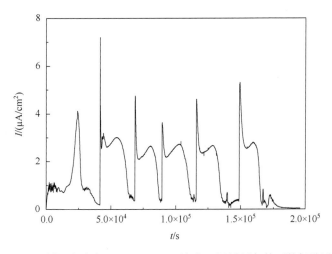

图 2-45　321 不锈钢在含有 0.1mol/L FeCl$_3$ 海水干湿循环条件下的氢渗透电流图

从图 2-45 中可以看出，当滴加 0.5mL 腐蚀溶液后，在阳极池迅速检测到氢渗透电流，并且氢渗透电流缓慢增大，达到第一个电流峰之后缓慢降低。说明滴加腐蚀溶液后，能够马上发生反应式（2-3）～式（2-5），产生氢原子，吸附在不锈钢表面并渗透进金属内部。之后随着反应式（2-6）～式（2-10）的发生，氢原子源源不断地渗透进不锈钢内部，并且达到试样的另一面，在图上表现为检测到的氢渗透电流逐渐增大，直至最大，然后缓慢下降，这就是干湿循环的干燥的过程，此时电化学反应逐渐减弱。当氢渗透电流值达到一个比较低的数值时，此时不锈钢试样表面已完全干燥。接着滴加 0.5mL 蒸馏水，可以看到氢渗透电流骤然上升，达到一个最高值。这是因为，不锈钢表面完全干燥时，虽然试样表面有腐蚀性的氯离子，但是已经没有液膜的存在，所有离子移动扩散都比较困难，所以电化学反应也停滞下来。由于腐蚀性的氯离子已经存在于试样表面或者所形成的闭塞电池区的各个地方，一旦滴加了蒸馏水后，电化学反应又重新开始，瞬间产生大量的氢原子，已经存在于不锈钢内部的氢在较大的浓度梯度的推动下到达试样另一面，被氧化后形成所观察到的氢渗透电流瞬间升高。之后电化学反应正常进行，产生正常量的氢原子，那种瞬间升高了的氢渗透电流状态不可持续，开始缓慢下降，当降低到某一临界值时，由于不锈钢试样表面一直是湿的状态，电化学反应不断进行，氢渗透电流又会缓慢升高，但是此时已不可能再达到瞬间升高的数值，随着不锈钢表面水分不断蒸发，氢渗透电流逐渐降低，直至不锈钢试样表面完全干燥，氢渗透电流降低到一个极小值。当再次滴加蒸馏水时，又会重复以上过程。值得指出的是，由于腐蚀溶液中氧化性较强的 Fe^{3+} 的存在，阳极被氧化的速度加快：

$$2Fe^{3+}+Fe\longrightarrow 3Fe^{2+} \tag{2-64}$$

整个电化学反应加快，与不锈钢试样在海水干湿循环中相比，表现为氢渗透电流的增大，最高可达 $7\mu A/cm^2$。说明不锈钢表面有腐蚀产物时，能够促进氢渗透行为的发生。

图 2-46 为 321 不锈钢试样在含有 0.1mol/L $FeCl_3$ 酸性海水（pH=1）条件下干湿循环海水溶液中的氢渗透电流图。当滴加了腐蚀溶液后，检测到的氢渗透电流迅速增大，达到临界值后开始下降，也就是不锈钢表面在缓慢干燥的过程。之后再滴加 0.5mL 蒸馏水，氢渗透电流又会继续增大，达到极值后缓慢下降，重复着以上过程。从图中可以看出，氢渗透电流已经达到了 $10^{-5}A/cm^2$ 的数量级。较之前滴加的腐蚀溶液所检测到的氢渗透电流高出不少。这是因为腐蚀溶液中本身含有浓度比较高的 H^+，而且电化学水解反应也会产生 H^+，可以直接与不锈钢试样发生析氢反应，产生浓度较高的 H。不锈钢表面的氢原子浓度越高，其表面和基体内部之间的 H 浓度梯度就越大，在

这种浓度梯度的作用下，H 原子向试样另一面扩散加快。所以检测到的氢渗透电流比较大。

　　由以上各个实验的氢渗透电流的变化可以看出，只要不锈钢表面有腐蚀溶液，氢被还原直至渗透进金属内部几乎存在于任何浓度范围，包括蒸馏水中。氢渗透电流随着溶液中 Cl⁻浓度的升高和 pH 的降低呈现出逐渐增大的趋势。也就是说，当不锈钢表面所形成的电解质液膜具有较高的 Cl⁻浓度和低的 pH 时，其中一部分电化学反应产生的氢会吸附于不锈钢表面，进而渗入不锈钢内部。

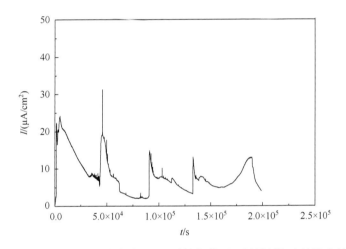

图 2-46　321 不锈钢在含有 FeCl₃ 酸性条件下干湿循环海水溶液中的
氢渗透电流图（pH=1）

2.4　自然蒸发条件下氢渗透行为

2.4.1　实验材料的准备、实验溶液的配制及实验装置

　　实验材料的准备及实验用溶液的配制方法详见本章 2.1 节和 2.2 节。本实验用的装置原理是 Devanathan-Stachurski 双电解池原理，实验装置如图 2-47 所示。试样的下部为阴极池，上部为阳极池。试样作为公用工作电极，与参比电极（Hg/HgO 电极）、辅助电极（镍电极）构成一套三电极体系。阴极池一侧产生的氢原子渗透过金属薄片在阳极侧镀镍层的催化下被氧化为氢离子，用计算机通过数据采集器测得的氧化电流即为氢渗透电流。把氢渗透电流曲线的面积进行积分，作为评价氢渗透量的标准。

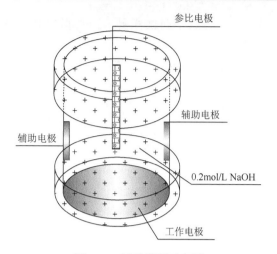

图 2-47　试验装置示意图

　　把试验溶液倒入干燥器内，将实验装备悬空置于试验溶液上方约 15cm 处，试验温度为 25℃，依靠溶液自然蒸发形成大气环境，模拟海洋大气环境。

2.4.2　模拟海洋大气环境中金属的氢渗透行为

　　图 2-48 表示的是 16Mn 钢和 X56 钢在模拟海洋大气环境中的氢渗透电流图。从图中可见，在不接触试验溶液的情况下，两种钢材试样仍能够检测到氢渗透电流，证实了大气环境中钢材存在氢渗透这一现象。另外，不接触试验溶液时的氢渗透电流比相同溶液干湿循环试验时小，这说明，在海洋潮差区和浪花飞溅区所渗透电流应该比处于海洋大气环境中的大。

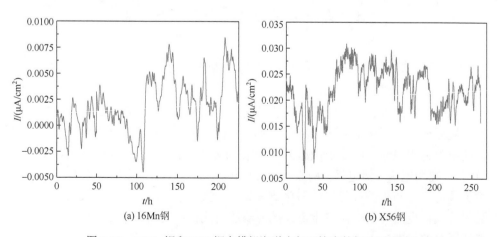

图 2-48　16Mn 钢和 X56 钢在模拟海洋大气环境中的氢渗透电流

图 2-49 为 35CrMo 钢在模拟海洋大气环境中的氢渗透电流密度的变化图。

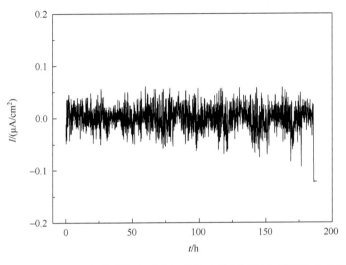

图 2-49　35CrMo 钢在模拟海洋大气环境中的氢渗透电流密度的变化

从以上实验数据可以看出，在实验周期内，没有观察到明显的氢渗透电流发生。同时，也没有产生明显的腐蚀失重。

2.4.3　不同浓度 H₂S 对模拟海洋大气环境中金属氢渗透的影响

图 2-50 表示的是 16Mn 钢在模拟含不同浓度 H_2S 海洋大气环境中的氢渗透电流图。通过图 2-50 可以看出，在不接触试验溶液的情况下，加入硫化氢，较大地促进了氢渗透电流。并且在这种更接近实际大气环境的情况下，随着硫化氢浓度的增大，氢渗透电流增大更为明显。这与干湿循环不同的地方在于，短时间内，锈层的生成比较缓慢，锈层的作用变得比较小。一个重要的因素是材料表面微液滴的形成时间。在干湿循环实验时，没有微液滴形成这一步，锈层生成较快，从第二个循环开始，锈层对氢原子的迁移起到较大的阻碍作用。而在这种更接近实际大气环境的情况下，锈层生成比较缓慢。在表面微液滴形成、表面有水膜出现后，情况与干湿循环实验的第一循环过程比较相似，从较长时间内的 16Mn 钢在模拟含 1000μmol/L H_2S 的海洋大气环境中的氢渗透电流图中可以比较清晰地看出，在较长时间内，氢渗透电流会出现极大值，然后在锈层的作用下，氢渗透电流变小，最后达到一个相对稳定的状态。并且由于硫离子的毒化作用，稳定状态的氢渗透电流值比不含硫化氢时的大。这进一步说明，硫化氢对氢渗透电流的促进作用。

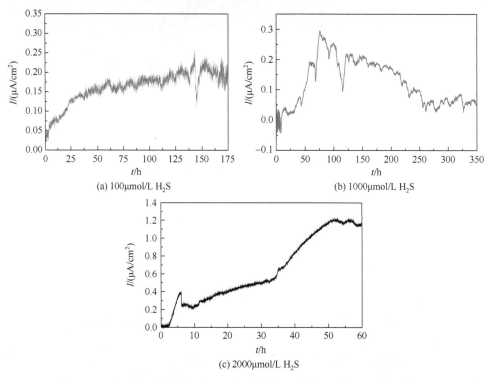

(a) 100μmol/L H₂S　　　　　　(b) 1000μmol/L H₂S

(c) 2000μmol/L H₂S

图 2-50　16Mn 钢在模拟含不同浓度 H₂S 的海洋大气环境中的氢渗透电流

图 2-51 表示的是 X56 钢在模拟含不同浓度 H₂S 海洋大气环境中的氢渗透电流图。从两组数据可以看出，在这种更为接近实际大气环境的情况下，也能够检测到氢渗透电流。并且，随着 H₂S 浓度的增大，氢渗透电流也增大。在这种腐蚀环境中，氢渗透电流图与干湿循环实验中的第一个循环也有相似之处，在达到峰值后，氢渗透电流逐渐达到一个平稳值，并且这个平稳值比不含 H₂S 时的大，这是锈层与硫离子毒化作用共同作用的结果。

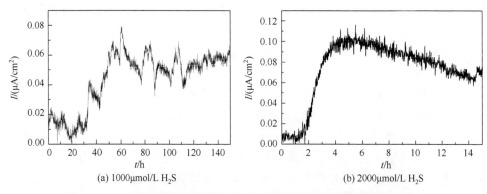

(a) 1000μmol/L H₂S　　　　　　(b) 2000μmol/L H₂S

图 2-51　X56 钢在模拟含不同浓度 H₂S 的海洋大气环境中的氢渗透电流

图 2-52 为 35CrMo 钢在含 2500μmol/L H$_2$S 的模拟海洋大气环境中氢渗透电流的变化图。

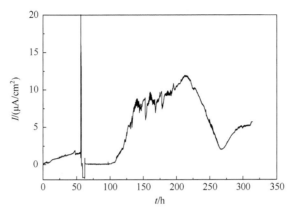

图 2-52　35CrMo 钢在含 2500μmol/L H$_2$S 的模拟海洋环境中的氢渗透电流密度的变化

图 2-53 为 35CrMo 钢在含 1500μmol/L H$_2$S 的模拟海洋大气环境中氢渗透电流的变化图。

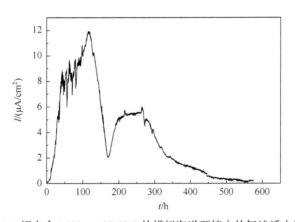

图 2-53　35CrMo 钢在含 1500μmol/L H$_2$S 的模拟海洋环境中的氢渗透电流密度的变化

从实验数据可以看出，35CrMo 钢在两种不同浓度 H$_2$S 模拟海洋大气环境中，氢渗透电流都具有较大的数值。H$_2$S 与试样发生腐蚀反应，在试样表面形成一层 FeS 产物膜，金属缺陷的内应力会诱发腐蚀产物膜中产生各种缺陷，点蚀的"激发剂"Cl$^-$，能优先吸附于这些缺陷处，或者挤掉吸附的其他阴离子，或者穿过膜的孔隙直接与金属接触后发生作用，形成可溶性的化合物，引起金属表面的微区溶解而产生点蚀的核心，介质中的 Cl$^-$ 在点蚀坑内富集，这样会由于界面处的 Cl$^-$ 浓度差导致电偶腐蚀，也会使该区域的酸度增加，加速基体溶解。由于产生点蚀，造成试样一些点的厚度减小，更多的氢可以渗透到试样阳极一侧，所以氢渗透电流大大增加。

2.4.4　不同浓度 SO_2 对模拟海洋大气环境中金属氢渗透的影响

图 2-54 表示 16Mn 钢在模拟不同浓度 SO_2 海洋大气环境中的氢渗透电流图。图 2-55 表示 X56 钢在模拟不同浓度 SO_2 海洋大气环境中的氢渗透电流图。从图中可以看到，两种材料在这种模拟腐蚀环境中的氢渗透电流都与各自干湿循环实验中的第一循环有相似之处，在 SO_2 的作用下都会出现两个峰值，第一个峰值的出现原因是 SO_2 和水生成亚硫酸，亚硫酸与金属材料反应生成大量的氢离子，形成较高的浓度梯度，促进了氢的渗透。在含 SO_2 海洋大气环境中与干湿循环不同的地方在于，氢渗透电流峰值比干湿循环第一循环时小，原因与 16Mn 钢相同，因为在不接触试验溶液的情况下，在金属表面形成微液滴进一步形成表面液膜后，氢离子才会生成，并且生成的量和速度要比直接接触试验溶液时小。

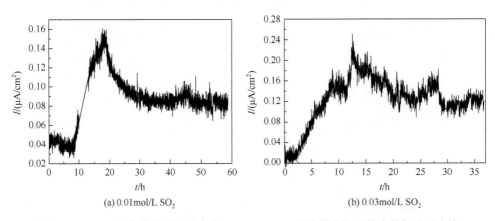

(a) 0.01mol/L SO_2　　　　　　　　　　(b) 0.03mol/L SO_2

图 2-54　16Mn 钢在模拟不同浓度含 0.01mol/L SO_2 的海洋大气环境中的氢渗透电流

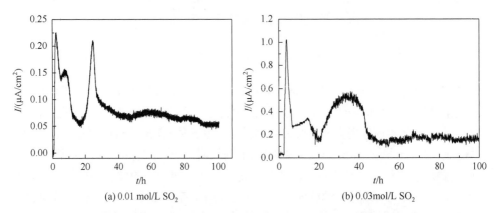

(a) 0.01 mol/L SO_2　　　　　　　　　　(b) 0.03mol/L SO_2

图 2-55　X56 钢在模拟不同浓度含 0.01mol/L SO_2 的海洋大气环境中的氢渗透电流

图 2-56 为 35CrMo 钢在含 0.03mol/L SO$_2$ 的模拟海洋大气环境中的氢渗透电流的变化图。表 2-16 为 35CrMo 钢在含 0.03mol/L SO$_2$ 的模拟海洋大气环境中的氢渗透及腐蚀失重的相关数据。图 2-57 为 35CrMo 钢在含 0.03mol/L SO$_2$ 的模拟海洋大气环境中氢渗透量与腐蚀失重之间的关系图。

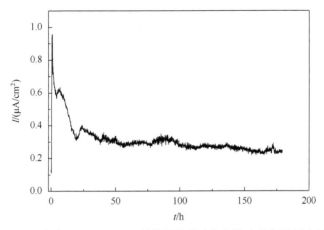

图 2-56　35CrMo 钢在含 0.03mol/L SO$_2$ 的模拟海洋大气环境中的氢渗透电流密度的变化

表 2-16　35CrMo 钢在含 0.03mol/L SO$_2$ 的模拟海洋大气环境中的氢渗透及腐蚀失重数据

氢渗透时间/h	氢渗透量/(μmol/cm^2)	失重量/(mg/cm^2)
26	0.031	7.1
48	0.495	9.1
80	0.721	11.3
127	1.04	12.1
168	1.27	12.7

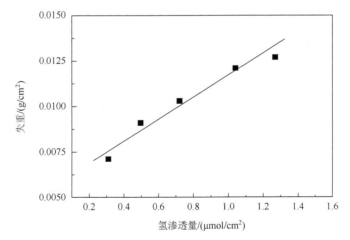

图 2-57　35CrMo 钢在含 0.03mol/L SO$_2$ 模拟海洋大气环境中腐蚀失重与氢渗透量之间的关系

　　图 2-58 为 35CrMo 钢在含 0.006mol/L SO$_2$ 的模拟海洋大气环境中的氢渗透电流密度的变化图。表 2-17 为 35CrMo 钢在含 0.006mol/L SO$_2$ 的模拟海洋大气环境中的氢渗透及腐蚀失重的相关数据。图 2-59 为 35CrMo 钢在含 0.006mol/L SO$_2$ 的模拟海洋大气环境中氢渗透量与腐蚀失重之间的关系图。

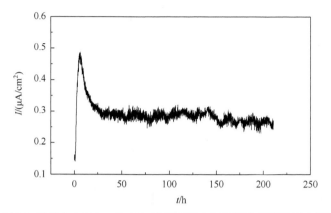

图 2-58　35CrMo 钢在含 0.006mol/L SO$_2$ 模拟海洋大气环境中的氢渗透电流密度的变化

表 2-17　35CrMo 钢在含 0.006mol/L SO$_2$ 的模拟海洋大气环境中的氢渗透及腐蚀失重的数据

氢渗透时间/h	氢渗透量/(μmol/cm^2)	失重量/(mg/cm^2)
22.5	0.18	2
48	0.313	4.44
80	0.473	6.74
127	0.713	7.1
168	0.916	7.65

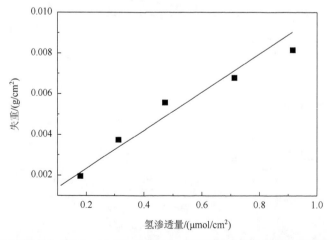

图 2-59　35CrMo 钢在含 0.006mol/L SO$_2$ 模拟海洋大气环境中腐蚀失重与氢渗透量之间的关系

图 2-60 为 35CrMo 钢在含 0.0012mol/L SO$_2$ 的模拟海洋大气环境中的氢渗透电流密度的变化图。表 2-18 为 35CrMo 钢在含 0.0012mol/L SO$_2$ 的模拟海洋大气环境中的氢渗透及腐蚀失重的相关数据。图 2-61 为 35CrMo 钢在含 0.0012mol/L SO$_2$ 的模拟海洋大气环境中氢渗透量与腐蚀失重之间的关系图。

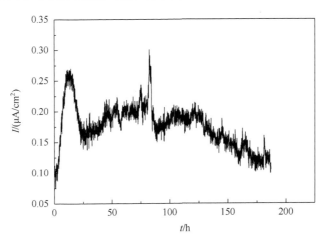

图 2-60　35CrMo 钢在含 0.0012mol/L SO$_2$ 的模拟海洋大气环境中的氢渗透电流密度的变化

表 2-18　35CrMo 钢在含 0.0012mol/L SO$_2$ 的模拟海洋大气环境中的氢渗透及腐蚀失重数据

氢渗透时间/h	氢渗透量/(μmol/cm^2)	失重量/(mg/cm^2)
24	0.083 6	0.88
48	0.149	1.5
80	0.267	2.5
127	0.424	4.1
168	0.502	4.8

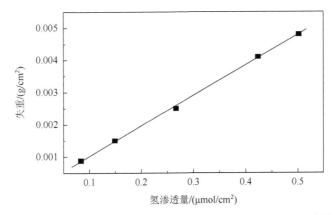

图 2-61　35CrMo 钢在 0.0012mol/L SO$_2$ 的模拟海洋大气环境中的腐蚀失重与氢渗透量之间的关系

　　从含不同浓度 SO_2 模拟海洋大气腐蚀环境中的试验结果可以看出，在各种浓度条件下，均存在着明显的氢渗透行为，同蒸馏水及海水条件下相比，SO_2 的加入大大促进了氢向试样内部的渗入，随着 SO_2 浓度的增加，氢渗透电流也逐渐增加。具体反应机理与在干湿循环条件下相同。氢渗透电流在腐蚀初期增大，随着腐蚀时间的增长、锈层的完整与增厚以及反应接触面积的减小，氢渗透电流又逐渐减小。在三种不同 SO_2 浓度条件下，氢渗透量与腐蚀失重之间均存在明显的线性关系。

第3章 动载荷对氢渗透行为的影响

3.1 引　言

　　腐蚀疲劳、应力腐蚀开裂和氢脆是广泛存在于工程用钢中的危险因素。形变对氢渗透的影响引起了科学工作者的广泛关注[222-224]。形变会对金属材料的内部结构和性能造成影响，其本质原因是形变影响到金属材料内部原子结构和原子结合力，形成晶界滑移甚至形成微裂纹。这些原子结构及微裂纹的形成，势必会影响到氢向金属材料的扩散。

　　了解在氢致开裂中氢的吸附及在材料中的聚集是非常重要的，特别是在材料的裂纹尖端，局部的塑性形变对氢脆起着主导作用。Bastien 等[225]认为，在塑性形变过程中氢原子可以被移动的位错携带而在材料中传输，在工程钢结构中，由于处于受力状态，金属结构局部产生变形，影响氢的渗透以及裂纹的产生及发展，所以研究在受力情况下形变对金属中的氢渗透行为影响是十分必要的。

　　金属形变对氢在材料中渗透的影响已被一些学者所研究。研究表明[226]，与在弹性阶段相比，金属的塑性形变可以使氢在 AISI 304L 中渗透得更深；Kurkela 和 Latanision 认为，在金属镍塑性变形阶段，氢的表观扩散系数要比在弹性形变阶段的数据大五个数量级[227]。但是 Kurkela 等[228]，Berkowitz 和 Heubaun[229]利用 2.25Cr-1Mo 钢及 AISI 4130 钢通过类似的实验却表明，在形变过程中产生的位错，对氢起着陷阱的作用，因此减少了氢的传送。以上的研究结果表明材料形变对氢渗透的影响还不明确，当材料发生变形时，由位错产生的氢的陷阱效应及氢的传送效应同时对氢渗透产生影响，但是在不同形变阶段，只有其中一种效应对氢的渗透起主导作用，这需要进一步的研究。本章研究了在模拟海洋大气环境中，形变对于氢渗透的影响。

3.2 研　究　方　法

3.2.1 试样处理

　　如图 3-1 所示，试样为圆筒状，筒外面中间部分为工作段，筒内为阳极检测

池，试样用酒精和丙酮进行超声波清洗，以彻底去除试样表面的油污。筒内侧镀镍，镀镍液为 Watt 型镀镍溶液，详细成分及处理过程请参照本书第 2 章 2.1 节。本部分实验采用二电极体系研究形变对氢渗透的影响，筒内阳极侧所用溶液为 0.2mol/L NaOH，用分析纯试剂配制。参比和辅助电极为铂丝（图 3-2），实验时，试样阴极侧（筒外侧）用引流法把实验溶液引到试样表面，在表面形成一层液膜，来模拟大气环境中的表面液膜。阳极检测池检测氢渗透电流。实验时，镀镍侧（即阳极侧）在 0.2mol/L NaOH 溶液中（在 150mV vs. HgO|Hg|0.2mol/L NaOH 极化电位下）钝化 24 小时以上，背景电流密度小于 $0.1\mu A/cm^2$；引流法将实验溶液引到试样表面后，再钝化 24 小时以上，等背景电流稳定以后，开始拉伸试样。应变速率为 $6.67\times10^{-7}s^{-1}$。

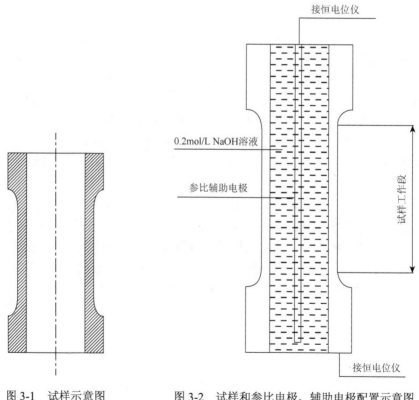

图 3-1　试样示意图　　　　图 3-2　试样和参比电极、辅助电极配置示意图

3.2.2　环境模拟

实验用溶液的配制方法如本书第 2 章 2.1.2 小节。实验装置示意图如图 3-3 所示。

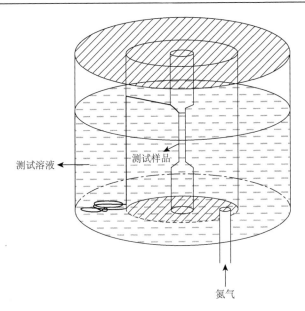

图 3-3   实验装置示意图

由于本实验采用二电极体系进行研究，铂丝为参比辅助电极，有必要对铂丝在 0.2mol/L NaOH 中的电位稳定性进行测试。图 3-4 为铂丝作为参比辅助电极时，在 0.2mol/L NaOH 中的电位随时间变化曲线，表明铂丝在 0.2mol/L NaOH 中电位相对稳定，选用铂丝来进行二电极试验是可行的。

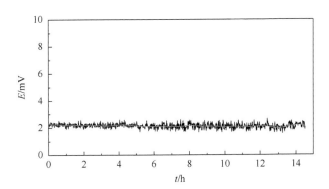

图 3-4   铂丝在 0.2mol/L NaOH 中电位随时间变化曲线

3.3   动载状态下钝化电流

图 3-5、图 3-6 和图 3-7 所示的分别是 16Mn 钢、X56 钢和 35CrMo 钢在空气

环境中钝化电流曲线。图 3-5 中：1 区为试样的弹性变形阶段，可以看到在弹性变形阶段，钝化电流基本处于平稳状态，只随形变增大而略增大；2 区表示的是试样屈服达到塑性变形阶段，在塑性变形阶段钝化电流随应变的增大而迅速增大；3 区表示的是停止加载，在停止加载后拉应力维持不变，钝化电流迅速下降；4 区为再次加载后的钝化电流变化，与 2 区相同，钝化电流随形变增大而迅速增大。

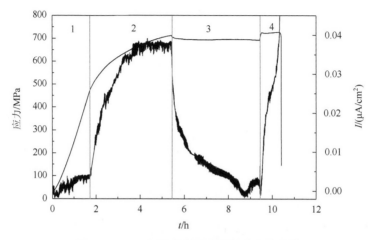

图 3-5　16Mn 钢在空气环境中钝化电流曲线

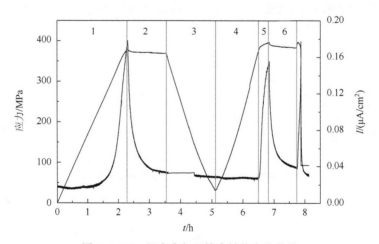

图 3-6　X56 钢在空气环境中钝化电流曲线

图 3-6 中，1 区为试样弹性变形阶段，在弹性变形阶段，钝化电流基本处于平稳状态，只是随形变增大而略增大，当试样屈服后，由于塑性变形量较大，镀镍层暴露出新的表面，故钝化电流突然增大；2 区表示的是停止加载，在停止加载后拉应力维持不变，钝化电流迅速下降；3 区表示的是卸载过程，在这个过程中，

由于镀镍层没有暴露出新的表面，所以试样钝化电流没有变化；4 区表示的是重新加载过程，这个过程可以比较明显地看到在试样弹性变形阶段氢渗透电流没有变化；当拉伸到达 5 区塑性变形后，由于塑性变形量较大，镀镍层暴露出新的表面，故钝化电流突然增大；6 区表示的是试样停止加载，与 2 区相同，钝化电流迅速下降。

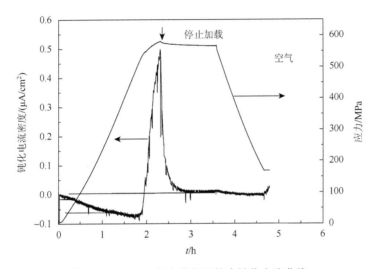

图 3-7　35CrMo 钢在空气环境中钝化电流曲线

在弹性变形阶段，试样形变不很大，卸载应力后，试样能恢复到原状态，金属材料原子空隙有少量增大。当试样达到塑性变形后，镀镍层原子间空隙增大较多，暴露出新的表面，故而钝化电流在试样达到塑性变形后迅速增大。在停止拉伸后，镀镍层原子空隙不再变化，钝化电流随着时间推移而减小。

从图 3-7 可以看出，钝化电流随着试样的加载、加载的停止、卸载而发生了变化。在试样弹性变化阶段钝化电流并没有发生明显的变化，当试样进入塑性形变阶段，钝化电流急剧增大，随着试样加载的停止，钝化电流又急剧减小并返回到一定数值，随着试样的卸载，钝化电流没有出现明显的变化。钝化电流在塑性变形阶段，试样由于拉伸作用下在表面暴露出新的微小的金属基体，所以钝化电流急剧增大，当停止加载，没有新的基体暴露时，钝化电流又快速降低，并回到一定数值。

3.4　动载条件下模拟海洋大气环境中的氢渗透行为

图 3-8 表示的是 16Mn 钢在含 1000μmol/L H_2S 的海水溶液模拟大气环境中的氢渗透电流。与图 3-8 相似的地方在于试样弹性变形阶段，氢渗透电流也随着形

变的增大有增大的趋势。在试样到达塑性变形后，氢渗透电流急剧下降，然后又逐步上升到一个稳定值。并且，塑性变形阶段的稳定氢渗透电流比弹性变形阶段氢渗透电流小。

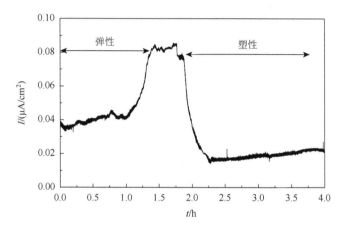

图 3-8　16Mn 钢在含 1000μmol/L H₂S 的海水溶液模拟大气环境中的氢渗透电流

图 3-9 所示的是 X56 钢在 pH=3 的海水溶液模拟大气环境中的氢渗透电流。从图中可明显地看出，在试样弹性变形阶段，氢渗透电流随着形变的增大，氢渗透电流有增大的趋势。试样屈服时，氢渗透电流达到最大值。在试样到达塑性变形后，氢渗透电流急剧下降，然后又逐步上升到一个稳定值。并且，塑性变形阶段的稳定氢渗透电流比弹性变形阶段氢渗透电流小。

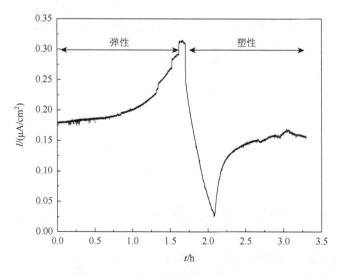

图 3-9　X56 钢在 pH=3 的海水溶液模拟大气环境中的氢渗透电流

根据 McNabb 和 Foster[230]，氢渗透与氢诱捕和逃逸相关，表观氢渗透系数与晶格溶解氢 C，陷阱浓度 N，诱捕动力学参数（k）和逃逸反应参数（p）相关：

$$D = D_L[1 + N(k/p)]\{1 - NC(k/p)^2/2[1 + N(k/p)] + \cdots\} \tag{3-1}$$

式中，D_L 是晶格扩散率。在氢诱捕之前，$N=0$ 或 $k/p=0$，测到的氢渗透系数与晶格扩散率相同。一般认为金属在弹性变形阶段，陷阱浓度不会发生变化，所以氢渗透系数在试样弹性变形阶段变化不大，只是随着变形量增大有增大的趋势。弹性变形阶段，试样内部位错与晶格陷阱不会发生变化，但随着形变的增大，原子间空隙增大，在一定范围内，这种空隙增大导致氢更容易穿透，所以随着形变的增大，氢渗透电流有增大的趋势。

不少研究者采用了动态拉伸条件下的氢渗透试验来分析塑性形变对氢的陷阱作用以及对氢传输的影响。Kurkela 等[228]发现 2.25Cr-IMo 钢中，位错起陷阱作用使氢的传输减慢；Zakroczymski[223]经研究指出塑性形变使低碳钢中氢的扩散率下降；朱日彰等[231]认为塑性形变对氢渗透的阻碍作用应归因于拉伸产生的位错及其他陷阱对氢的捕获效应。这些结果表明，塑性形变所造成的金属晶格缺陷具有双重作用，即：①作为氢的陷阱可以捕获氧而导致氢富集；②阻碍氢的扩散或输运。因此，当氢通过经塑性形变后的金属扩散时，金属中的氢含量应为这两种作用的共同结果。

试样塑性变形阶段的晶格缺陷被广泛认为是氢陷阱，在试样达到塑性变形后，晶格缺陷数量突然增多，陷阱浓度也突然变大，在晶体缺陷及第二相粒子的周围有一应力场存在，因此能和氢相互作用从而把氢吸引在自己的周围，这种能捕获氢的缺陷实质就是氢陷阱。从能量角度来考虑，氢处在这些陷阱中比处在晶格中的间隙位置能量更低，即陷阱和氢之间存在陷阱结合能。氢陷阱阻碍了氢向其他区域扩散，故在试样到达塑性变形后，氢渗透电流突然下降。而后当氢的渗入与逸出达到平衡时，氢渗透电流达到相对平衡值。

郭海丁等[232]研究了塑性形变对 4340 钢中氢富集及传输的影响，得出当塑性形变小于一定值时，试样中的氢含量随着塑性形变的增加而呈上升趋势，当塑性形变大于一定值且渗氢时间小于某一值时，试样中氢浓度基本不变；然后当渗氢时间足够长时，试样中氢含量随着塑性形变量的增加而单调增加。这与本书塑性形变的实验结果相一致，首先由于达到塑性变形后，试样内部氢陷阱浓度急剧增大，渗过试样的氢的量急剧减小，再因在短时间内塑性形变小于一定值时，试样中的氢含量随着塑性形变的增加而呈上升趋势，氢进入产生一定塑性变形的金属后，部分为氢陷阱所捕获，变为残余氢，它不参与扩散。另一部分为有效氢，有效氢参与扩散，此时的氢扩散是一种由有效氢浓度控制的扩散，其扩散速率的大小受有效氧的浓度梯度控制，所以氢渗透电流呈现出下降趋势。由于本书采用加速断裂的方法，所以形变量增大较快，即塑性形变大于一定值且渗氢时间小于某一值，试样中氢浓度基本不变，渗透过的氢的量又开始增多。

在弹性变形阶段应力导致晶格膨胀，从而增加晶格能量，根据热力学，氢溶解进入金属是一个吸热过程，晶格能量的增加说明氢溶解度的增加，在弹性变形阶段，晶格能量可以表示为

$$\Delta E = \sigma^2 / 2Y \tag{3-2}$$

式中，σ 是应力；Y 是 Young's 系数。根据 Beck 等[233]，式（3-2）可以表示为

$$C_\sigma / C_0 = \exp(6\sigma^2 V / 2YRT) \tag{3-3}$$

式中，V 是 Fe 的摩尔体积。式（3-3）可以表示为

$$\lg(C_\sigma / C_0) = (6V / 2YRT)\sigma^2 \tag{3-4}$$

式中，$\lg(C_\sigma / C_0)$ 与 σ^2 呈直线关系。

在稳定状态，氢渗透电流可以表示为

$$P_t = D_L C_0 / L \tag{3-5}$$

式中，C_0 表示的是充氢侧金属表面氢浓度；L 是试样厚度；D_L 是晶格扩散率。晶格扩散率随着形变的增加而减小，故应该归因于 C_0 的增大或 L 的减小。本书中两种材料弹性变形阶段变形量不是很大，16Mn 和 X56 钢的变形量分别为 0.08 和 0.125，材料厚度的减小对 P_t 的增大贡献最大分别为 11.4%和 14.8%，而氢渗透电流分别增大了 53%和 74%，这说明 P_t 增大的主要原因为 C_0 的增大。也就是说随着变形量的增大，表面吸附氢浓度增大从而加强了氢的渗透。这可能是由于随着变形量的增加，腐蚀产物膜破裂，表面暴露出新的金属表面，成为吸附氢的活性表面，加强了氢原子在金属表面的吸附、渗透。

在塑性变形阶段，晶格缺陷能捕捉氢从而降低参与氢扩散的有效氢浓度。

$$P = DC_1 / L - DC_0 / L = D(C_1 - C_0)/L = DC/L \tag{3-6}$$

式中，D 为扩散常数；C_1 和 C_0 分别是发生形变后和发生形变前的有效氢浓度。由于 16Mn 钢、X56 钢和纯铁都为面心立方结构，本书计算时采用纯铁的氢扩散常数 $8.25 \times 10^{-5}\,\text{cm}^2/\text{s}$。另外，随着形变量的增加，表观氢扩散常数的变化本书引用参考文献[184]的数据。假定塑性变形后氢渗透电流的增大是因为氢逃逸出陷阱，计算出塑性变形后的氢浓度减去塑性变形前的氢浓度值，得到的值可认为是陷阱捕捉的氢浓度[187]。

根据式（3-6）计算，实验所得氢渗透电流密度变化趋势与模拟计算所得氢陷阱捕捉氢电流密度变化趋势如图 3-10 所示。由图 3-10 可以看出，计算值与氢渗透电流值前段部分有较好的一致性，说明塑性变形使氢渗透电流的下降主要是由于氢陷阱捕获氢浓度的增大，参与氢渗透的有效氢浓度下降导致。

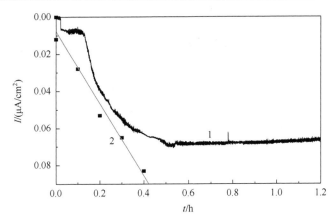

图 3-10 16Mn 钢检测到氢渗透电流密度与计算氢陷阱捕捉氢的电流对比图

1. 测量值；2. 计算值

3.5 海洋大气环境中的氢渗透电流随形变的变化

3.5.1 在 pH=3 的模拟海洋大气环境液膜中氢渗透电流随形变的变化

图 3-11 为在 pH=3 的模拟海洋大气腐蚀环境中 35CrMo 钢试样形变对氢渗透电流的影响。从试验数据可以看出，当试样处在弹性形变阶段时，氢渗透电流逐渐增大，在塑性形变的开始阶段，氢渗透电流不断减小，随着塑性形变的进行，氢渗透电流又逐渐增大。当试样停止加载时，氢渗透电流逐渐减小，到达一定数值，在试样卸载过程中，氢渗透电流没有明显变化。Zakroczymski[223]同样得到了相似的结果，但是并没有给出相对应的解释。

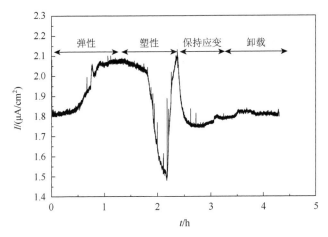

图 3-11 在 pH=3 的模拟海洋大气腐蚀环境中试样形变时氢渗透电流的变化

3.5.2　在含 0.03mol/L SO₂ 模拟海洋大气环境中的氢渗透电流随形变的变化

图 3-12 为在含 0.03mol/L SO₂ 模拟海洋大气腐蚀环境中 35CrMo 钢试样形变对氢渗透电流的影响。从试验数据可以看出，氢渗透电流的变化与在 pH=3 的模拟海洋大气腐蚀环境中的试验结果相类似。由于腐蚀环境的不同，具体数据有所差别。

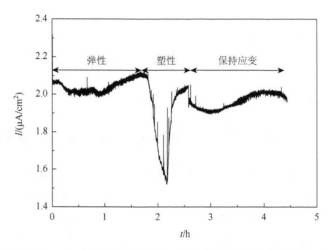

图 3-12　在含有 0.03mol/L SO₂ 的模拟海洋大气腐蚀环境中试样形变时氢渗透电流的变化

在试样处在弹性形变阶段时，由于拉应力的作用，材料晶格变大，增加了材料的晶格能，而氢进入晶格的过程是吸热反应，所以随着晶格能的不断增大，促使大量的氢进入金属内部，造成了在弹性变形阶段氢渗透电流的增大。

稳态氢渗透电流可用以下公式求出：

$$P_{\infty} = D_L C_0 / L \tag{3-7}$$

式中，C_0 为试样表面下氢的浓度；L 为试样厚度；D_L 为晶格扩散系数。我们的研究表明[187]，扩散系数 D_L 随着材料形变的增加而减小，根据式（3-7）可以看出，氢渗透电流在弹性变形阶段的增加，是由试样表面下氢浓度 C_0 的增加或者是由试样厚度 L 的减小而造成的。实验中，弹性阶段的最大形变只有 0.023，试样厚度只减少了 0.4%，而氢渗透电流却增大了 14.36%，因此，通过以上计算可以看出，在弹性形变阶段试样厚度的减小对氢渗透电流的增大贡献很小，氢渗透电流的增加主要是由渗入试样内部的氢浓度的增加造成的。随着试样的变形，在试样表面能够产生新的活性点，而这些活性点促进了氢的还原和氢进入金属晶格，使得氢渗透电流增加[234]。

同样，根据式（3-7），可以通过计算得出，在含 0.03mol/L SO_2 模拟海洋大气腐蚀环境中试样弹性阶段的最大形变只有 0.0092，试样厚度只减少了 0.2%，而氢渗透电流却增大了 3%，因此，通过以上计算可以看出，在弹性形变阶段，由于试样形变的增加，渗入试样内部的氢浓度增大，氢渗透电流也随之增大。

随着试样进入塑性变形阶段，晶格不能进一步增大，在形变表面产生了新的位错，位错既可以对氢起到陷阱作用，又能对氢的传输起到促进作用，在同一阶段，只有一种作用占主导地位。在加载开始之前，金属内部存在着的缺陷已经被氢饱和，因此在塑性形变开始阶段，由于产生新的位错，氢被新产生的位错所捕获，氢渗透电流减小。当塑性变形继续进行，氢渗透电流又逐渐增大，我们的研究表明[187]：在氢被陷阱捕获的同时，氢随着陷阱由于形变的缘故而发生移动，随着塑性变形的增大，当携带着氢的位错移动至阳极表面时，氢从这些陷阱里逸出，氢渗透电流增大，但是通过计算得知，位错中携带的氢对的氢渗透电流的增大影响非常小，并且在这些位错中只有一部分能够移动，因此位错陷阱中携带的氢向阳极面的移动并不是氢渗透电流在塑性后期增大的原因。在塑性变形阶段，由于位错的不断产生，氢原子不断被陷阱所捕获，造成氢渗透电流的减小；同时由于陷阱作用，氢在试样内部的浓度逐渐减小，造成试样表面氢向内部渗透的氢浓度梯度力也逐渐增加，两种作用互相竞争，当达到临界点时，氢浓度梯度力的增加占据主导地位，故在临界点之后，氢渗透电流又逐渐增大[234]。当试样停止加载时，两种过程都停止作用，氢渗透电流又恢复到一定数值。在卸载过程中，由于没有产生新的位错及活性点，所以氢渗透电流没有明显变化。

对于 35CrMo 钢试样，形变的各个阶段对氢渗透的影响不同：在弹性变形阶段，由于晶格能的增大以及新的活性点的出现，氢渗透电流增大；在塑性变形阶段前期，由形变所产生的位错对氢起着陷阱作用，氢渗透电流减小；在塑性变形阶段后期，由于氢渗透梯度力的增加占据主导地位，在临界点之后，氢渗透电流又逐渐增大。

第 4 章　液膜下电化学行为

4.1　薄液膜下金属腐蚀的测试方法[235]

4.1.1　薄液膜下金属腐蚀的电化学研究方法

大气腐蚀的本质是电化学性质的，因此，电化学原理，测量技术和数据处理方法原则上都可以应用。但是，传统电化学方法必须根据薄液层体系特点进行适应性改型才能获得可靠准确的数据。为了使少量的电解质均匀覆盖在工作电极表面，主要改进集中于减小工作电极，参比电极和辅助电极尺寸和距离，采用易于被液膜覆盖的平整电极以及发展非接触电位测量技术等。最近几十年来，薄液膜下金属腐蚀行为研究的进展主要体现在 ACM（atmospheric corrosion monitor）大气腐蚀监测仪、微距电极和 Kelvin 探针技术上。

1. 大气腐蚀检测仪

20 世纪 50 年代后期，Tomashov 和 Sereda 等提出了基于电偶腐蚀原理的大气腐蚀电化学研究方法（EACM）。ACM 装置依靠在多组极小间距平行金属电极表面因凝聚、结露或雨雪形成薄液膜进行工作，因而适合于薄液层条件下腐蚀电化学研究。1976 年 Mansfeld 等[236]提出采用 ACM 进行薄液膜下的腐蚀电化学测试。虽然其后一段时间成为大气腐蚀研究热门方向，但因 ACM 方法存在的固有缺陷和新研究技术的不断涌现，ACM 在薄液膜腐蚀现象研究中应用逐渐减少。

ACM 主要有两种类型：原电池 ACM 和电解池 ACM。原电池 ACM 由不同金属组成电偶电池构成，主要是通过测量 ACM 金属表面润湿时间和电偶腐蚀电流来评价大气环境的腐蚀性；电解池 ACM 由 2 组或 3 组相同金属电极组成，用外部电源进行极化，可测量极化曲线和电化学阻抗谱等。

双电极电偶型 ACM 的测量是基于腐蚀电化学的 Galvanic 电池原理，通过测定薄液层下电化学电池的 Galvanic 电流讯号即可反映金属的瞬时腐蚀速率。王凤平等[237]采用 A3/Cu Galvanic 电池研究了在相对湿度为 95%、含有不同浓度 CO_2 时，电偶电流随时间的变化曲线。研究结果表明，随着液层厚度的减薄，薄液膜下氧的扩散作用逐渐增强，金属的腐蚀加剧。随着腐蚀反应的进行，形成的锈层对金属的大气腐蚀具有一定的保护性，故金属的腐蚀速率下降。张正等[238]采用 Cu-LY12CZ 铝合金电偶电池研究了纯 Cu-LY12CZ 铝合金电偶在不同厚度液膜覆盖下的电偶电流的变化规律，以及环境湿度和电偶对阴阳面积比对纯 Cu-LY12CZ 铝合金电偶腐蚀行为的影响。研究结果表明，阴阳极面积比大的电偶电池 I_g 值受薄液膜中 Cl⁻ 浓度影响较大；阴阳极面积比小的电偶电池阳极金属腐蚀主要受阴极氧扩散控制，受薄液膜中 Cl⁻ 浓度影响较小。他们认为用 I_g 值计算阳极金属 I_{corr} 值具有一定的电化学理论基础，但在实际应用中仍需要进一步的研究。

G. W. Walter[239]采用电解池 ACM 方法测试了锌、铁、锌铝合金在含 0～1μmol/L SO₂ 环境下的电偶电流、电荷转移电阻、极化电阻和腐蚀电流密度。通过计算得到的锌、铁质量损失与失重法得到的有时有一定的差别。他们认为是 SO₂ 环境下生成的腐蚀产物具有导电性，使 ACM 中相邻的电极板部分短路，从而造成了质量损失的测量偏大。并通过腐蚀产物电阻与 R_t 和 Warburg 阻抗的并联模拟了这种部分短路现象。

赵永涛等[240]采用三电极 ACM 通过恒电量腐蚀速率监测仪和电化学阻抗测量系统，监测了薄层海水液膜下 907A 钢的腐蚀及薄层缓蚀剂液膜对 907A 钢的缓蚀行为，解释了缓蚀剂的成膜过程，并对薄层缓蚀剂液膜防蚀效果做出了快速评价。

尽管 ACM 技术在大气腐蚀润湿时间测量，大气腐蚀影响因素分析和大气腐蚀监测方面取得了较多成果，但在薄液膜下金属腐蚀基础研究方面取得的成果不多，主要原因是薄液膜溶液电阻的影响，电流和电位分布不均匀的影响和液层组分随液膜厚度同时变化导致数据分析困难。

2. 微距电极技术

微距电极指小尺寸工作、参比和辅助电极以尽可能近距离设置并保持覆盖薄液膜工作平面的电极系统。主要特征是电极尺寸小（可采用微电极），电极间距小（可达 20μm）以尽量减小液膜电阻以及各电极共平面以供少量电解质形成薄液膜。

1）前置微距参比电极技术

Cox 等[241]采用微参比电极前置法，准确地测量了金属在液层厚度为 300μm 的 0.2mol/L Na₂SO₄ 溶液中的动电位值。在此条件下，阴极反应主要由氧的扩散速率控制。氧还原反应速率随着电解液的挥发显著增加，这与氧在逐渐减薄的液层中的扩散速率增加相一致。阻抗测量结果表明，随着液层厚度的减薄，溶液阻抗逐渐增加，这与离子在逐渐减薄的液层中的迁移速率受到抑制是一致的。

张正等[238]采用自制的 Ag/AgCl 固体参比电极前置法，制作了用于 LY12CZ 铝合金在薄液膜下电化学行为研究的三电极腐蚀电池并研究了薄层液膜浓度和厚度对 LY12CZ 铝合金极化电阻 R_p、阳极极化行为和 EIS 的影响。

张鉴清[242]采用这种方法研究了铝合金在 200μm 以下薄液膜下腐蚀行为。前置参比电极技术在薄液层下金属腐蚀行为研究中的缺点是溶液欧姆降较大、参比电极中的离子会渗入到薄液膜中,从而影响测量结果的可靠性。

2)后置微距参比电极技术

张学元、杜元龙等[243]采用后置微参比电极技术测试了薄液层下金属的腐蚀行为,研究了铜在不同液膜厚度(6~1333μm)下的阳极极化行为及腐蚀电位的变化。结果表明随着液层厚度的减薄,Cu 的腐蚀电位逐渐增大且阳极极化曲线由 Tafel 区转向极限电流控制区。

李明齐等[244]也采用此方法研究了 16Mn 钢在薄液层下的稳态极化曲线,并通过与大量电解质溶液中的电化学行为比较,证明了该电池适合金属在大气环境中的腐蚀行为研究。但参比电极和辅助电极设置在工作电极两侧使参比电极处于极化电力线之外,其测定数值的意义是值得商榷的。该技术与前置参比电极技术相比,最大的优点是消除了研究电极和参比电极之间欧姆降和参比电极中离子对薄层液膜的污染。但其测定数值可靠性和准确性需要验证方可使用。

3)微距双电极技术

微距双电极技术采用材料和尺寸完全一样的微小电极微距排列的装置,此技术不仅使少量电解质能够形成极薄且均匀的液膜,而且在电化学阻抗测量小幅度极化条件下可以采用两个完全对等的电容电阻并联组合的等效电路,从而简化了数据处理方法。采用此方法可以得到腐蚀速率、双电层电容、溶液电阻以及其他动力学参数,因此在薄液层下电化学行为研究中获得了广泛的应用。

Zhang 等[245]认为在薄液膜条件下,双电极体系比三电极体系测量结果更准确。他们测量了铁在 10^{-3}mol/L,10^{-4}mol/L 的 Na_2SO_4 薄液膜下的交流阻抗。从所得的 EIS 图发现:阻抗图有两个时间常数,高频段的半圆直径随液膜厚度的增加、电解质浓度的增加而逐渐减小、消失;而低频段几乎保持不变。研究者将工作电极换为铂进行同样的实验,结果大致相同。他们认为高频半圆不是反映试样表面氧化膜的信息(因铂在实验条件下,不可能产生氧化),而是由于液膜的电导率不高,电流分布不均匀所致。这种电流分布的不均匀,在薄液膜下特别明显。改进电极布置方式,可能会减小这种不均匀性。

T.Tsuru[246-248]研究室在微距双电极电化学阻抗测量技术方面进行了大量卓有成效的工作。他们采用双电极体系测定了 304 不锈钢在薄液膜下的 EIS。并利用 TML(transmission line)模型分析了薄液膜下电流分布情况,指出在 Bode 图上,当相角 θ 超过$-45°$时,电流的分布在低频区是均匀的,并可利用低频区的 EIS 数据来求体系的极化电阻。若相角 θ 不超过$-45°$,则电流的分布是不均匀的。

T.Nishimura 等[249]利用交流阻抗法研究了在薄液膜下各种不同金属的大气腐蚀

行为，并且认为表面存在薄液膜的金属的阻抗行为相当于三维分布恒定等效电路。

但是所有通过 EIS 方法研究薄液膜下金属腐蚀行为的，都没有定量考虑溶液压降与电流分布不均匀对测试结果的影响。

电化学噪声（EN）是一种非极化电化学技术，也可采取微距双电极体系进行测量。电化学噪声是电化学动力系统演化过程中的电学状态参量（如电极电位、外测电流密度等）的随机非平衡波动现象[250]。电化学噪声技术是一种原位无损的检测，因而可以作为监测技术在工程中应用。由于体系不需要极化，这一技术在薄液膜下腐蚀测量中最大优点是可以避免溶液电阻以及电流密度不均匀分布的影响[251，252]。

采用电化学噪声技术进行大气腐蚀研究时，可以在开路电位或极化条件下进行。其检测系统一般采用双电极体系[253]。噪声数据处理可以采用时域、频域、小波分析和分形分析等多种方法。程英亮等已经成功地将 EN 应用于大气环境中薄液膜下 LY12 铝合金的腐蚀研究中[254]。

Yanyan Shi 等[255]采用自制的两电极体系，测量了 2024-T3 铝合金在干湿循环下的电位噪声。他们发现，在加湿初期腐蚀电位迅速增加到最大值，然后出现轻微的降低并维持在一定的数值；在干燥初期腐蚀电位迅速降低，然后基本上维持在一定的数值不变。他们认为这一变化与氧在扩散层中的扩散速率有关。

4）丝束阵列电极（wire beam array electrodes）技术

丝束电极是采用许多微小的金属丝构成的阵列电极组来代替单个大面积的金属电极，通过在每个电极上施加相同的电信号，不仅可以测量腐蚀电位、极化电阻等电化学参数的数值，还可以研究它们的分布情况。最近这种方法也开始应用于薄液膜下金属腐蚀行为研究。

钟庆东[256]采用丝束电极方法研究了不同浸泡时间下，可锻钢和铜在薄液层下的腐蚀电位分布情况。研究发现，在薄液层下腐蚀电位分布不均匀，随着浸泡时间的增加，会出现阴极区和阳极区。但在溶液中，不会出现这种现象。

3. Kelvin 探针参比电极技术

该技术最早是由 Lord Kelvin 于 1898 年提出的一种测量真空或空气中金属表面电子逸出功（表面功函）的方法。Stratmann 于 1987 将这种方法成功移植到大气腐蚀研究中。目前该技术已由初期的只能测量静态电位的 Kelvin 探头技术发展到可以测量电位分布的扫描 Kelvin 探针测量技术。由于采用振动电容交流信号检测技术，该技术的最大优点是可以不接触、无损伤的测量金属表面腐蚀电位及极化曲线，克服了传统的鲁金毛细管方法在薄液层下测量的局限性，能够测定极少量液体甚至吸附分散水膜下金属的电极电位，从技术层面上解决了大气环境中不连续薄液膜下金属电极电位的测定方法。

因此，该技术一经提出就受到一些国家的重视，相继建立装置展开研究。目前在测试方法和研究成果方面都取得了显著的进步，已经成为大气腐蚀研究的重要手段[257]。目前 Kelvin 探针参比电极技术已经用于涂层下金属腐蚀、丝状腐蚀、点蚀、应力分布、表面缺陷等领域的研究中。

Kelvin 探针参比电极技术在薄液膜下金属腐蚀行为研究中也取得了令人瞩目的成果。Stratmann 等[93, 94, 258, 259]提出了采用 Kelvin 探针测量薄液层下金属表面的电极电位和电位分布的理论基础和测量技术，并运用这一技术研究了各种大气腐蚀体系的腐蚀行为和腐蚀机制。研究发现薄膜下氧还原反应速率随着液层的减薄先增后减，存在着一个极大反应速率，并认为这一现象的出现是由水分蒸发溶质浓缩而导致氧溶解速率降低，即氧的盐效应引起的。

王佳[91, 260]利用自行研制的 Kelvin 探针装置研究了薄液层下氧还原过程的特征。他认为溶液中氧的盐效应并不是造成氧还原速率降低的主要原因。随着液层厚度的减薄，开始是氧扩散速率的增加加速了氧还原反应速率，随后是气/液界面上氧气的溶解速率抑制了氧还原反应速率的增加。当液层很薄时，金属表面液层阴极电流的不均匀分布导致了氧还原反应速率的迅速下降。相对来说，传统 Kelvin 探针测定电位的速率较慢，测定一个电位数值需要几秒钟，在测定精细电位分布图谱时甚至需要几小时乃至十几小时。但是，随着测试技术的发展 Kelvin 探针在测定速率方面已经获得了显著的提高。除了测试速率以外，将 Kelvin 探针参比电极技术应用到薄液层下金属电化学腐蚀行为的研究中还有许多困难，如在测定电位期间如何保持液膜厚度稳定不变、如何放置液膜厚度测量装置等。

4.1.2　其他测试技术

薄液层下金属的腐蚀是极少量的液相与大量气相和固相多相共存的体系。随着液相的凝聚和蒸发，液层厚度变化从几毫米到几微米以下，并伴随着腐蚀产物和液相组分的结晶析出和溶解，界面相异常复杂且不断变化，导致腐蚀状态在时间和空间上的不均匀性和多变性。因此通过原位动态实时监测技术，测量腐蚀的微观信息尤为重要。

20 世纪 80 年代中期，瑞典皇家工学院 Leygraf、Zakipour 教授等[261]开始使用石英晶体微天平（QCM）并结合 XPS（X 射线光电子能谱）等研究了电镀 Ni、Sn 在薄液膜下的大气腐蚀动力学，开发了基于石英晶体微天平技术的传感器测量体系，从而使原来无法在短期内进行的大气腐蚀监测变为现实。

王凤平等[262]自 1999 年开始，也利用 QCM 系统地研究了 CO_2、SO_2 或 CO_2+SO_2 腐蚀性气体环境下铁和锌在薄液膜下的腐蚀动力学规律。

但鉴于 QCM 自身的一些局限性，它目前只能用于研究少量纯金属的大气腐蚀，而如何将欲研究的金属处理到石英晶片上，是利用 QCM 研究大气腐蚀的关键。虽然 QCM 对质量变化十分灵敏，但它不能对腐蚀产物加以定性的说明，因此，将 QCM 和其他测试仪器（如红外光谱仪、表面分析仪等）联用是其今后在大气腐蚀研究中的主要趋势。

4.2　薄液膜环境腐蚀电化学[263]

对钢薄液环境下的应力腐蚀的研究，离不开对其电化学行为的研究，薄液环境下金属腐蚀过程主要研究方法有 ACM[236]、微距电极技术[264]、Kelvin 探针参比电极技术[265]、电化学阻抗技术、电化学噪声技术[266]、磁阻探针技术、丝束阵列电极技术、原位动态监测等方法。目前薄液膜腐蚀电化学研究主要集中在稳态液膜和动态液膜腐蚀电化学上，尤其是薄液膜腐蚀电化学阻抗谱测试解析及对腐蚀机理的表征是其中的研究热点。

4.2.1　稳态薄液膜电化学行为研究

研究者对稳态薄液膜腐蚀电化学行为进行了长期深入的研究，许多薄液膜装置被设计并应用在薄液腐蚀研究中，薄液膜研究装置分为两大类：薄液腐蚀电池和受限制的薄层电池。Stratmann 和 Streckel[90]、Micka 等[267]、Szunerits 等[268]和 Cheng 等[242]研制了薄液膜型腐蚀测量装置。

这些研究薄液腐蚀的研究中，除了 Szunerits 的微液滴的模拟研究之外，基本上均采用螺旋测微器和电阻法实现液膜厚度和形状的控制。这类的实验装置相对而言更加容易应用现代电化学技术监测材料腐蚀失效过程，但不易控制气氛组成，且长期的浸泡液膜组成和厚薄也容易发生变化。在腐蚀监测过程中，局部液膜变薄，甚至不连续导致电化学技术失效。Remita[269]开发的研究装置能更加精确地控制液膜厚度和气氛，其最大的缺陷是不能模拟自然环境中侵蚀性离子和阴极还原物质的浓度梯度和消耗行为。如何精确控制覆盖在电极表面液膜的厚度和形状以便长时间研究合金材料在大气环境下的失效行为成了研究的重点和难点。

Huang 等[270]建立了吸附薄液膜研究装置，并研究了吸附液膜对 PCB-Cu 腐蚀行为影响[271]。在试验过程中也运用了通入湿气的方法来维持薄液膜的厚度。研究表明液膜厚度的变化能改变溶解氧的扩散传质过程，腐蚀产物的累积和溶解金属离子的水合过程等影响腐蚀速率的一些过程。

4.2.2　干湿交替液膜研究

　　海洋大气薄液环境中，薄液膜的形态对腐蚀过程具有重要的影响。稳定完整的薄液膜对大气腐蚀过程的影响目前已经基本查明，但在实际环境中，由于海洋环境的影响，湿度、温度、风速、昼夜和风霜雨雪变化，金属表面的薄液膜很少稳定不变，而呈现厚度和分布形态不断变化的动态性和分散性特征。现有研究表明，动态性引起薄液膜厚度从几个分子层至几毫米间变化，分散性则导致由液膜、材料和气体所组成的"气/液/固"三相线界面区数量增多。这些变化均引起材料的物理、化学和电化学状态发生剧烈变化，影响材料的电化学过程，加速了材料的腐蚀进程。Wang等最近研究干湿交替循环环境中电位分布变化时发现了腐蚀原电池电动势随干湿循环次数增加而线性增加的现象，证实了薄液膜厚度动态变化会加速腐蚀电化学过程。此外证实了薄液膜的分散程度对腐蚀电化学过程也具有重要的加速作用[272]。

4.2.3　不同湿度条件下薄液膜研究

　　由于实际海洋薄液环境是因湿度过大等因素形成的，并且不同湿度条件下会形成相对稳定的不同厚度和状态的薄液膜，用控制湿度的方法来研究薄液环境下的腐蚀过程成为了一种越来越多的薄液环境腐蚀的研究方法，并且此方法也非常适用于海洋薄液环境下的 SCC 研究。

　　Li 等[273]利用 EIS 技术测量了 70%、80%、100%湿度下，不同时间时的电化学阻抗，并通过与失重法相结合，研究了耐候钢不同湿度环境下的腐蚀行为和机理，结果表明湿度的变化对材料表面的电化学行为影响很大，甚至起到决定性作用。

　　Huang 等[271, 272]研究表明不同湿度条件下腐蚀速率存在较大差异，腐蚀速率与湿度关系为：85%＞95%＞75%＞本体溶液。95%湿度下，阴极电流密度和腐蚀速率均随 Cl⁻浓度增加而增加。

　　综上所述，薄液环境下的电化学研究取得了很多的成果，为钢在海洋薄液环境下的 SCC 研究奠定了很好的腐蚀机理和电化学研究方法基础，但目前还较少有对于薄液环境下钢的腐蚀电化学行为的研究，尤其是薄液环境下 SCC 过程中的电化学行为的研究更加缺乏，需要深入的研究和分析。

4.3　奥氏体不锈钢表面模拟海洋大气环境表面液膜的变化过程

　　1987 年 5 月，瑞士一室内游泳池与主结构相连的悬挂天花板的奥氏体不锈钢构件发生应力腐蚀开裂，造成灾难性事故。滨海设施的不锈钢构件和紧固件发生应力腐蚀开裂的例子也多有报道。研究表明，奥氏体不锈钢在高氯化物浓度和低 pH 溶液中能够发生应力腐蚀开裂[116-121]，也就是说，不锈钢在大气环境下发生应力腐蚀开裂时，在不锈钢表面形成了一层电解质溶液膜，这层电解质液膜常常具有极高的氯化物浓度和极低的 pH。研究还发现，不锈钢表面的铁锈碎屑能有助于从空气中吸附水分和氯化物[118-120]。正是在这种条件下奥氏体不锈钢发生了应力腐蚀开裂。从此，奥氏体不锈钢在酸性氯离子溶液中的应力腐蚀开裂研究成为科研工作者的重要研究方向[122-129]。

自从人们发现奥氏体不锈钢应力腐蚀开裂的发生是由于在其表面有一层酸性氯离子液膜以来，一般都是将样品浸在模拟溶液中进行实验[122-129]。但实际上，液膜与溶液有着不同的性质[198]，而且，液膜会随着环境湿度的变化而变化，当环境中含有污染物时情况将更为复杂。在模拟溶液中的实验研究往往不能反映实际情况。因此，要研究海洋大气环境下奥氏体不锈钢的应力腐蚀开裂，通过模拟材料表面干湿交替的环境条件，获取液膜变化过程中不锈钢的阳极溶解过程和氢渗透行为是十分必要的。

在海洋大气腐蚀过程中，氢离子去极化腐蚀是常见的危害性较大的一类腐蚀。反应产生的氢原子由于其极小的体积可以渗透到金属内部，并在金属内部的微小缺陷处结合形成氢分子，由氢原子变为氢分子带来的体积上的增大所产生的内部压力使金属产生鼓泡、变脆，最终导致金属失效[199]，氢脆导致了材料强度降低，在较低载荷下就会导致材料的灾害性破坏，氢渗入已被证明是构件、结构、管线和压力容器等失效的主要原因之一。一般认为随着钢材强度的增加，钢材的氢脆敏感性也逐渐增加[200]。海洋大气因为其相对湿度高、昼夜温差大以及含大量海盐离子等原因，和内陆的大气环境相比具有较强的腐蚀性，不锈钢等材料在这种环境下发生氢脆的可能性更大。

"十二五"开局之年，发展海洋蓝色经济已正式上升为国家发展战略，我国的海洋开发事业进入了迅猛发展的阶段，这就意味着需要建设大量海洋构筑物。例如，海洋石油的开发，建造了大量的海上固定钻井平台和辅助平台，铺设了许多海底油气输送管道；海上运输和旅游观光业的发展，建造了大量的栈桥、码头和船舶等。近年来，由于不锈钢等高强度钢的使用和人们对高强度钢在大气环境条件下环境敏感断裂的关心，科研工作者开始研究材料在大气腐蚀过程中氢的渗透和吸收过程[176, 274, 275]。我们探索性地研究了纯铁在模拟大气腐蚀环境条件下的氢渗透行为[163]。这些研究工作给相关科研工作者很大启发，为研究奥氏体不锈钢在海洋大气环境下的应力腐蚀开裂机理，可从腐蚀过程中氢渗透行为的角度开展深入研究，寻找新的证据。因此，开展奥氏体不锈钢应力腐蚀发生和发展过程中氢渗透行为的研究是十分必要的。

4.3.1　实验的准备

本研究实验材料为 AISI 321 奥氏体不锈钢试样，试样化学成分见表 4-1。试样于 1050℃保温 20min 后水冷。试样形状为短圆柱形，工作面为端面，直径 1cm，用砂纸逐级打磨至 600#，除油水洗后，在一部分试样表面分别放置少量铁锈（Fe_2O_3）$FeCl_3$ 等外来腐蚀物，观察试样表面腐蚀性液膜的形成并与干净试样表面进行对比。

表 4-1　321 不锈钢化学成分（质量分数）

元素	含量	元素	含量	元素	含量
C	0.079	Mn	1.19	P	0.03
Cr	17.75	Si	0.53	S	0.0064
Ni	9.31	Ti	0.56	Fe	余量

4.3.2　实验步骤

将试样放置于底部装有干燥剂的干燥器中，试样表面分别放置（a）空白；（b）0.01g $FeCl_3$；（c）0.01g Fe_2O_3；（d）0.5mL 0.1mol/L HCl+0.01g $FeCl_3$。在试样表面滴加溶液，采取实验室加速的方法模拟海洋环境下不锈钢表面液膜的变化过程（称为滴加实验）。所滴加的溶液第一次为海水 0.5mL，以后每天滴加蒸馏水 0.5mL。并在三个月、六个月、一年后分别取出平行试样中的一个，对其表面液膜性质进行分析，主要包括肉眼观察、pH 的测定等。

4.3.3　结果与讨论

1. 三个月后试样表面变化

（a）三个月后，试样周围可以看出有海盐离子的存在，试样表面中心位置开始生成锈蚀产物。海盐中的 Cl^- 能够穿透不锈钢表面的钝化膜，造成不锈钢的腐蚀，pH 约为 7，没有明显变化。

（b）经过三个月后，表面有 $FeCl_3$ 的试样经过三个月后腐蚀产物在整个试样表面铺展开来，pH 为 2.3。

（c）表面有 Fe_2O_3 的试样在滴加海水后，Fe_2O_3 随着溶液润湿整个试样表面，经过三个月后，生成了较为致密的腐蚀产物，中间位置仍可以看到暗红色的 Fe_2O_3，pH 为 6。

（d）表面为 0.1mol/L HCl+FeCl$_3$ 的试样滴加海水后发生反应，表面生成了结构疏松的腐蚀产物，pH 为 1.6。如图 4-1 所示。

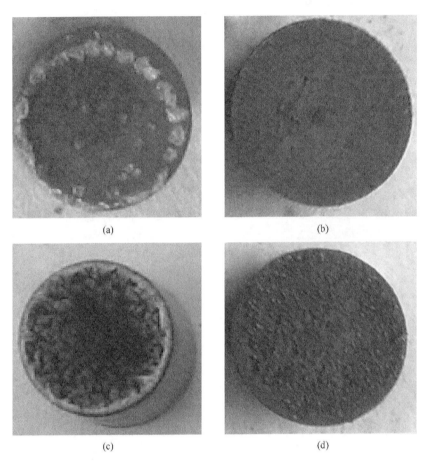

图 4-1　三个月后试样表面的形貌，试样直径 10mm

（a）空白；（b）FeCl$_3$；（c）Fe$_2$O$_3$；（d）0.1mol/L HCl+FeCl$_3$

2. 六个月后试样表面变化

（a）六个月后，试样表面发生了明显的变化，表面近半区域为暗黄色的腐蚀产物，pH 约为 6，没有明显变化。

（b）六个月后，在试样表面生成了黄色略带褐色的腐蚀产物，中间部分发黑，pH 为 1.8。

（c）表面有 Fe$_2$O$_3$ 的试样经过六个月后，腐蚀产物整体覆盖于试样表面，中间部分仍可看到暗红色的 Fe_2O_3，pH 为 4.5。

（d）表面为 0.1mol/L HCl+$FeCl_3$ 的试样，表面生成了呈褐色且结构疏松的腐蚀产物，pH 为 1.2。如图 4-2 所示。

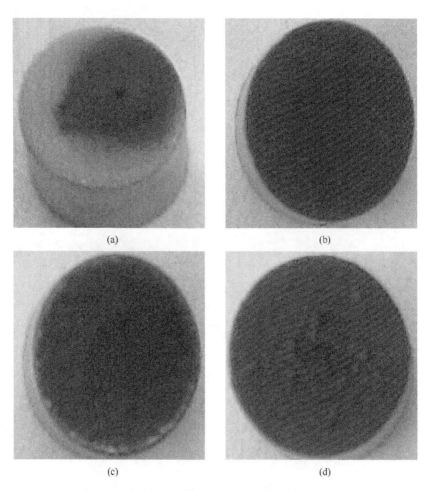

图 4-2　六个月后试样表面的形貌，试样直径 10mm

（a）空白；（b）$FeCl_3$；（c）Fe_2O_3；（d）0.1mol/L HCl+$FeCl_3$

3. 一年后试样表面变化

（a）一年后，腐蚀产物扩展至整个试样表面，产物呈黄色、褐色相间分布，pH 约为 4.5。

（b）一年后，腐蚀产物快速发展，边缘位置开始变得疏松，中间部分呈暗红色，pH 为 1.5。

（c）表面有 Fe_2O_3 的试样经过一年后，暗红色以及黄褐色腐蚀产物不再均匀分布，pH 为 4。

（d）表面为 0.1mol/L $HCl+FeCl_3$ 的试样，黄色腐蚀产物部分脱落，pH 仍为 1.2。如图 4-3 所示。

图 4-3　一年后试样表面的形貌，试样直径 10mm

（a）空白；（b）$FeCl_3$；（c）Fe_2O_3；（d）0.1mol/L $HCl+FeCl_3$

通过以上腐蚀过程和腐蚀产物的分析可以看出不锈钢表面液膜的变化过程。当不锈钢表面仅有海水浸没时，腐蚀产物缓慢生成，随着时间的延长，腐蚀产物能够覆盖于整个试样表面。此阶段液膜的 pH 变化较小［表现为（a）］。（b）和（c）代表了不锈钢结构表面有部分腐蚀产物存在时其表面腐蚀液膜的发展变化过程。海洋大气环境中含有丰富的 Cl^-，加速了不锈钢基体的溶解，所生成的 Fe^{2+} 或者 Fe^{3+} 在液膜中水解，导致其 pH 开始快速下降。当腐蚀液膜具有较低的 pH 时，不锈钢表面的钝化膜已经不能有效的保护金属基体，大量腐蚀产物开始生成并且在风力以及外力作用下逐渐脱落［表现为（d）］。（a）～（d）不锈钢表面液膜的变化过程在一定程度上代表了不锈钢表面真实的状态和液膜的发展过程。在实际海洋大气环境中，由于 Cl⁻浓度较高，不锈钢结构局部的腐蚀破坏能够引起加速腐蚀，不锈钢表面液膜具有较高的 Cl⁻浓度和低的 pH。

4.4　薄液膜下的电化学测试

海水是人们最熟悉且在天然腐蚀剂中腐蚀性最强的介质之一，大多数钢、铁及其合金在海洋环境中均能发生强烈的腐蚀，即使不锈钢构件也不能保证不受腐蚀，因为不锈钢在海水中可由于孔蚀而遭到破坏。不锈钢在海洋大气环境中的腐蚀是一个电化学过程，海洋大气环境有其特殊性，存在于海洋大气环境中的不锈钢材料发生腐蚀甚至应力腐蚀开裂时，在其表面往往先形成了一层电解质溶液膜，随着时间的推移，不锈钢表面的铁锈碎屑能有助于从大气中吸附水分和氯化物，从而使电解质液膜具有极高的氯化物浓度和极低的 pH。

电化学技术在海洋大气环境腐蚀研究中得到了广泛的应用和发展，研究过程一般都是将样品浸在模拟溶液中进行实验。但实际上，液膜与溶液有着不同的性质，而且，液膜会随着大气湿度的变化而变化，当大气中含有污染物时情况将更加复杂。在模拟溶液中的实验研究往往不能反映实际情况。因此，进行模拟海洋大气环境不锈钢表面腐蚀薄液膜下的电化学研究变得很有必要。

EIS 技术通过对腐蚀体系施加很小的扰动，对体系状态影响不大，且测量不受介质 IR 降的影响，能够得到较多腐蚀界面的信息，因此 EIS 是一种很有价值的电化学研究方法。动电位极化技术是一种在腐蚀电化学中常用的测量方法，可以获得较多的数据信息，如 Tafel 常数、腐蚀速率等，但需要严格控制实验条件。此外，扫描速率对测量结果也有一定的影响。

4.4.1　试样处理及腐蚀环境

321 不锈钢在模拟海洋大气环境表面腐蚀薄液膜下的交流阻抗实验和动电位扫描极化实验，采用三电极体系，试样作为工作电极，参比电极为饱和甘汞电极（SCE），辅助电极为铂丝。工作电极加工成圆柱体状，工作面为直径 1.0cm 的圆形，非工作面镶嵌在聚四氟乙烯管中，用环氧树脂封涂，工作面用砂纸逐级打磨至 600#，然后用蒸馏水清洗，丙酮除油后，放入干燥器内备用。实验前，将试样装入如图 4-4 所示的实验装置中，将三个电极接到 CHI604 电化学分析仪上。室温下，实验开始时，在工作电极表面滴加 0.5mL 腐蚀溶液。动电位扫描采用的扫描速率为 0.5mV/s。交流阻抗测试的频率范围为 100kHz~10mHz，施加正弦波电位幅值为 5mV。本文中的测试环境为模拟海洋大气环境。

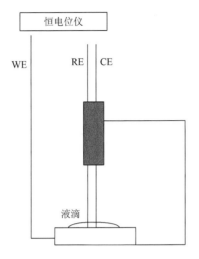

图 4-4 电化学测试实验装置

4.4.2 极化曲线

图 4-5、图 4-6、图 4-7 分别为 321 不锈钢在模拟海洋大气环境表面腐蚀薄液膜下的极化曲线与溶液中的极化曲线比较，不同的是所滴加的腐蚀溶液不同。图 4-5 实验中滴加的腐蚀溶液为海水；图 4-6 实验中滴加的腐蚀溶液为含 0.1mol/L $FeCl_3$ 和 0.1mol/L HCl 的海水；图 4-7 实验中滴加的腐蚀溶液为含 0.2mol/L $FeCl_3$ 和 0.2mol/L HCl 的海水。

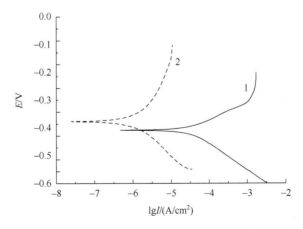

图 4-5 321 不锈钢在海水薄液膜下以及海水溶液中的极化曲线

1. 薄液膜；2. 海水溶液

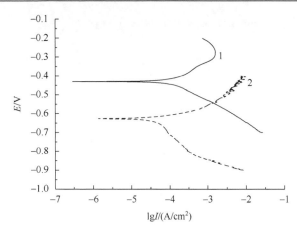

图 4-6　321 不锈钢在含 0.1mol/L FeCl₃ 和 0.1mol/L HCl 的海水薄液膜下以及溶液中的极化曲线

1. 海水溶液；2. 海水+0.1mol/L HCl+0.1mol/L FeCl₃

从图 4-5 中可以看出，在模拟海洋大气环境表面腐蚀薄液膜下获得的极化曲线，腐蚀电位比在腐蚀溶液中要低得多且腐蚀电流密度较大，这是因为不锈钢表面有薄液膜存在的条件下，大气中的氧溶解并且扩散至电化学反应界面更加容易。而海水表层 20℃时溶解氧浓度仅为 0.24mmol/L，且氧在海水中扩散速率缓慢。海水 pH 约为 8.0，因此，海水中 H^+ 浓度较低，电化学阴极反应主要为氧的还原过程：

$$O_2 + 2H_2O + 4e^- \longrightarrow 4OH^- \tag{4-1}$$

不锈钢在薄液膜中供氧充足，因而腐蚀速率更快。

图 4-6 为模拟海洋大气环境下不锈钢表面生成有腐蚀产物且 pH 降低时在腐蚀液膜及腐蚀溶液中的极化曲线。可以看出，在此条件下由于 H^+ 浓度较高，其腐蚀电位较海水薄液膜及溶液中的腐蚀电位大幅降低。说明阴、阳极反应均能以较快速率进行。特别是在薄液膜中，氧供应充足，除了发生式（4-1）的反应外，H^+ 的还原也是不容忽视的过程。

$$H^+ + e^- \longrightarrow H_{ad} \tag{4-2}$$

与溶液中的极化曲线相比，在薄液膜中的阴极极化曲线出现了氧的扩散控制过程。由于薄液膜中氧的供应充足，因此可能是大量生成的腐蚀产物充满了薄液膜，阻碍了氧向反应界面扩散。

不锈钢在溶液中的阳极极化过程出现了钝化现象。此外，不锈钢在薄液膜中的腐蚀速率仍然要比溶液中腐蚀速率高许多。

图 4-7 显示了当腐蚀介质浓度进一步升高时，腐蚀液膜及腐蚀溶液中的极化曲线。溶液中介质浓度升高，不锈钢电极腐蚀电位进一步降低，符合电化学反应的一般规律，由于 H^+ 浓度较高，氢去极化的还原反应速率较快，阳极过程随着极

化电位的升高，电流变化较小，成为电极反应控制过程。

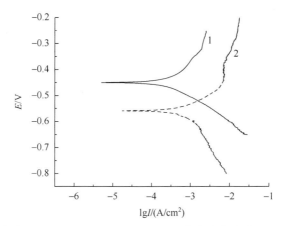

图 4-7　321 不锈钢在含 0.2mol/L FeCl$_3$ 和 0.2mol/L HCl 的海水薄液膜下以及溶液中的极化曲线

1. 海水溶液；2. 海水+0.2mol/L HCl+0.2mol/L FeCl$_3$

在模拟海洋大气环境下不锈钢表面腐蚀液膜中，阴极极化过程出现了比较明显的氧扩散控制过程，说明反应生成的腐蚀产物阻碍了氧的扩散速率。随着阳极极化电位的升高，阳极出现了钝化现象。

除此之外，李亚坤[235]对碳钢、不锈钢、铜和锌在 0.35% NaCl 溶液和薄液层下的极化行为分别进行了研究，同种金属在薄液层下的极化曲线和溶液中的有所不同，但它们的形状和变化趋势基本相同，说明采用本书建立的薄液层下金属极化曲线测试方法可行。

李亚坤还对 SO$_2$ 对碳钢在薄液层下腐蚀行为影响进行了研究。研究表明 Na$_2$SO$_3$ 浓度的增大对碳钢的阳极极化行为基本上没什么影响，随着溶液中 Na$_2$SO$_3$ 溶度的增大，氧的极限扩散电流先增后减，也就是说少量 Na$_2$SO$_3$ 的存在会加速氧扩散过程，而 Na$_2$SO$_3$ 浓度较大时会减缓氧扩散速率。

陈崇木[276]研究了纯镁在未除氧和除氧两种状态不同厚度液膜下的阴极极化曲线，未除氧时薄液膜下的阴极电流密度比本体溶液下的低，并且随着液膜厚度的减小，电流密度逐渐降低，自腐蚀电位逐渐上升。除氧后的阴极极化曲线和未除氧时的曲线很相似，二者的变化规律一致。通常，对于大多数金属，如铁、铜和铝，腐蚀速率随着液膜厚度的减小而增大[246, 277, 278]。而该实验中，对于未除氧和除氧两种状态，薄液膜下的阴极电流密度都比本体溶液下的低；电流密度随着液膜厚度的减小而逐渐降低，这表明，随着液膜厚度的减小，纯镁腐蚀逐渐减缓。由于薄液膜下腐蚀行为的特殊性，引起了不少腐蚀科技工作者的兴趣，也进行过铝合金薄液膜下的腐蚀研究[279]。

4.4.3　阻抗行为研究

图 4-8 为 321 不锈钢在其表面不同腐蚀薄液膜下的 Nyquist 图。从图中可以看出，在三种腐蚀液膜覆盖下，不锈钢的阻抗谱均表现为由一个高频区的容抗弧和低频区的感抗弧组成，其中容抗弧部分的阻抗谱是由不锈钢电极表面的电荷转移电阻所引起的，而低频区的感抗弧则与腐蚀产物在不锈钢电极表面的吸附过程有关，其中感抗弧出现了一些不规则现象。在海水条件下，容抗弧直径远大于另外两种情况的容抗弧直径，说明其 R_p 值较大。

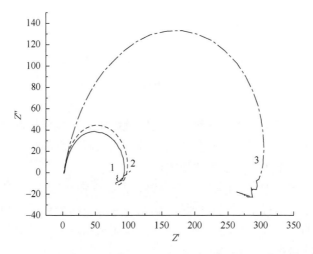

图 4-8　321 不锈钢在模拟海洋大气环境表面腐蚀薄液膜下的阻抗谱

1. 含 0.2mol/L $FeCl_3$+0.2mol/L HCl 的海水薄液膜；2. 含 0.1mol/L $FeCl_3$+0.1mol/L HCl 的海水薄液膜；3. 海水

图 4-9 为 321 不锈钢在模拟海洋大气环境表面腐蚀薄液膜下的阻抗谱所对应的等效电路。其中，R_s 为薄液膜电阻；R_{ct} 为电极反应的电荷转移电阻；CPE 为常相位角元件；L 为等效电感；R_o 为等效电阻。

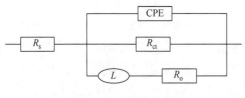

图 4-9　电化学等效电路

第 5 章　裂纹处氢渗透行为

5.1　海洋工程用钢薄液膜环境应力腐蚀开裂[263]

应力腐蚀开裂（SCC）是钢在海洋环境中使用时发生突发性破坏事故的主要形式之一。海洋工程使用的钢主要为低合金钢，沉淀硬化钢与马氏体时效钢等，目前大量使用的是低中碳配以适当合金元素和诸如淬火回火等处理的低合金钢，这类钢对 SCC 敏感，只要环境中有水甚至潮湿大气均可引起破裂，所谓的 SCC 介质特定性几乎不存在。在海洋环境中，不但环境湿度大，易形成液膜，而且其薄液中腐蚀性离子，如 Cl⁻等浓度高，随海洋资源的开发，污染性介质，如 SO_2 等也不断增多，并加之干湿交替等作用，使海洋工程用高强钢处于一个高 SCC 的敏感环境中。并且海洋工程用高强钢承受巨大的自身重量，工作应力、工作载荷及环境载荷极高，并且由于大量的焊接加工过程，造成大量的残余应力存在，当这些应力高于临界值时，在环境和应力联合作用下，高强钢裂纹萌生并逐渐扩展，最终导致高强钢在海洋薄液环境中的 SCC 现象发生。由于海洋环境中高强钢的 SCC 危害极大，造成这类钢断裂的海洋薄液环境因素众多，引起了研究者的广泛关注，各种水介质、氯化物溶液、含痕量水的有机溶剂、HCN 溶液均可能引起应力腐蚀开裂。

5.1.1　薄液环境应力腐蚀研究概述

海洋薄液环境 SCC 的发生与溶液条件下有着很大的不同，这主要是由于海洋薄液环境的特殊性所造成的，目前对海洋薄液环境下的 SCC 研究还不充分，人们并没有认清薄液环境下 SCC 发生的具体条件及薄液环境下的 SCC 机理，对海洋薄液环境下的 SCC 大多只停留在发生的可能性上。

目前对薄液膜环境下的 SCC 的研究主要有以下几种：①真实环境下的恒变形或恒位移的投样实验；②灯芯法模拟海洋薄液环境下的 SCC 实验；③湿气下形成薄液膜环境的 SCC 实验；④模拟溶液条件下 SCC 实验。

真实环境下的恒变形或恒位移的投样试验，试验周期长，成本高，并且真实环境下的 SCC 影响因素复杂，并不能对单一因素进行深入的研究，对薄液环境下 SCC 的主要影响因素的辨别较为困难，不能定量地研究不同薄液膜厚度下金属材料的 SCC 敏感性，只能对金属材料薄液膜环境下的 SCC 进行定性的分析，而且目前的研究只进行了沿海区域实际投样试验，并没有进行真实海洋上方的薄液膜环境中的投样试验。

模拟溶液的方法，虽然简单易行，但其与真实薄液膜环境下的 SCC 有着很大的差别，从腐蚀的机理角度有着很大的偏差，并不能模拟真实海洋薄液膜环境下的金属材料的 SCC。

灯芯法模拟海洋薄液膜环境下的 SCC 实验，较好地模拟了海洋薄液膜环境下的 SCC，并得出了较多重要的成果，但其不能模拟薄液膜的形成过程，只能研究单一薄液膜厚度下的 SCC，并且不能模拟整个薄液膜的形成过程，具有一定的局限性。

湿气下形成薄液膜环境的 SCC 实验是目前较好的一种研究 SCC 行为和机理的方法，但目前采用此方法开展的研究还较少，并没有进行大量深入的 SCC 研究。

1. 真实环境投样应力腐蚀试验研究

在对海洋薄液膜环境 SCC 行为的研究中，大量的研究者采用了真实环境室外投样的方法，所投样品主要进行恒变形（C 形、U 形样品）、恒位移（WOL 试样）及预制裂纹的方式进行应力加载，对试样不同薄液膜环境下的 SCC 敏感性，K_{ISCC} 与暴露时间和 SCC 敏感性的关系进行了研究，并对真实环境下金属材料的 SCC 行为与溶液环境条件下的行为进行了比较分析。研究结果表明与其他暴露环境相比，海洋薄液膜环境下，金属材料的 SCC 敏感性较高，金属材料的 SCC 敏感性与薄液膜环境有着很大的关系，随薄液膜环境下的暴露时间延长，金属材料的 SCC 敏感性不断升高。

张晓云等[280]用单轴拉伸试样和预制裂纹试样研究 40CrNi2Si2MoVA 高强度钢在典型大气环境下的抗 SCC 性能。施加应力后的试样分别暴露于北京、青岛、万宁 3 个不同的大气试验站。研究表明：40CrNi2Si2MoVA 钢的抗 SCC 性能取决于环境，在海洋大气性环境下 SCC 敏感性较高。扫描电子显微镜微观分析表明裂纹起始于表面的腐蚀点，并向试样内部扩展，为沿晶开裂，有二次裂纹存在，随着应力水平的增大，二次裂纹明显增加。

2. 灯芯法模拟海洋薄液膜环境应力腐蚀试验研究

灯芯法是一类较好的研究海洋薄液膜环境下金属材料 SCC 的方法，能实现较好的模拟薄液膜环境的同时进行慢应变速率拉伸（SSRT）试验。SSRT 试验时，采用灯芯法将实验溶液引到试样工作段，在试样工作段形成一层均匀的薄层液膜，模拟薄液膜腐蚀中的表面液膜。利用灯芯法,研究者开展了大量的薄液膜环境 SCC 试验研究,研究结果表明:海洋薄液膜环境下,金属材料有 SCC 敏感性,不同的薄液膜环境金属材料的 SCC 敏感性不同,薄液膜中的腐蚀性介质对 SCC 有很大的影响,并且在研究中发现,薄液膜环境下金属材料有氢脆现象发生。

3. 湿气条件下应力腐蚀试验研究

不同湿气条件下模拟海洋薄液膜环境进行 SCC 试验,是一种较好的研究材料薄液膜环境下 SCC 的方法,不同的湿气条件可以较好地模拟不同的海洋环境,并且湿度法不受 SCC 受力过程中形变的影响,能在 SCC 研究的同时,保持液膜的相对稳定。

Zhang 等[281]通过在恒湿 90%条件下暴露 20d 和 40d,再在恒湿 100% RH 条件下进行 SSRT 试验,研究了热浸锌钢在海洋薄液膜环境中的氢脆敏感性。结果表明:热浸锌钢材在潮湿的海洋环境中使用时,其氢脆敏感性将有所提高。Sun 等[282]通过在雾化气氛中进行超高强钢的 SSRT 试验,模拟研究了酸性薄液膜环境下的超高强钢的 SCC 行为,结果表明:在雾化气氛环境中的 SCC 敏感性比溶液中的略高。因为氧在薄液膜环境中扩散更高,为阴极反应提供充足的氧来源,并且钝化膜在薄液膜条件下容易破裂,亚稳态点蚀增多导致以点蚀为起源的裂纹的扩展。对超硬铝的研究表明[283]:在相对湿度小于 0.01%的干燥环境中,合金不但不会发生 SCC,而且原有的裂纹也不会扩展;在潮湿环境中,裂纹沿晶界处扩展;在湿气中,裂纹扩展速率随应力场强度因子的变化曲线与在本体溶液中的相同;在相对湿度为 100%的环境中,超硬铝快速扩展区的裂纹扩展速率大都为 $10^{-9} \sim 10^{-8}$ m/s。

4. 干湿交替试验研究

由于海洋环境的复杂性,实际海洋下的薄液膜环境常处在一个干湿交替的过程中,薄液膜并不稳定,研究者们开展了不同干湿交替环境下高强钢的 SCC 试验研究,研究表明[284]:干湿交替环境中高强钢的 SCC 敏感性会升高,干湿交替的频率对高强钢海洋薄液膜环境下的 SCC 敏感性影响较大,干湿交替的频率提高,高强钢的 SCC 敏感性也随之升高。

Qiao 等[284]通过 SSRT 试验,在模拟海洋环境中进行了低合金 A537 钢不同干湿交替与 SCC 敏感性之间的关系研究,并且揭示了不同干湿交替条件对低合金 A537 钢 SCC 的影响。结果表明在干湿交替的环境中 A537 钢具有一定的 SCC 敏感性,并且干湿交替过程对其 SCC 敏感性有一定的影响。

张大磊和李焰[164]通过试验表明：钢的氢渗透电流受到干湿交替环境的影响非常明显，此环境的存在促进了氢渗透行为，因为干湿交替的环境促进了金属表面的析氢反应，使更多析出的氢吸附在金属表面而增大了氢向钢材内部的渗透量。

5.1.2　薄液膜环境裂尖行为

裂纹尖端行为研究一直是 SCC 研究中的关键问题和研究难点，SCC 裂纹扩展过程中，与其他区域相比，裂尖区域的介质环境、电化学过程、应力应变等状态都有不同的特点。海洋环境薄液膜条件下的裂纹尖端由于薄液膜特殊的结构和性质的影响，变得更加复杂，对其研究也更为困难，但对薄液膜环境下裂纹尖端的研究对进一步深入研究薄液膜环境 SCC 性质与机理有着关键作用。

1. 应力腐蚀裂尖行为

SCC 尖端是一个特殊的狭小半封闭区域，和外部的扩散、对流都受到一定的限制，形成一个相对闭塞的区域，闭塞区内化学和电化学状态与外部都存在很大的区别，形成所谓闭塞电池腐蚀。由于裂尖闭塞区非常狭小，滞留的溶液量极小，对其内部真实环境的研究有较大的困难，常规的检测和研究方法不能很好地对闭塞区 SCC 及其电化学行为进行研究，因此很多学者不断采用各种独特方法对裂纹尖端区域开展研究。这些方法主要包括：直接测量法、间接测量法、模型法等[285-292]。

Copper 和 Kelly[290]研究了裂纹尖端微区环境内的分布情况及其与本体溶液中的区别。结果表明，当本体溶液中浓度为 0.03mol/L 时，裂纹尖端的浓度为 0.5mol/L，而距离裂尖 1mm 处的浓度则出现最大值，约为 0.8mol/L。随着与裂尖距离的增加，浓度随后又呈现出明显的下降趋势，但在距离裂纹尖端 3mm 处降至 0.25mol/L，仍明显高于本体溶液中浓度。这一现象说明在裂纹扩展的过程中，裂纹尖端及其附近的局部闭塞环境内，浓度明显高于本体溶液中的浓度。在裂纹尖端的富集将对裂纹的进一步扩展起到显著的促进作用。另外，其他卤素离子，如 Br^- 和 I^-，也与 Cl^- 有着十分类似的作用。

由于结构、环境和应力应变的协同作用，SCC 裂尖生长的电化学过程是稳态过程和动态过程的复合过程。裂尖区域为动态过程，非裂尖区表面为稳态过程。裂纹尖端由于阳极作用，生成大量的正电荷，为保持电平衡，大量的阴离子不断扩散入裂纹内部，裂尖的酸性程度不断升高，腐蚀性离子不断浓聚，使其处于一个动态的电化学过程中，并且裂纹尖端为高应变区、位错运动加强，这些过程也导致动态电化学过程的发生，会极大促进电极反应[293]。而非裂尖区的表面已经充分极化，处于稳态电化学过程，其阴极过程生成的氢，渗透并扩散至裂纹尖端，促进电化学溶解和裂纹扩展，也加大了裂纹尖端的动态电化学过程。

有研究表明[294]：裂纹尖端区域具有相对较负的电位值，使其始终处于较为活泼的电化学状态，而且在裂纹尖端的闭塞环境内将保持较强的酸性以及高 Cl⁻浓度，有助于裂纹尖端局部区域在应力的促进作用下发生优先的阳极溶解并导致裂纹扩展。也有研究表明[295]：自然腐蚀电位下裂尖存在阳极溶解的电化学条件。裂尖弱酸化，pH 为 3～4。裂尖氧供给不足，裂尖存在促进阳极溶解的力学条件。在高应力强度因子区，裂尖处于高应力与氢协同作用下的高应变及较高的应变速率状态。

对于裂尖的应力应变状态也开展广泛的研究，发现裂尖为高的应力应变区域，高的应力应变不但加大了位错运动和氢的吸附，使裂尖的扩展成为可能，对裂尖区域形成钝化膜及腐蚀产物的过程也产生了直接的影响，进一步导致了裂尖动态过程的形成。研究表明[295]：在加载时裂尖首先发射位错，只有当外力引起的位错发射和运动达到临界条件，无位错区中的应力集中等于原子键合力，从而引起微裂纹形核。也有研究表明[296]：裂尖应变速率的变化会影响裂尖钝化膜的修复与破坏过程，裂尖新鲜金属表面的阳极溶解过程及裂尖氢原子的吸附过程。裂尖高应变区存在着明显的位错运动，位错的运动会改变裂尖应力应变条件及表面状态，从而改变裂纹扩展过程。

2. 薄液膜环境对裂尖行为的影响

对于裂纹而言，在薄液膜环境下，加之应力的作用，裂纹尖端的阳极过程在薄液膜情况下比溶液条件下可能会得到加强，主要是因为：第一，在薄液膜环境中，随薄液膜厚度的减薄，表层金属由于阳离子水化和可能生成钝化膜的作用，阳极作用减弱，但裂尖的水分并不会减少，由于介质的二维传输特性，为保持电平衡，裂尖的阳极作用和阳极溶解时间反而可能会得到加强，裂纹尖端的离子浓聚和酸化程度被加剧，进而促进裂纹尖端的快速扩展；第二，由于应力的作用，薄液膜环境中，裂纹尖端很难形成保护膜，并不能起到降低阳极溶解的作用，反而在应力条件下，裂纹尖端的活性更高，在局部缺陷处，裂纹的扩展速率更高；第三，薄液膜环境下，由于氧的扩散更加容易进行，氧更容易到达裂纹中的非裂尖的区域，造成裂纹非裂尖区的阴极过程加强，进一步促进了裂尖的酸化和阳极过程的进行，氧浓差电池作用也不断加强，裂纹扩展将变得更加容易进行；第四，由于薄液膜环境加大了裂纹尖端的酸化，也有可能产生氢的阴极还原作用，使部分氢原子扩散到金属内部，极易引起"氢脆型"破裂。但是当液膜太薄时，水分稀少，金属腐蚀的阳极过程以及阴极过程都可能受到一定程度的阻滞反而会降低裂纹的扩展速率。

另外，薄液膜环境本身也使腐蚀性离子不断浓聚，这是由于在一些薄液膜及其干湿交替区域和裂纹内部，溶液由于不断蒸发和补充，浓度比溶液大得多。而且在应力腐蚀裂缝的微区内，由于阴离子电迁移入缝内，加之不断浓缩，缝内 Cl⁻ 浓度比外部大许多倍。因此薄液膜环境中尤其是裂纹内部，腐蚀性介质不断升高，给高强钢的应力腐蚀开裂提供了强烈的敏感环境，促进了裂纹扩展。

Huang 等[297]在不锈钢裂纹处滴加海水后能够在裂纹侧壁和裂纹尖端检测到氢渗透流。裂纹尖端处氢渗透电流随着时间的延长是逐渐增大的，而裂纹侧壁处氢渗透电流随着时间的延长逐渐变小，说明氢能够在电位差的作用下自裂纹侧壁向裂纹尖端迁移。裂纹尖端处氢渗透电流明显高于裂纹侧壁处的氢渗透电流，说明自裂纹侧壁向裂纹尖端迁移的氢的量不容忽视。

但是目前的研究并没有对薄液膜环境下的 SCC 问题及其机理有非常清楚的认识，对溶液与薄液膜环境中 SCC 机理的差别没有清楚的认识，所以薄液膜下 SCC 研究有着非常重要的意义，对于金属材料海洋薄液膜环境下的应用及安全保障也有着举足轻重的作用。

5.2　不锈钢裂纹尖端周围的氢渗透行为

不锈钢的不锈性是由于在适当的电位范围内形成钝化膜，当有外加应力作用时，不锈钢内部本身的位错沿着滑移面运动到不锈钢表面，在其表面产生滑移台阶，造成钝化膜的破坏，若在一定的电位下，钝化膜来不及再形成，则在不锈钢表面将形成蚀坑或者裂纹。在钝化膜不断被破坏和重新形成的发展过程中，不锈钢的应力腐蚀开裂便会发生。

广义的应力腐蚀开裂有时又区分为狭义的应力腐蚀开裂和氢脆。应力腐蚀开裂和氢脆虽然同属广义的应力腐蚀开裂，但两者之间实质上有很大区别。应力腐蚀开裂指的是，金属材料在特定的腐蚀环境中，受到应力作用，沿着金属内微观路径在有限范围内发生腐蚀而出现裂纹的现象。而氢脆指的是，金属材料在腐蚀介质中受到应力作用，由于腐蚀反应产物氢被金属吸收，产生氢蚀脆化，出现裂纹的现象。

在工程钢结构中广泛地存在着由氢脆（HE）所引起的环境敏感开裂。了解在氢致开裂中氢的吸附及在材料中的聚集是非常重要的，特别是在材料的裂纹尖端。在工程钢结构中，由于处于受力状态，金属结构局部产生变形，影响氢的渗透以及裂纹的产生及发展，所以研究在受力情况下金属中裂纹尖端和裂纹侧壁的氢渗透行为影响是十分必要的。

5.2.1　试样处理

实验所采用不锈钢为 AISI 321 奥氏体不锈钢，试样为一侧预制裂纹的块状试样，在距试样裂纹侧壁和裂纹尖端 0.2mm 的位置钻孔，不能通透，孔的直径为 8mm。将孔作为能够检测氢渗透电流的阳极池，试样的处理过程详见第 2 章中的试样表面处理过程。孔内侧镀钯后，在孔内注入 0.2mol/L NaOH 溶液，用微参比电极和辅助电极（铂丝）从孔内引出后，将孔封起来，在试样表面焊接一导线组成一个三电极体系。图 5-1 为实验装置示意图。

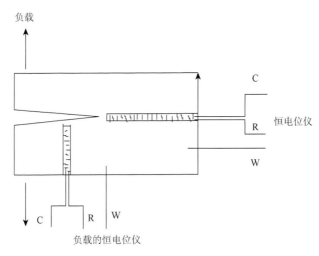

图 5-1　裂纹尖端及侧壁氢渗透实验装置示意图

5.2.2　实验步骤

实验前，沿裂纹垂直位置对试样施加一恒定拉应力，将实验装置置于恒温箱中，控制实验温度为 298K。镀钯侧在 0.2mol/L NaOH 溶液中（150mV vs. HgO∣Hg∣0.2mol/L NaOH 极化电位下）钝化直至背景电流密度小于 0.1μA/cm^2。在裂纹处滴加腐蚀溶液 0.5mL，通过电化学工作站检测到裂纹侧壁以及裂纹尖端氢渗透电流并记录下来。当不锈钢试样裂缝处腐蚀溶液蒸发殆尽时，从第二个循环开始，此时再滴加 0.5mL 蒸馏水，随后循环均滴加 0.5mL 蒸馏水，以此方式进行若干循环。裂缝处产生的氢离子被还原后吸附在不锈钢裂纹表面，然后渗透进金属内部到达阳极侧，在镀钯层的催化作用下被氧化成氢离子，通过计算机控制恒电位仪记录的氧化电流即为氢渗透电流。

5.2.3　海水条件下裂纹尖端及裂纹侧壁处氢渗透行为

图 5-2 为第一个干湿循环滴加 0.5mL 海水后在裂纹侧壁和裂纹尖端检测到的氢渗透电流密度的变化。从图中可以看出，当在试样裂纹处滴加海水后，在裂纹尖端和裂纹侧壁都能观察到氢渗透电流。在前三个干湿循环过程中，裂纹侧壁检测到的氢渗透电流密度始终大于裂纹尖端处检测到的氢渗透电流密度，从第四个干湿循环开始，裂纹尖端处检测到的氢渗透电流密度开始超过裂纹侧壁处检测到的氢渗透电流密度。从发展趋势来看，裂纹侧壁处的氢渗透电流在第二个干湿循环时达到最大值，在以后的干湿循环过程中虽然也会出现极值，但是都没有超过第二个干湿循环的极值，呈下降的趋势，说明裂纹侧壁处的氢主要是由裂纹处金属与腐蚀溶液反应得到补充的。而裂纹尖端的氢渗透电流是逐渐增大的，即使是裂纹处腐蚀溶液干燥的过程中，氢渗透电流也是增大的，说明除了腐蚀溶液在裂纹尖端处发生反应生成氢以外，裂纹其他地方产生的氢也会移动至裂纹尖端处，在图中表现为裂纹尖端氢渗透电流的不断增大。在应力作用下，不锈钢钝化膜的破坏，将会使裂纹前端与裂纹两壁之间有较大的电位差，氢在电位差的作用下由裂纹侧壁逐渐迁移到裂纹尖端处。氢在裂纹尖端处大量聚集，会使裂纹尖端金属以氢脆方式发生断裂。

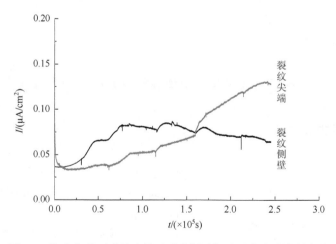

图 5-2　海水条件下裂纹尖端及裂纹侧壁氢渗透电流密度的变化

5.2.4　含有 FeCl₃ 的酸性海水条件下裂纹尖端及裂纹侧壁处氢渗透行为

图 5-3 为第一个干湿循环滴加 0.5mL 含有 FeCl₃ 的酸性海水后，在裂纹侧壁

和裂纹尖端检测到的氢渗透电流密度的变化。从图中可以看出，在前三个干湿循环过程中，裂纹尖端和裂纹侧壁的氢渗透电流密度相差不大，在同一个范围内变动。从第四个干湿循环开始，裂纹尖端的氢渗透电流密度明显高于裂纹侧壁的氢渗透电流密度，说明裂纹其他地方产生的氢也会移动至裂纹尖端处。而且，从第四个干湿循环开始，在裂纹尖端检测到的氢渗透电流均比前三个干湿循环的氢渗透电流要小，但是，比裂纹侧壁处检测到的氢渗透电流要高出许多，说明有大量的氢自裂纹侧壁向裂纹尖端迁移。

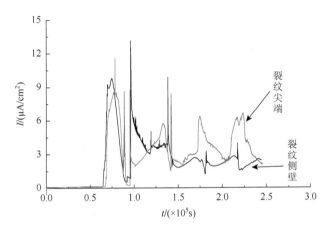

图 5-3　含有 $FeCl_3$ 的酸性海水条件下裂纹尖端及裂纹侧壁氢渗透电流密度的变化

　　由以上数据分析得知，当含有裂纹的不锈钢在腐蚀介质中服役时，裂纹处除了发生氧去极化反应外，还会发生氢的还原反应。被还原的氢能够吸附在不锈钢表面，进而渗入不锈钢内部。渗入不锈钢内部的氢除了按照浓度梯度扩散外，还能够在由应力产生的电位差的作用下从裂纹侧壁迁移至裂纹尖端。在裂纹尖端大量聚集的氢复合成分子造成不锈钢裂纹尖端鼓泡、变脆，引起不锈钢的破坏。

第6章　海洋大气环境下应力腐蚀开裂敏感性研究

6.1　引　　言

目前，氢致开裂是钢材腐蚀开裂的主要机理之一。现有的氢致开裂机制主要包括氢压理论、氢降低表面能理论、氢促进局部塑性变形理论、氢化物脆理论以及弱键理论等。氢致开裂过程涉及氢离子的迁移、氢离子的放电、吸附在金属表面的一部分氢原子复合成分子，并以氢气泡的形式逸出，另一部分氢原子变成溶解型吸附原子，然后去吸附成为溶解在金属中的原子氢，并通过扩散进入金属内部，在应力的作用下它们富集在应力集中区，导致材料的低应力脆断。研究表明，高强钢的断裂主要与钢中的氢有关，而且不属于阳极溶解型的 SCC，这种观点已被不少人接受。而且无论是高强钢内部的氢，还是外部的氢都极易引起高强钢的氢致开裂。大量研究表明，氢对应力腐蚀开裂的作用极大。Qiao 等[298]证实了进入金属中氢对金属开裂的作用。Gu 等[299]认为，在阴极电位区，氢浓度达临界值时，氢致开裂控制着开裂过程。另外，柯伟等[300]对不同来源 H 的作用进行了研究，证明了裂纹尖端位错捕集氢、应力捕集氢与表面吸附氢对损伤具有不同的作用。

对于海洋环境形成的薄液条件下的 SCC，薄液的特殊环境对 SCC 影响极大，大多数研究者认为，薄液环境下阴极反应主要是氢的作用，氢的作用很小，但大量的研究表明，薄液环境下的阴极过程不但有氢的作用，也会有 H 参与反应，这样就为高强钢的氢致开裂提供了外部条件。并且高强钢自身及煅接加工过程中的内氢，也提供了氢的内部来源。另外，拉应力会通过提高薄液环境中氢的吸收量，并使环境中的氢扩散并富集到缺陷处，从而增加氢致开裂的发生概率。在不同薄液环境下进行的 SCC 试验表明，湿热的海洋性气候导致了钢的腐蚀，腐蚀有利于湿热环境中湿气和 Cl⁻，以及氢向应力集中区的吸收与扩散，最终导致了 SCC。

虽然氢脆被普遍接受为超高强度钢 SCC 机理[301]，但其在解释某些 SCC 的问题时遇到了很多困难，因此也有大多数的研究者认为高强度钢在裂纹的萌生和扩展的过程中是阳极溶解和氢致开裂的并存机制，由二者共同控制。

Parkins 等[302]首先通过 SSRT 和循环载荷实验及计算得出在近中性 pH 溶液中，沿晶应力腐蚀开裂是一个阳极溶解和氢渗入基体内部的混合过程。Gu 等[303]认为当高强钢的阳极电位接近腐蚀电位时，阳极溶解和点蚀首先发生，产生使蚀坑局部酸化。反过来，酸化加快了裂纹的形核与扩展过程。因此，SCC 是由氢促进的阳极溶解过程，当氢浓度到达临界值时，氢致开裂控制着开裂过程。

Beavers 等[304]指出裂纹萌生和扩展机制不一致，裂纹最初以阳极溶解机制形核，后以氢致开裂机制扩展，或者最初裂纹在蚀坑、缺陷、高 pH 应力腐蚀裂纹处形核，继而以氢脆机制扩展。Park 等[305]提出点蚀诱发 IGSCC 机制，在低 pH 溶液中，不容易发生钝化，很难形成钝化膜，但却很容易发生点腐蚀，而且点腐蚀之后将不会再发生钝化，蚀点却进一步成为裂纹扩展的敏感位置，最后发展为 IGSCC，即点诱发 IGSCC 机制，进一步研究了阳极溶解和氢致开裂的混合机制。

薄液环境下高强钢的 SCC 的研究也证明了裂纹的萌生和扩展是由阳极溶解和氢致开裂混合机制的。如对 40CrNi2Si2MoVA 钢薄液环境下的 SCC 的机理研究表明[280]：腐蚀发生于合金的缺陷或应力集中的部位，氢向应力集中区扩散，SCC 是由阳极溶解和氢脆的共同作用引起的。另外，在长期的科学研究和工程实践中广大研究者提出过"化学脆变-脆性破裂"理论、快速溶解理论等。近年来，又有许多学者提出了一些新的见解，如表面膜或疏松层阻碍位错发射，导致裂纹脆性扩展；溶解提高了裂尖原子的活动能力，在应力集中下导致裂纹快速扩展；Rebak 的沿晶界选择性溶解机理、Sieradzki 和 Newman 的膜致解理 SCC 机理。Jones 的阳极溶解促进局部塑性变形从而导致 SCC 理论等。

6.2　研　究　方　法

慢应变速率拉伸试验（slow strain rate test，SSRT）方法是将受拉试件装入慢应变速率实验机中，以一个恒定的、相当缓慢的应变速率对置于腐蚀环境中的试样施加拉应力，通过强化应变状态来加速应力腐蚀的产生和发展过程。用 SSRT 评价应力腐蚀开裂的方法是：当试件断裂后，首先用金相显微镜检查试件是韧性断裂还是脆性断裂，再用扫描电镜观察断口，如果没有发生 SCC，则断口有明显韧窝，有明显的颈缩现象，宏观呈现韧性断裂。材料环境断裂敏感性通常根据以下参数来进行评定：①试样的延伸率（elongation，%）δ，试样对环境敏感时，δ 下降；②断面收缩率（ROA）Φ，试样对环境敏感时，Φ 下降；③应力-应变曲线上的最大载荷 σ_{max}，试样对环境敏感时，σ_{max} 下降；④应力-应变曲线下的面积 A，当产生环境敏感断裂时，A 下降；⑤断裂时间 t，t 越小环境敏感断裂倾向越强；⑥断裂能和相对断裂能（RFE，%）等[306, 307]。

慢应变速率拉伸实验中，最重要的三个控制参数是应变速率、电位和腐蚀介质。电子金相研究表明，SCC 是通过外加应力所产生的滑移台阶上的择优腐蚀产生的，某一体系的 SCC 只能在某一应变速率范围内才能显示出来，一般在 $10^{-8}\sim10^{-4}\mathrm{s}^{-1}$，在这个应变速率范围内，试样裂纹尖端的变形、溶解、成膜和扩散过程处于产生 SCC 的临界平衡状态[308]。如果应变速率过快，则试样还没来得及产生有效的 SCC，就已经产生韧性断裂；如果应变速率过慢，试样表面膜破裂后还没来得及产生有效的腐蚀，裸露的金属就发生再钝化，使 SCC 不发生，最后也将产生韧性断裂。本研究取应变速率为 $5 \times 10^{-5} \mathrm{s}^{-1}$。

6.2.1　实验材料的准备

试样材料为 16Mn 钢、X56 钢、35CrMo 钢和 AISI 321 不锈钢，采用圆柱状的光滑试样，其化学成分和机械性能如表 6-1、表 6-2、表 6-3、表 6-4 和表 6-5 所示；试样尺寸如图 6-1 所示。

表 6-1　16Mn 钢的化学成分（质量分数）

元素	含量	元素	含量	元素	含量
C	0.16	Si	0.36	V	<0.03
Mn	1.4	Cr	<0.1	Ti	<0.03
S	0.025	Mo	<0.05	Cu	<0.055
P	0.009	Al	<0.03		

表 6-2　X56 钢的化学成分（质量分数）

元素	含量	元素	含量
C	0.26	Nb	≥0.005
Mn	1.35	V	≥0.005
P	≤0.030	Ti	≥0.005
S	≤0.030		

表 6-3　35CrMo 钢的化学成分（质量分数）

元素	含量	元素	含量	元素	含量
C	0.32~0.40	Mn	0.40~0.70	Mo	0.15~0.25
Si	0.17~0.37	Cr	0.80~1.10	Ni	≤0.30

表 6-4　AISI 321 不锈钢的化学成分（质量分数）

元素	含量	元素	含量	元素	含量
C	0.079	Mn	1.19	P	0.03
Cr	17.75	Si	0.53	S	0.006 4
Ni	9.31	Ti	0.56	Fe	余量

表 6-5　各类钢的机械性能

项目	抗拉强度/MPa	屈服强度/MPa	延伸率/%	屈服强度/抗拉强度/%
16Mn 钢	510～600	345	26	57.5～67.6
X56 钢	489	386	26	78.9
35CrMo 钢	≥620	≥440	≥12	≥70.9
AISI 321 不锈钢	520	205	40	39.4

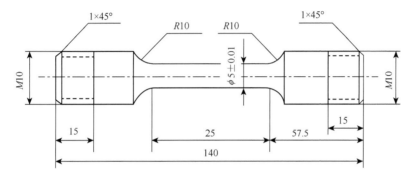

图 6-1　SSRT 试样尺寸

采用慢应变速率拉伸实验（SSRT）评价 AISI 321 不锈钢的应力腐蚀开裂（SCC）敏感性。根据 GB/T 228.1—2010 试样形状与尺寸的一般要求，实验采用圆柱状的光滑试样，标距长 25mm，直径为 5mm，试样工作段横截面较小，其优点是：①对引发 SCC 具有更大的敏感性；②可以更快地获得试验结果；③试验操作比较方便。

试样用酒精浸泡过的脱脂棉除油，依次用无水乙醇、丙酮超声波清洗，然后用冷风吹干放入干燥器中备用。实验时将试样暴露长 25mm 的工作区与实验介质接触，其余部分为非工作段，涂覆 705 硅橡胶以密封。准确测出试样工作段的直径（用螺旋测微器上、中、下各测一次，取平均值）和工作段长度。

6.2.2　实验用溶液的配制

实验溶液用分析纯试剂和蒸馏水配制。H_2S 水溶液由 FeS 和稀 H_2SO_4 反应产生的 H_2S 气体通入已用高纯氮除氧的海水中，海水取自青岛海滨海水。得到高浓度 H_2S 溶液，用硫离子选择电极法标定其浓度。SO_2 溶液由 Na_2SO_3 和稀 H_2SO_4 反应产生的 SO_2 气体通入已用高纯氮除氧的海水中，得到高浓度 SO_2 溶液，用碘量法测定其浓度。实验时以此溶液为母液，用移液管移取一定量已知浓度的 H_2S 水溶液至除氧的海水中，配制成含不同 H_2S 和 SO_2 浓度的溶液，即得实验用溶液。

6.2.3　实验装置及实验方法

实验装置参见图 3-3。

采用灯芯法将实验溶液引到试样工作段，在试样工作段形成一均匀的薄层液膜，模拟大气腐蚀中的表面液膜。实验时，通入高纯氮气保护 H_2S 气氛不被氧化。实验前准确测出试样工作段的直径（用螺旋测微器上、中、下各测一次，取平均值）和工作段长度。将试样长 25mm 的工作区用镜头纸均匀缠绕，其余部分为非工作段，用聚四氟乙烯带缠绕以密封。将试样及所属电解池安装于慢应变速率拉伸试验机上。

实验仪器包括慢应变速率拉伸机（最大载荷 50 000kN），拉力传感器，位移传感器，PS-08-4 多通道恒电位仪（用于施加电位及记录数据），直流电源（用于控制温度），实验装置，数据采集器（记录应力、位移的变化）。

试样断裂后，用电子显微镜（SEM）分析断面，作为评价是否发生敏感断裂的参数。

6.3　模拟海洋大气环境中海洋用钢应力腐蚀开裂敏感特性

6.3.1　海洋结构钢在空气中的应力-应变曲线

图 6-2、图 6-3、图 6-4 和图 6-5 是 16Mn 钢、X56 钢、35CrMo 钢和 AISI 321 不锈钢在空气中的应力-应变曲线。

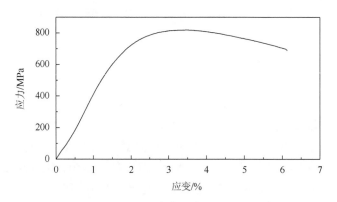

图 6-2　16Mn 钢在空气中的应力-应变曲线

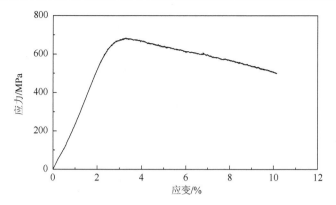

图 6-3　X56 钢在空气中的应力-应变曲线

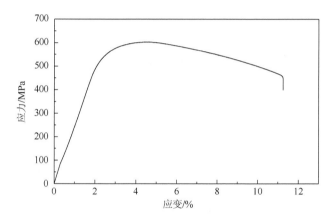

图 6-4　35CrMo 钢在空气中的应力-应变曲线

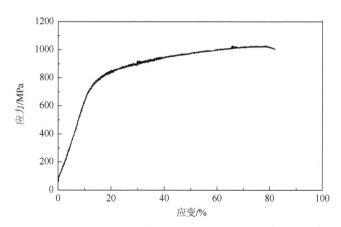

图 6-5　AISI 321 不锈钢在空气中的应力-应变曲线

由图 6-2 和图 6-3 可以看出，两种试样在空气中拉伸时，所得应力-应变曲线的基本形状相同，都存在弹性拉伸阶段和塑性拉伸阶段，且两阶段之间没有明显的屈服阶段；在弹性拉伸阶段，应力和应变呈线性关系，符合胡克定律，是可以恢复到拉伸前状态的拉伸阶段；在塑性拉伸阶段拉伸后试样不能恢复到拉伸前的状态。由图 6-2 和图 6-3 还可以看出，X56 试样拉伸后应力-应变曲线下的面积较小；16Mn 钢试样断裂时的最大应力为 831MPa，而 X56 试样在断裂时的最大应力为 673MPa，即 X56 试样在空气中能够承受的最大载荷较小；二者的断裂延伸率有些差别，16Mn 钢试样的断裂延伸率为 6.32%，X56 试样的断裂延伸率为 10.21%；16Mn 钢在空气中拉断所需时间为 24h 32min，而 X56 钢在空气中拉断所需时间为 29h 43min，由此 4 项指标可以说明 16Mn 钢和 X56 钢在空气中的 SCC 敏感性都不大。由图 6-4 可以看出，在空气条件下，35CrMo 试样的断裂时间为 24h 38min，最大载荷为 603.33MPa，试样延伸率为 11.25%。由图 6-5 可以看出，AISI 321 不锈钢在空气中拉伸时，存在弹性变形阶段、塑性变形阶段和微小的颈缩阶段。在弹性变形阶段，应力和应变呈现出线性关系，符合胡克定律，在此阶段，如果去除应力，试样能够恢复到拉伸前的状态。此后进入塑性变形阶段，试样在此阶段拉伸后不能恢复到拉伸前的状态。最后试样进入微小颈缩阶段直至断裂。从图中还可以看出，AISI 321 不锈钢试样拉伸直至断裂的最大应力为 1030MPa，其断裂延伸率为 82.02%。断裂时间为 229h。AISI 321 不锈钢在空气中应力腐蚀开裂敏感性很低，这种条件下一般不会发生 SCC。

　　图 6-6、图 6-7 和图 6-8 所示的是 16Mn 钢、X56 钢和 35CrMo 钢在空气中被拉断以后，所得断口的扫描电镜相片。

　　从宏观形貌图 [图 6-6（a）、图 6-7（a）、图 6-8（a）] 可以看出两种钢在空气中被拉断后的断口呈杯锥状，有明显的颈缩现象；由微观形貌图 [图 6-6（b）、图 6-7（b）、图 6-8（b）] 可以看出，拉伸断口的断面上有大量的、极为明显的韧窝存在，由此可见 16Mn 钢、X56 钢和 35CrMo 钢在空气中的断裂都属于典型的韧性断裂，说明在空气中两种钢的 SCC 敏感性都不大，一般不发生 SCC。

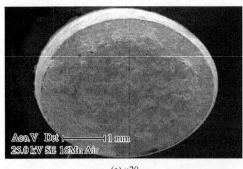
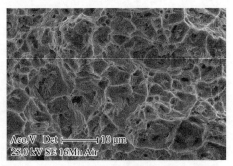

 (a) ×20　　　　　　　　　　　　　　　　　　　　　　(b) ×2000

图 6-6　16Mn 钢在空气中拉伸断口形貌

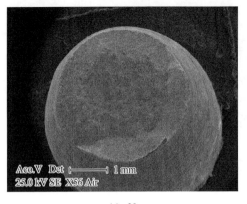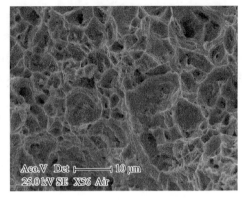

(a) ×20　　　　　　　　　　　　　　　　　　　(b) ×2000

图 6-7　X56 钢在空气中拉伸断口形貌

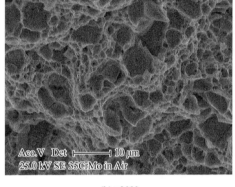

(a) ×20　　　　　　　　　　　　　　　　　　　(b) ×2000

图 6-8　35CrMo 钢在空气中拉伸断口形貌

6.3.2　在模拟海洋大气环境中的应力-应变曲线

图 6-9、图 6-10、图 6-11 和图 6-12 所示的分别是 16Mn 钢、X56 钢、35CrMo 钢和 AISI 321 不锈钢在模拟海洋大气环境中和空气中的应力-应变曲线。

从图 6-9 可以看出，与空气中比较，在模拟海洋大气环境中 16Mn 钢的最大应力减少，断裂延伸率由 6.32% 减小到 5.39%，断裂时间由 24h 32min 减少到 23h 36min，曲线下面面积减小。以上现象说明，在模拟海洋大气环境中，16Mn 钢的 SCC 敏感性增大。

对于 X56 钢来说，如图 6-10 所示，与空气中比较，在模拟海洋大气环境中 X56 钢的拉伸所得曲线下的面积较小，断裂时的最大应力较小，断裂延伸率较小，X56 钢在模拟海洋大气环境中的 SCC 敏感性比在空气中的大，这与 16Mn 钢的实验结果一致。

　　对于 35CrMo 钢，从图 6-11 可以看出，在模拟海洋大气环境中，试样的断裂时间为 22h 44min，最大载荷为 598.2MPa，试样延伸率为 10.31%。和空气中的数据相比，在模拟海洋大气环境中，试样的断裂时间、最大载荷及试样延伸率均降低。表明试样在此条件下应力腐蚀开裂敏感性增加。

　　从图 6-12 中可以看出，AISI 321 不锈钢试样拉伸过程中最大应力为 865MPa，断裂延伸率为 69.68%，断裂时间为 93h 8min。与空气中的数据对比，在海水介质中试样的最大载荷、断裂时间和断裂延伸率均有所降低，说明 AISI 321 不锈钢试样在此条件下的应力腐蚀开裂敏感性增加。

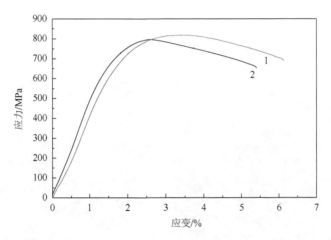

图 6-9　16Mn 钢在模拟海洋大气环境中拉伸曲线与空气中的拉伸曲线比较

1. 空气；2. 海水

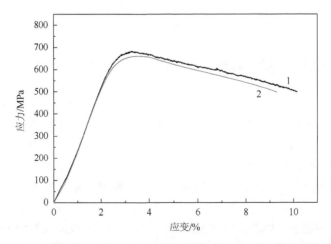

图 6-10　X56 钢在模拟海洋大气环境中拉伸曲线与空气中的拉伸曲线比较

1. 空气；2. 海水

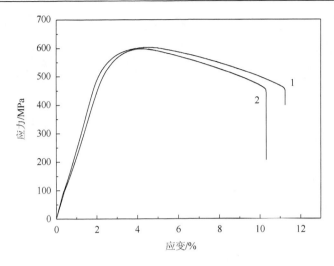

图 6-11 35CrMo 钢在模拟海洋大气环境中拉伸曲线与空气中的拉伸曲线比较

1. 空气；2. 海水

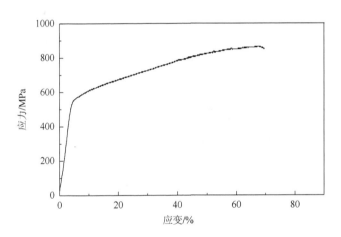

图 6-12 AISI 321 不锈钢在模拟海洋大气环境中拉伸曲线

图 6-13、图 6-14、图 6-15 和图 6-16 所示的是 16Mn 钢、X56 钢、35CrMo 钢和 AISI 321 不锈钢在模拟海洋大气环境中被拉断以后,所得断口的扫描电镜相片。

从宏观形貌图 [图 6-13（a）、图 6-14（a）、图 6-15（a）和图 6-16（a）] 可以看出三种钢在模拟海洋大气环境中被拉断后的断口呈杯锥状,有明显的颈缩现象；由微观形貌图 [图 6-13（b）、图 6-14（b）、图 6-15（b）和图 6-16（b）] 可以看出,拉伸断口的断面上有大量的、极为明显的韧窝存在,由此可见 16Mn 钢、X56 钢、35CrMo 钢和 AISI 321 不锈钢在模拟海洋大气环境中的断裂都属于

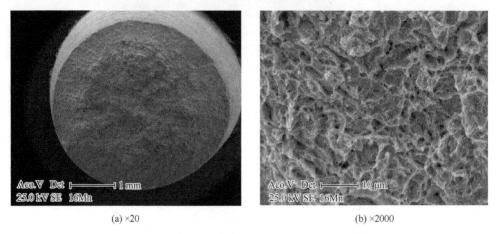

(a) ×20　　　　　　　　　　　　　　　　(b) ×2000

图 6-13　16Mn 钢在模拟海洋大气环境中的拉伸断口形貌观察

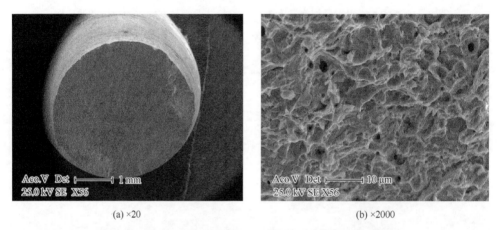

(a) ×20　　　　　　　　　　　　　　　　(b) ×2000

图 6-14　X56 钢在模拟海洋大气环境中的拉伸断口形貌观察

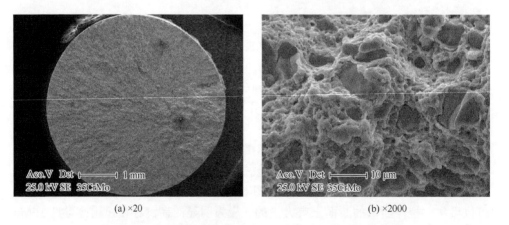

(a) ×20　　　　　　　　　　　　　　　　(b) ×2000

图 6-15　35CrMo 钢在模拟海洋大气环境中的拉伸断口形貌观察

韧性断裂，说明在模拟海洋大气环境中两种钢的 SCC 敏感性都不大，一般不会发生 SCC。但与空气中的相比较，SCC 敏感性增大，在模拟海洋大气环境中，脆性有增大的趋势。

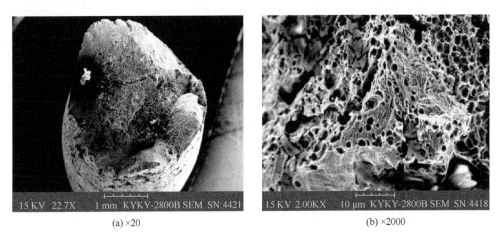

(a) ×20　　　　　　　　　　　　　　　(b) ×2000

图 6-16　AISI 321 不锈钢在模拟海洋大气环境中的拉伸断口形貌观察

6.3.3　在含 H₂S 的海洋大气环境中的应力-应变曲线

　　图 6-17、图 6-18 和图 6-19 所示的是 16Mn 钢、X56 钢和 35CrMo 钢在含不同浓度 H₂S 时的应力-应变曲线。从图 6-17、图 6-18 和图 6-19 可以看出，随着硫化氢浓度的增大，16Mn 钢、X56 钢和 35CrMo 钢的断裂延伸率都有减小的趋势，16Mn

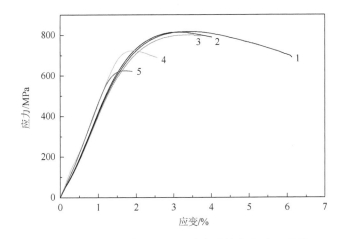

图 6-17　16Mn 钢在不同 H₂S 浓度时的应力-应变曲线

1. 空气；2. 10μmol/L H₂S；3. 100μmol/L H₂S；4. 1000μmol/L H₂S；5. 2000μmol/L H₂S

钢在不同 H$_2$S 浓度时被拉断时的断裂延伸率分别为：10μmol/L H$_2$S 时为 4.12%，在空气中时为 6.32%，100μmol/L H$_2$S 时为 3.72%，1000μmol/L H$_2$S 时为 2.61%，2000μmol/L H$_2$S 时为 1.93%；X56 钢在不同 H$_2$S 浓度时的断裂延伸率分别为：10μmol/L H$_2$S 时为 6.25%，在空气中时为 10.21%，50μmol/L H$_2$S 时为 6.02%，100μmol/L H$_2$S 时为 5.79%，1000μmol/L H$_2$S 时为 4.52%，1500μmol/L H$_2$S 时为 3.61%，2000μmol/L H$_2$S 时为 3.31%；35CrMo 钢在不同 H$_2$S 浓度时被拉断时的断裂延伸率分别为：10μmol/L H$_2$S 时为 9.77%，100μmol/L H$_2$S 时为 9.19%，1000μmol/L H$_2$S 时为 7.6%。

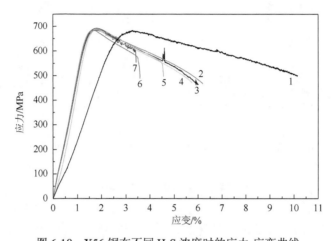

图 6-18　X56 钢在不同 H$_2$S 浓度时的应力-应变曲线

1. 空气；2. 10μmol/L H$_2$S；3. 50μmol/L H$_2$S；4. 100μmol/L H$_2$S；5. 1000μmol/L H$_2$S；
6. 1500μmol/L H$_2$S；7. 2000μmol/L H$_2$S

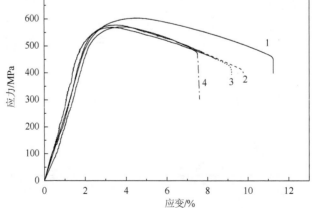

图 6-19　35CrMo 钢在不同 H$_2$S 浓度时的应力-应变曲线

1. 空气；2. 10μmol/L H$_2$S；3. 100μmol/L H$_2$S；4. 1000μmol/L H$_2$S

16Mn 钢和 X56 钢试样随着 H_2S 浓度的增大,拉断所需要的时间减短。16Mn 钢在不同 H_2S 浓度时断裂所需的时间分别为:10μmol/L H_2S 时为 21h 35min, 在空气中时为 24h 32min, 100μmol/L H_2S 时为 20h 48min, 1000μmol/L H_2S 时为 15h 53min, 2000μmol/L H_2S 时为 13h 47min; X56 钢在不同 H_2S 浓度时断裂所需的时间分别为:10μmol/L H_2S 时为 23h 46min, 在空气中时为 29h 43min, 50μmol/L H_2S 时为 22h 31min, 100μmol/L H_2S 时为 21h 25min, 1000μmol/L H_2S 时为 16h 43min, 1500μmol/L H_2S 时为 12h 55min, 2000μmol/L H_2S 时为 11h 47min; 35CrMo 钢在不同 H_2S 浓度时断裂所需的时间分别为:10μmol/L H_2S 时为 23h 32min, 100μmol/L H_2S 时为 23h 16min, 1000μmol/L H_2S 时为 17h 40min。

在误差允许的范围内,H_2S 浓度越大,16Mn 钢和 X56 钢试样拉断试样所需的最大应力越小;H_2S 浓度越大,16Mn 钢和 X56 钢试样的应力-应变曲线下的面积越小。而对于 35CrMo 钢,和空气中的数据相比,在含有不同浓度 H_2S 的模拟海洋大气环境中,试样的断裂时间、最大载荷及试样延伸率均有明显的减小,表明试样在此条件下的应力腐蚀开裂敏感性大大增加。

图 6-20、图 6-21、图 6-22 和图 6-23 分别为 16Mn 钢在不同 H_2S 浓度时的拉伸断口形貌。从宏观形貌看 [图 6-20 (a)、图 6-21 (a)、图 6-22 (a) 和图 6-23 (a)],随着 H_2S 浓度的增大,断口颈缩现象有所减少。再结合微观形貌图 [图 6-20 (b)、图 6-21 (b)、图 6-22 (b) 和图 6-23 (b)],随着 H_2S 浓度的增大,拉伸断口仍有少量韧窝存在,但是韧窝密度明显减小,韧窝数量少,而且不均匀,大小不一,并伴有河流状花样。脆性断裂特征越来越明显,钢材脆性变大。

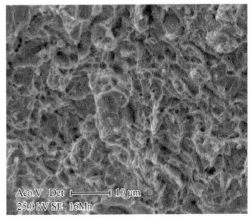

(a) ×20　　　　　　　　　　　　　　　　(b) ×2000

图 6-20　16Mn 钢在模拟含 10μmol/L H_2S 的海洋大气环境中的拉伸断口形貌观察

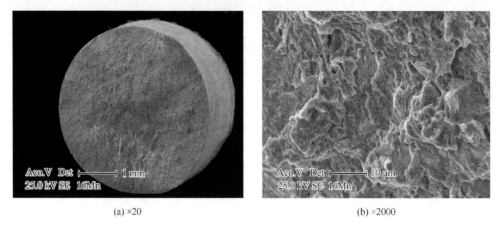

(a) ×20　　　　　　　　　　　　　　　　　(b) ×2000

图 6-21　16Mn 钢在模拟含 100μmol/L H₂S 的海洋大气环境中的拉伸断口形貌观察

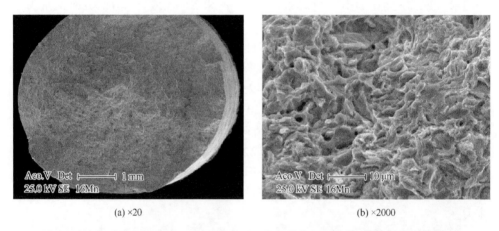

(a) ×20　　　　　　　　　　　　　　　　　(b) ×2000

图 6-22　16Mn 钢在模拟含 1000μmol/L H₂S 的海洋大气环境中的拉伸断口形貌观察

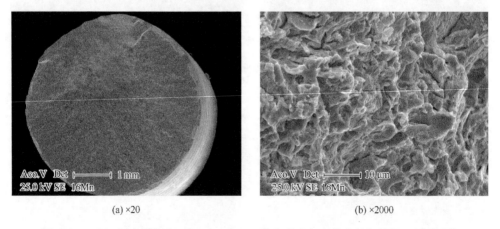

(a) ×20　　　　　　　　　　　　　　　　　(b) ×2000

图 6-23　16Mn 钢在模拟含 2000μmol/L H₂S 的海洋大气环境中的拉伸断口形貌观察

图 6-24、图 6-25、图 6-26 和图 6-27 分别为 X56 钢在不同 H_2S 浓度时的拉伸断口形貌。从宏观形貌看 [图 6-24（a）、图 6-25（a）、图 6-26（a）和图 6-27（a）]，随着 H_2S 浓度的增大，断口颈缩现象有所减少。再结合微观形貌图 [图 6-24（b）、图 6-25（b）、图 6-26（b）和图 6-27（b）]，随着 H_2S 浓度的增大，拉伸断口仍有少量韧窝存在，但是韧窝密度明显减小，韧窝数量少，而且不均匀，大小不一，并伴有河流状花样。脆性断裂特征越来越明显，钢材脆性变大。

图 6-28、图 6-29 和图 6-30 分别为 35CrMo 钢在不同 H_2S 浓度时的拉伸断口形貌。从断口扫描电镜图可以看出，在 $10\mu mol/L$ H_2S 条件下，试样断口韧窝减少，且韧窝较浅，结合应力-应变曲线，该条件下 35CrMo 试样的应力腐蚀开裂敏感性有所增加，发生脆性断裂的可能性增大。从 $100\mu mol/L$ H_2S 条件下断口扫描电镜图可以看出试样断口表面未发现明显韧窝，有大量裂纹分布在表面，结合

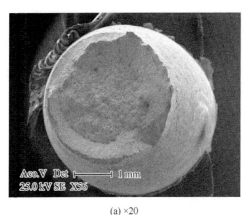
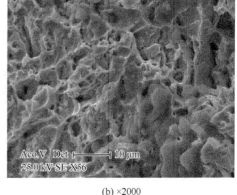

(a) ×20　　　　　　　　　　　　　　　　(b) ×2000

图 6-24　X56 钢在模拟含 $10\mu mol/L$ H_2S 的海洋大气环境中的拉伸断口形貌观察

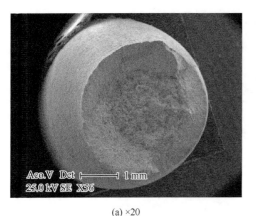
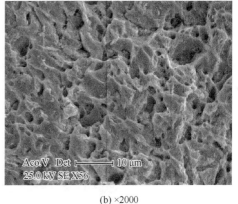

(a) ×20　　　　　　　　　　　　　　　　(b) ×2000

图 6-25　X56 钢在模拟含 $100\mu mol/L$ H_2S 的海洋大气环境中的拉伸断口形貌观察

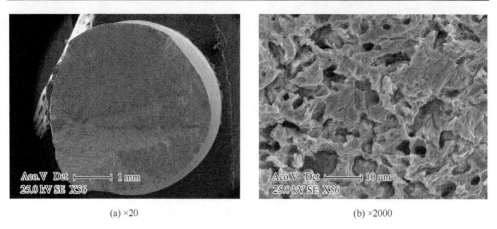

(a) ×20   (b) ×2000

图 6-26　X56 钢在模拟含 1000μmol/L H_2S 的海洋大气环境中的拉伸断口形貌观察

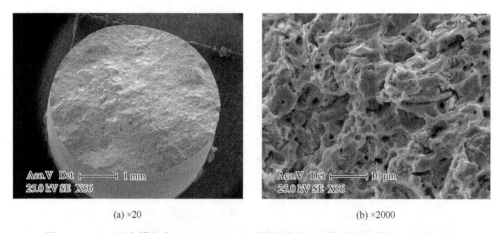

(a) ×20   (b) ×2000

图 6-27　X56 钢在模拟含 2000μmol/L H_2S 的海洋大气环境中的拉伸断口形貌观察

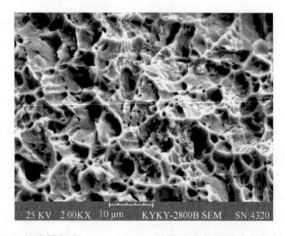

图 6-28　35CrMo 钢在模拟含 10μmol/L H_2S 的海洋大气环境中的拉伸断口形貌观察

图 6-29　35CrMo 钢在模拟含 100μmol/L H$_2$S 的海洋大气环境中的拉伸断口形貌观察

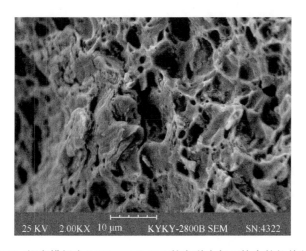

图 6-30　35CrMo 钢在模拟含 1000μmol/L H$_2$S 的海洋大气环境中的拉伸断口形貌观察

其应力-应变图说明在此条件下，35CrMo 试样的应力腐蚀开裂敏感性进一步增加，已经出现脆性断裂的特征。从 1000μmol/L H$_2$S 条件下断口扫描电镜图可以看出试样断口表面韧窝减少，且大小不一，结合应力-应变图说明在此条件下，35CrMo 钢试样的应力腐蚀开裂敏感性大大增加，属于脆性断裂。

6.3.4　在含 SO$_2$ 的海洋大气环境中的应力-应变曲线

图 6-31、图 6-32 和图 6-33 所示的是 16Mn 钢、X56 钢和 35CrMo 钢在含不同浓度 SO$_2$ 时的应力-应变曲线。从图 6-31 和图 6-32 可以看出，随着 SO$_2$ 浓度的增

大，16Mn 钢和 X56 钢的断裂延伸率都有减小的趋势，16Mn 钢在不同 SO_2 浓度时被拉断时的断裂延伸率分别为：0.001mol/L 时为 4.62%，在空气中时为 6.32%，0.01mol/L 时为 3.68%，0.03mol/L 时为 2.91%；X56 钢在不同 SO_2 浓度时的断裂延伸率分别为：0.001mol/L 时为 5.85%，在空气中时为 10.21%，0.01mol/L 时为 4.27%，0.03mol/L 时为 3.49%。从图 6-33 可以看出，35CrMo 钢在不同 SO_2 浓度时被拉断时的断裂延伸率分别为：0.0012mol/L 时为 8.73%，0.006mol/L 时为 9.13%，0.03mol/L 时为 4.77%。

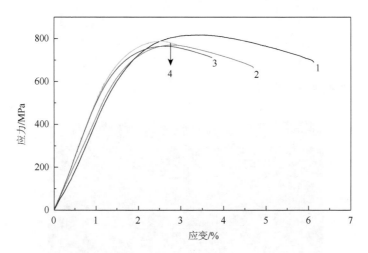

图 6-31　16Mn 钢在不同 SO_2 浓度时的应力-应变曲线

1. 空气；2. 0.001mol/L SO_2；3. 0.01mol/L SO_2；4. 0.03mol/L SO_2

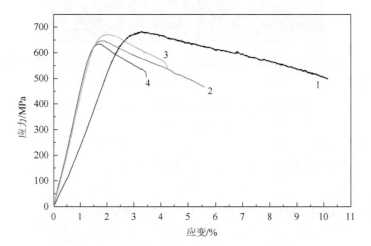

图 6-32　X56 钢在不同 SO_2 浓度时的应力-应变曲线

1. 空气；2. 0.001mol/L SO_2；3. 0.01mol/L SO_2；4. 0.03mol/L SO_2

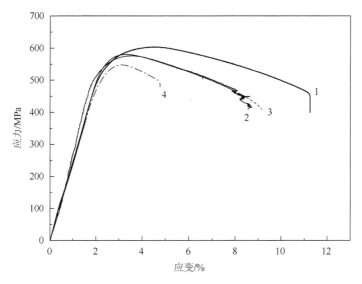

图 6-33　X56 钢在不同 SO$_2$ 浓度时的应力-应变曲线

1. 空气；2. 0.0012mol/L SO$_2$；3. 0.006mol/L SO$_2$；4. 0.03mol/L SO$_2$

16Mn 钢、X56 钢和 35CrMo 钢试样随着 SO$_2$ 浓度的增大，拉断所需要的时间减短。16Mn 钢在不同 SO$_2$ 浓度时断裂所需的时间分别为：0.001mol/L 时为 20h 33min，在空气中时为 24h 32min，0.01mol/L 时为 17h 45min，0.03mol/L 时为 14h 18min；X56 钢在不同 SO$_2$ 浓度时断裂所需的时间分别为：0.001mol/L 时为 17h 43min，在空气中时为 29h 43min，0.01mol/L 时为 15h 56min，0.03mol/L 时为 13h 33min；35CrMo 钢在不同 SO$_2$ 浓度时断裂所需的时间分别为：0.0012mol/L 时为 23h 4min，0.006mol/L 时为 20h 35min，0.03mol/L 时为 11h 35min。

随着 SO$_2$ 浓度的增大，16Mn 钢、X56 钢和 35CrMo 钢试样拉断试样所需的最大应力有减小的趋势；随着 SO$_2$ 浓度的增大，16Mn 钢和 X56 钢试样的应力-应变曲线下的面积减小。

图 6-34 和图 6-35 分别为 16Mn 钢在不同 SO$_2$ 浓度时的拉伸断口形貌。从宏观形貌看 [图 6-34（a）和图 6-35（a）]，随着 SO$_2$ 浓度的增大，断口颈缩现象有所减少。再结合微观形貌图 [图 6-34（b）和图 6-35（b）]，随着 SO$_2$ 浓度的增大，拉伸断口特征和 H$_2$S 的影响类似。

图 6-36 和图 6-37 分别为 X56 钢在不同 SO$_2$ 浓度时的拉伸断口形貌。从宏观形貌看 [图 6-36（a）和图 6-37（a）]，随着 SO$_2$ 浓度的增大，断口颈缩现象有所减少。再结合微观形貌图 [图 6-36（b）和图 6-37（b）]，随着 SO$_2$ 浓度的增大，断口特征与 16Mn 钢类似。

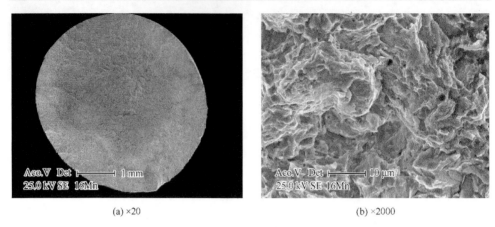

(a) ×20　　　　　　　　　　　　　　　　　(b) ×2000

图 6-34　16Mn 钢在模拟含 0.01mol/L SO$_2$ 的海洋大气环境中的拉伸断口形貌观察

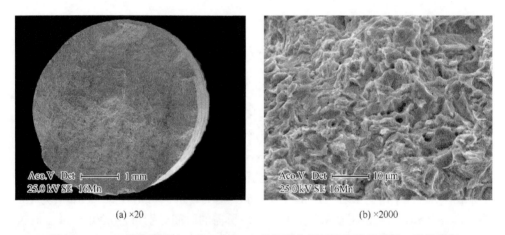

(a) ×20　　　　　　　　　　　　　　　　　(b) ×2000

图 6-35　16Mn 钢在模拟含 0.03mol/L SO$_2$ 的海洋大气环境中的拉伸断口形貌观察

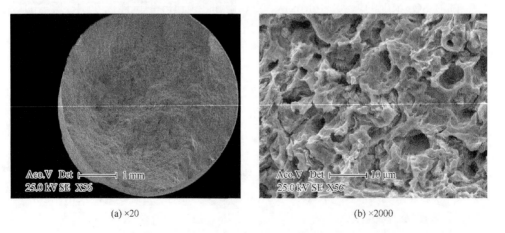

(a) ×20　　　　　　　　　　　　　　　　　(b) ×2000

图 6-36　X56 钢在模拟含 0.01mol/L SO$_2$ 的海洋大气环境中的拉伸断口形貌观察

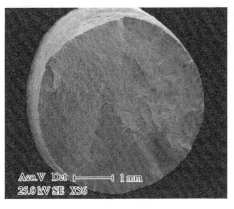
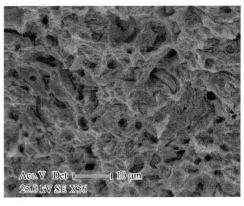

(a) ×20　　　　　　　　　　　　　　　　　(b) ×2000

图 6-37　X56 钢在模拟含 0.03mol/L SO$_2$ 的海洋大气环境中的拉伸断口形貌观察

　　图 6-38、图 6-39 和图 6-40 分别为 35CrMo 钢在不同 SO$_2$ 浓度时的拉伸断口形貌。从断口扫描电镜图可以看出，35CrMo 在含 0.0012mol/L SO$_2$ 的海水液膜条件下的断口存在少量韧窝且有河流状花样存在，结合应力-应变图说明 35CrMo 钢试样在此条件下应力腐蚀开裂敏感性增大。在含 0.006mol/L SO$_2$ 的海水液膜条件下，断口表面没有明显的韧窝存在，且有河流状花样存在，结合应力-应变图说明 35CrMo 钢试样在此条件下的断裂介于韧性断裂与脆性断裂之间。在含 0.03mol/L SO$_2$ 的海水液膜条件下，断口表面没有明显韧窝存在，有大量河流状花样存在，结合应力-应变图说明 35CrMo 钢试样在此条件下的应力腐蚀开裂敏感性较大，属于脆性断裂。

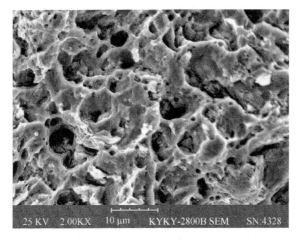

图 6-38　35CrMo 钢在模拟含 0.0012mol/L SO$_2$ 的海洋大气环境中的拉伸断口形貌观察

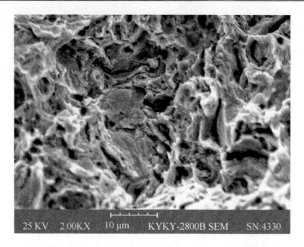

图 6-39　35CrMo 钢在模拟含 0.006mol/L SO$_2$ 的海洋大气环境中的拉伸断口形貌观察

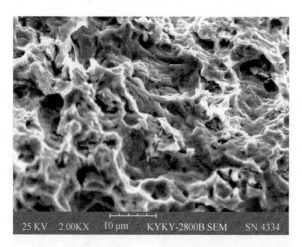

图 6-40　35CrMo 钢在模拟含 0.03mol/L SO$_2$ 的海洋大气环境中的拉伸断口形貌观察

6.3.5　在含有 Fe^{3+} 海水介质中的应力-应变曲线

图 6-41 为 AISI 321 不锈钢试样在含 0.1mol/L FeCl$_3$ 的海水腐蚀介质中的慢应变速率拉伸曲线，温度控制在 25℃。为了对比方便，同时显示了 321 不锈钢试样在海水介质中的拉伸结果。图 6-42 为相同条件下，321 不锈钢试样断口扫描电镜图（SEM）。实验结果表明，在含 0.1mol/L FeCl$_3$ 的海水腐蚀介质中，321 不锈钢试样的最大载荷为 845MPa，断裂延伸率为 61.52%，断裂时间为 80h 6min。从扫描电镜中可以看出，试样表面韧窝数量减少、变浅，开始呈现出脆性断裂的特征。结合应力-应变曲线，不锈钢在含有 Fe^{3+} 的海水介质中仍然属于

韧性断裂。随着腐蚀溶液中 Cl⁻浓度的增加，321 不锈钢的应力腐蚀开裂敏感性逐渐增加。

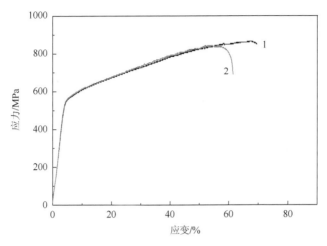

图 6-41　室温下含有 Fe^{3+}海水介质中 321 不锈钢试样的应力-应变曲线

1. 海水；2. 含 0.1mol/L FeCl₃ 的海水

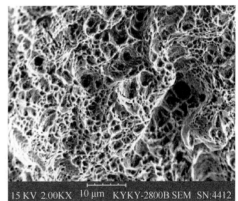

图 6-42　室温下含有 Fe^{3+}海水介质中 321 不锈钢试样拉伸断口形貌观察

6.3.6　在不同温度海水介质下的应力-应变曲线

图 6-43 显示的是 321 不锈钢在 0.1mol/L FeCl₃ 海水介质（25℃）、0.1mol/L FeCl₃+0.1mol/L HCl 海水介质（55℃）中的应力-应变曲线。图 6-44 为 321 不锈钢试样在 0.1mol/L FeCl₃+0.1mol/L HCl 海水介质温度为 55℃时的断口扫描电镜图（SEM）。从图中可以看出，321 不锈钢在 0.1mol/L FeCl₃+0.1mol/L HCl 海水介质

（55℃）中最大应力为 745MPa，断裂延伸率为 35.36%，断裂时间为 47h 14min。经与 25℃下 321 不锈钢在海水、0.1mol/L $FeCl_3$ 海水介质中的拉伸结果对比，可以发现，当温度升高到 55℃时，321 不锈钢的最大应力降低，断裂延伸率和断裂时间也均降低较多。从 SEM 图中可以发现，321 不锈钢试样在 0.1mol/L $FeCl_3$+0.1mol/L HCl 海水介质温度为 55℃时断口韧窝数量变浅，结合应力-应变曲线说明不锈钢试样在 55℃时的应力腐蚀开裂敏感性显著增大。

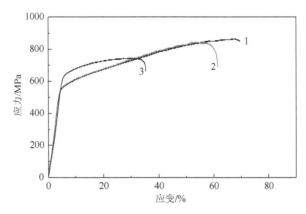

图 6-43　不同温度下 321 不锈钢试样的应力-应变曲线

1. 25℃；2. 40℃；3. 55℃

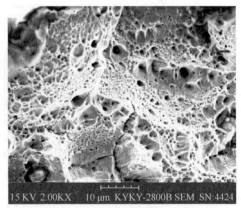

图 6-44　55℃含有 Fe^{3+} 的海水介质中 321 不锈钢试样断口形貌观察

6.3.7　在含有不同 H^+ 和 Fe^{3+} 浓度海水介质中的应力-应变曲线

图 6-45 为 55℃下不锈钢试样在 0.1mol/L $FeCl_3$+0.1mol/L HCl 海水介质、0.1mol/L $FeCl_3$+0.2mol/L HCl 海水介质、0.2mol/L $FeCl_3$+0.5mol/L HCl 海水介质中

慢应变速率拉伸结果。温度控制在 55℃。图 6-46 和图 6-47 为相同条件下断口的扫描电镜图。可以看出，321 不锈钢试样在 0.1mol/L FeCl$_3$+0.2mol/L HCl 海水介质和 0.2mol/L FeCl$_3$+0.5mol/L HCl 海水介质中慢应变速率拉伸最大应力分别为 675MPa 和 655MPa，断裂延伸率为 35.12%和 27.01%，断裂时间为 46h 45min 和 33h 45min。同在 55℃下，随着 Cl$^-$浓度和 H$^+$浓度的增加，321 不锈钢的应力腐蚀开裂敏感性增加。从扫描电镜图中可以看出，断口表面的韧窝变浅，并伴有河流状花样出现。结合应力-应变图可以判断，321 不锈钢在此条件下的应力腐蚀开裂敏感性逐渐增大。

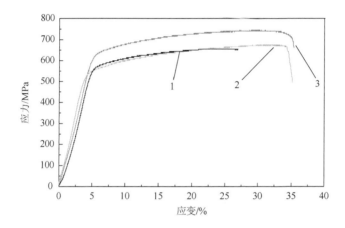

图 6-45　含有不同 Cl$^-$浓度和 H$^+$浓度海水介质中 321 不锈钢的应力-应变曲线

1. 海水+0.2mol/L FeCl$_3$+0.5mol/L HCl；2. 海水+0.1mol/L FeCl$_3$+0.2mol/L HCl；
3. 海水+0.1mol/L FeCl$_3$+0.1mol/L HCl

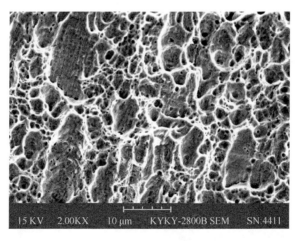

图 6-46　含有 0.1mol/L FeCl$_3$+0.2mol/L HCl 海水介质中 321 不锈钢试样断口形貌观察

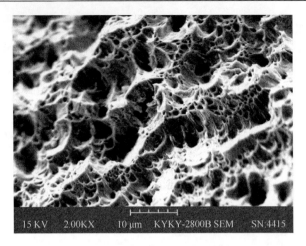

图 6-47　含有 0.2mol/L FeCl$_3$+0.5mol/L HCl 海水介质中 321 不锈钢试样断口形貌观察

6.3.8　自腐蚀电位下的应力-应变曲线

图 6-48 为 321 不锈钢在 0.2mol/L FeCl$_3$+0.5mol/L HCl 海水介质中全浸条件下的应力-应变曲线与相同介质中灯芯引流法的应力-应变曲线。全浸条件下自腐蚀电位在−300mV。从图中可以看到，全浸条件下试样拉伸过程中的最大应力为 615MPa，断裂延伸率为 25.37%，断裂时间为 34h 11min。与灯芯引流法相比，试样的最大应力及断裂延伸率均有所降低。由于拉伸过程中试样处于一个相对密闭的空间，因此灯芯引流过程中，虽然空气中的氧能够快速扩散至试样表面，但是空间内氧浓度有限，而且腐蚀介质中 H$^+$ 浓度较高，因此阴极反应主要为氢的还原

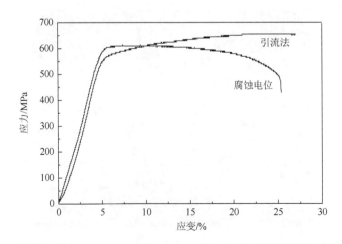

图 6-48　321 不锈钢在 0.2mol/L FeCl$_3$+0.5mol/L HCl 海水介质中自腐蚀电位下的应力-应变曲线

过程。溶液中试样表面氢离子浓度能够得到快速补充，因此应力腐蚀开裂敏感性较高。图 6-49 为 321 不锈钢在 0.2mol/L FeCl$_3$+0.5mol/L HCl 海水介质中自腐蚀电位下拉断后的断口扫描电镜图。可以看到，有相当数量的韧窝存在，由此可以判断 321 不锈钢在此条件下仍具有韧性断裂特征。

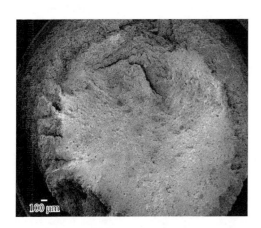 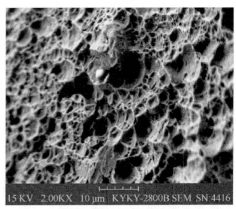

图 6-49　321 不锈钢在 0.2mol/L FeCl$_3$+0.5mol/L HCl 海水介质中自腐蚀电位下试样断口形貌观察

6.3.9　阳极极化电位下的应力-应变曲线

图 6-50 为 321 不锈钢在阳极极化电位下（−200mV vs. SCE 和−250mV vs. SCE）以及自腐蚀电位下的慢应变速率拉伸实验结果。图 6-51 和图 6-52 分别为在阳极极化电位（−200mV vs. SCE 和−250mV vs. SCE）下慢应变速率拉伸后试

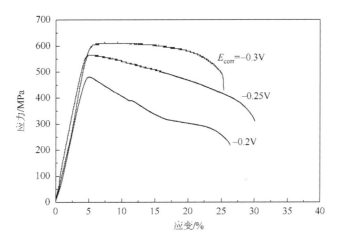

图 6-50　321 不锈钢在 0.2mol/L FeCl$_3$+0.5mol/L HCl 海水介质中阳极极化电位下的
应力-应变曲线，SCE 为参比电极

样断口的扫描电镜图。试样在–250mV vs. SCE 阳极极化电位下拉伸最大应力为565MPa，断裂延伸率为 30.06%，断裂时间为 39h 55min，试样在–200mV vs. SCE阳极极化电位下拉伸最大应力为 481.3MPa，断裂延伸率为 26.29%，断裂时间为34h 34min。可以看出，在阳极极化电位下，试样的最大应力较自腐蚀电位下的最大应力均下降，但是，断裂延伸率却升高。最大应力下降是因为阳极极化促进了不锈钢试样的阳极溶解，此时，试样发生均匀腐蚀，试样变细。一般在全面腐蚀较为严重的情形下，不易发生应力腐蚀开裂。从扫描电镜图看出，试样表面受到溶液腐蚀较为严重，留下许多坑洞，应力腐蚀开裂敏感性增大，属于脆性断裂。

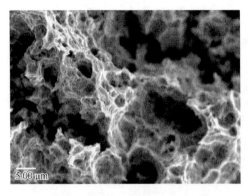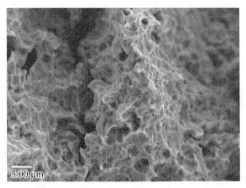

图 6-51　321 不锈钢在 0.2mol/L FeCl₃+0.5mol/L HCl 海水介质中–200mV vs. SCE电位下试样断口形貌观察　　　　图 6-52　321 不锈钢在 0.2mol/L FeCl₃+0.5mol/L HCl 海水介质中–250mV vs. SCE电位下试样断口形貌观察

6.3.10　阴极极化电位下的应力-应变曲线

图 6-53 为 321 不锈钢在阴极极化电位下（–400mV vs. SCE 和–350mV vs. SCE）以及自腐蚀电位下的慢应变速率拉伸实验结果。图 6-54 和图 6-55 分别为试样在阴极极化电位（–400mV vs. SCE 和–350mV vs. SCE）下慢应变速率拉伸后断口的扫描电镜图。试样在–400mV vs. SCE 阳极极化电位下拉伸最大应力为 703.18MPa，断裂延伸率为 34.08%，断裂时间为 44h 28min，试样在–350mV vs. SCE 阳极极化电位下拉伸最大应力为 677.7MPa，断裂延伸率为 29.32%，断裂时间为 38h 35min。阴极极化电位下试样受到了一定的保护，试样拉伸最大应力、断裂延伸率和断裂时间都有所增大，说明试样的应力腐蚀开裂敏感性开始降低。从扫描电镜图可以看出，试样受溶液腐蚀的作用较为明显，断面或多或少出现了韧窝，有向韧性断裂方向发展的趋势，但仍为脆性断裂。因此，在

一定的阴极极化电位下，阴极极化能够降低 321 不锈钢在海洋环境中的应力腐蚀开裂敏感性。

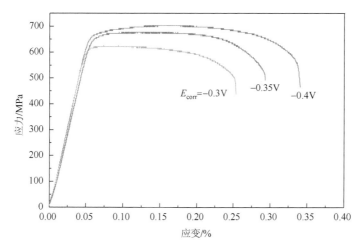

图 6-53　321 不锈钢在 0.2mol/L FeCl₃+0.5mol/L HCl 海水介质中阴极极化电位下的应力-应变曲线，SCE 为参比电极

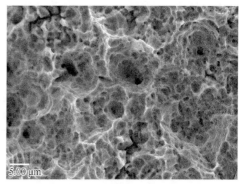

图 6-54　321 不锈钢在 0.2mol/L FeCl₃+
0.5mol/L HCl 海水介质中−350mV vs. SCE
电位下试样断口形貌观察

图 6-55　321 不锈钢在 0.2mol/L FeCl₃+
0.5mol/L HCl 海水介质中−400mV vs. SCE
电位下试样断口形貌观察

　　董燕[39]也对 16MnR 钢大气环境中的脆性行为进行了研究。

　　拉伸设备为 LETRYWDML-5 型微机控制慢拉伸试验机，规格为 50kN。拉伸试验按照国家标准 GB/T　228.1—2010[309]（金属材料室温拉伸试验方法）执行，薄板拉伸试样的具体尺寸如图 6-56 所示。

　　进行拉伸试验前，试样也需进行预处理以模拟实际海洋大气环境对材料的影响，具体的处理过程见表 6-6。

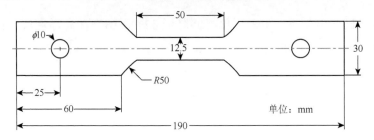

图 6-56　试样示意图

表 6-6　试样处理及试验步骤

处理步骤	方法
1. 去除内部氢	置于 DHG-9140 电子恒温烘箱中，200℃，2h
2. 浸泡	过滤后的海水，60min，表面形成均匀盐膜
3. 模拟环境中暴露	在不同的温度、湿度、干湿交替等环境中，放置 20d 或 40d
4. 慢应变拉伸试验	LETRY WDML-5 型微机控制慢拉伸试验机
5. 参数对比	对比最大拉伸强度、断后延伸率等参数
6. 断口形貌分析	KYKY 2800B 型扫描电子显微镜，加速电压 25kV

1. 16MnR 钢试样在室温高湿环境中的力学性能及断口分析

取 16MnR 钢拉伸试样 A1、A2、A3，试样 A1 不做预处理，在空气中进行拉伸试验；试样 A2 和试样 A3 需要做预处理，其放置的模拟海洋大气环境为恒温 30℃，恒湿 90%RH，试样 A2 放置 20d，试样 A3 放置 40d，之后试样暴露在空气中进行慢应变拉伸试验。图 6-57 为三个试样在 30℃时测得的应力-应变曲线，从

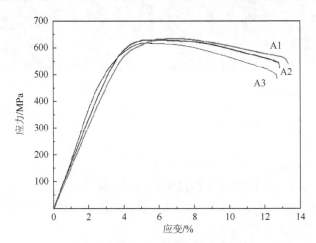

图 6-57　16MnR 钢应力-应变曲线

A1 为空白试样；A2、A3 为预处理试样

图中可看出：三条曲线均具有低碳钢的应力-应变曲线特征，分为弹性阶段、强化阶段和局部变形阶段，与经典曲线不同的是屈服阶段不明显。试样 A2 的曲线与试样 A1 相比，弹性阶段基本相似，最大抗拉强度没有太大变化，断后延伸率有所下降；试样 A3 的曲线与试样 A2 相比，弹性阶段和塑性变形阶段也基本接近，但最大抗拉强度变小，断后延伸率又有所降低。

从表 6-7 中可以看出，经过预处理，静置在温度为 30℃、湿度为 90%RH 的环境中 40d 的试样 A3 的抗拉强度比试样 A1 减小了近 20MPa，断后延伸率降低了近 5%，这些参数的降低说明了材料有脆性断裂的趋势。

表 6-7　16MnR 钢参数对照表

试样名称	抗拉强度/MPa	断后延伸率/%	断后延伸变化率/%
A1	640.3	13.32	—
A2	635.4	12.81	−3.83
A3	619.5	12.68	−4.80

由氢渗透原理可知，16MnR 钢静置于潮湿的海洋大气环境中会有氢渗透行为的发生，环境因素的变化会引起氢渗透电流的变化，而氢渗透电流的变化表征了渗入金属内部的氢量的多少。氢进入金属内部后会自发或因外应力诱导而聚集在晶界、空位、杂质等微观缺陷处，当饱和的氢结合成氢分子而膨胀产生局部的内应力，使得金属微观局部脆化[310]；或由于氢的进入造成金属原子间键合力下降，从而金属的强度降低；或由于氢造成金属的表面能降低，断裂所需的外应力降低等原因，可以看出，氢的进入促进了 16MnR 钢的脆性变化，使其力学性能明显下降，若金属长期处于敏感环境下，将造成金属的氢致开裂。试验中发现，随着试样在模拟环境中静置时间的增长，氢的渗透量增加，导致静置 40d 的拉伸试样 A3 比静置 20d 的试样 A2 的最大抗拉强度变小的幅度要大，断后延伸率降低的值要高，从曲线下的面积（能量密度）也可看出试样 A3 的最小。

断口形貌显示试样 A1 的断口中心和边缘两处的相貌相似，韧窝均匀，清晰可见，没有解理、准解理等脆性特征，是较为标准的韧性断裂形貌，说明在空气中拉伸的空白试样没有应力腐蚀开裂威胁，对普通环境不敏感。试样 A3 的断口中心处韧窝均匀，仍为韧性断裂；而边缘处的断口形貌上出现了撕裂棱，韧窝不再均匀清晰，表现出了脆性断裂的特征，说明边缘的金属已有变脆倾向。

从断口形貌分析可以发现，试样的脆性变化首先发生在边缘处，其原因为：第一，金属的边缘与大气接触，外部环境促使材料表面产生的氢原子由材料边缘向内部渗入，所以会在边缘处首先显现脆断现象；第二，试验用的拉伸试样很薄，长度与厚度的比值较大，约为 30 倍，在这种条件下进行拉伸试验时，材料的边缘处容易产生三向应力集中[311]，在表面产生微裂纹会促进氢进入金属内部。

2. 16MnR 钢试样在高温高湿环境中的力学性能

金属的氢脆在高温高湿的海洋大气环境中应更加敏感，本实验试样 A4 静置的环境为：恒温 40℃，恒湿 90%RH，静置 40d。

图 6-58 为拉伸试样在高温 40℃、高湿 90%RH 的大气环境中暴露 40d 后 SSRT 试验所得到的 16MnR 钢应力-应变曲线。通过试样 A4 与 A1 两曲线的对比，可以看到：曲线 A4 与 A1 的弹性阶段较为接近，但曲线 A4 的最大拉伸强度变小，断后延伸率下降了 29.73%（表 6-8），且应力-应变曲线下的面积（能量密度）变小。

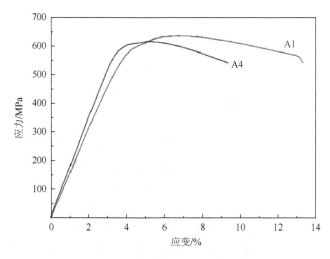

图 6-58　16MnR 钢应力-应变曲线

A1 为空白试样；A4 为预处理试样

表 6-8　16MnR 钢参数对照表

试样名称	抗拉强度/MPa	断后延伸率/%	断后延伸变化率/%
A1	640.3	13.32	—
A4	617.6	9.36	−29.73

3. 16MnR 钢试样在干湿交替环境中的力学性能

实际的海洋大气环境是干湿交替的，所以试样的静置环境参数设置为：恒温 30℃、恒湿 90%RH、6h 切换到恒温 30℃、恒干 60%RH、6h，图 6-59 为 SSRT

试验所得 16MnR 钢试样的应力-应变曲线，可以看出，试样 A5 的最大拉伸强度比空白试样 A1 降低了 58MPa，断后延伸率下降了 33.71%（表 6-9），与室温高湿和高温高湿环境下的断后延伸率相比，也是最低的。从图上还可看到曲线下的面积减小了很多。

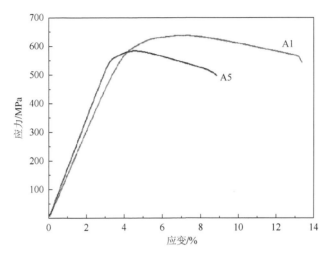

图 6-59　16MnR 钢应力-应变曲线

A1 为空白试样；A5 为预处理试样

表 6-9　16MnR 钢参数对照表

试样名称	抗拉强度/MPa	断后延伸率/%	断后延伸变化率/%
A1	640.3	13.32	—
A5	582.6	8.83	−33.71

4. 16MnR 钢试样在含有亚硫酸盐沉积物时的力学性能

试样在预处理时，在试样表面滴上 0.5mL 浓度为 $1.0 \times 10^{-5} g/cm^2$ 的亚硫酸盐，待其铺平干燥后，将试样置于 20℃、90%RH 的模拟环境中静置 40d。图 6-60 是 SSRT 试验所得 16MnR 钢应力-应变曲线。从曲线上可以看出，试样 A6 与空白试样 A1 的曲线趋势大体相似，但最大拉伸强度有所降低，断后延伸率降低了 21.32%（表 6-10），曲线下面积也有所下降。

董燕的研究采用慢应变速率拉伸实验测得了 16MnR 钢在不同模拟海洋大气环境中的应力-应变曲线，拉伸试样分为空白试样和预处理试样，空白试样的拉伸曲线作为参考标准，观察预处理过的试样在空气中的拉伸曲线及力学性能参数变

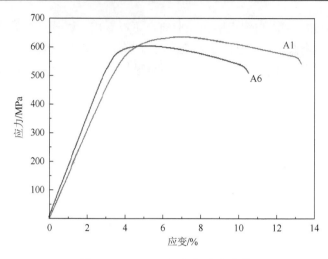

图 6-60　16MnR 钢应力-应变曲线

A1 为空白试样；A6 为预处理试样

表 6-10　16MnR 钢参数对照表

试样名称	抗拉强度/MPa	断后延伸率/%	断后延伸变化率/%
A1	640.3	13.32	—
A6	600.2	10.48	−21.32

化，分析环境因素对其的影响；应用扫描电子显微镜进行断口形貌分析，评价 16MnR 钢的环境脆断敏感性，试验的结果表明：16MnR 钢在普通空气和海洋大气中的应力-应变曲线相似，符合低碳钢应力-应变曲线的特征。空白试样在空气中拉伸的最大抗拉强度、断后延伸率和能量密度数值都比较大，且接近标准值，说明此种状态下的材料对氢脆的敏感性不强。从断口形貌上看，韧窝均匀而方向一致，是典型的韧性断裂形貌。静置在模拟的海洋大气环境中的试样，由于氢渗透行为的发生降低了材料的强度和断后延伸率，增大了材料的脆性，其断口形貌随着暴露时间的延长出现了韧窝变少，有撕裂棱、甚至河流花样的解理形貌等脆性断裂迹象，说明材料在海洋大气环境下金属的脆断敏感性增加。温度的升高、湿度的增大、干湿交替的循环环境、表面亚硫酸盐的沉积都会促进 16MnR 钢在海洋大气环境中的脆断敏感性，其中干湿交替的环境对 16MnR 钢的力学性能影响最为显著。

第 7 章　氢渗透电流传感器

7.1　电化学传感器的分类[312]

7.1.1　电位型传感器

1. 电位型传感器的原理及特点

电位型传感器（potentiometric sensor）是最早研究和应用的电化学传感器，它是根据电极平衡时，通过测定指示电极与参比电极的电位差值与响应离子活度的对数呈线性关系来确定物质活度的一类电化学传感器。电位型传感器直接检测的响应信号有平衡电位、pH、电导等与腐蚀产物浓度有关的热力学参量，输出的电位值可根据能斯特方程计算出腐蚀产物的量从而反应腐蚀状况。20 世纪 60 年代末期快速发展并普及使用的离子选择电极、70 年代初提出的离子敏感场效应晶体管[313]和 80 年代末期提出的光寻址电位传感器[314]是电位传感器的三种主要类型。

2. 电位型传感器在腐蚀方面的应用

电位型传感器是现场腐蚀监测应用较多的方法之一。例如，海上构件物的水下部分经常采用牺牲阳极对易遭受腐蚀的部位进行防护，从而可以直接测量牺牲阳极对被保护物的电位以实现连续、自动的监测。

孙虎元等[315]成功研制了 PM-1 和 PM-2 型腐蚀监测系统，该系统由 4 个部分组成：腐蚀自动监测仪、长效腐蚀监测探头、腐蚀监测数据采集软件和腐蚀监测数据回放软件，可以实时自动监测保护电位的变化规律，可对各监测点的腐蚀状况进行评定和报警，可对前期腐蚀监测结果进行回放，重现腐蚀进程和进行分析处理。目前已通过验收在埕岛 CB22A 平台使用。

20 世纪 80 年代末期德国亚琛工业大学土木工程研究所首先发明的梯形阳极混凝土结构预埋式耐久性无损监测传感系统，它是由浇入混凝土的一组钢筋梯（图 7-1，共 6 根 15cm 钢筋棒）传感器、一个阴极和互连的引出结构的导线组成，能够测量的是钢筋段腐蚀各阶段电学参数，如电流、电位差和阳极间电阻值。阳极梯两侧的竖杆子由不锈钢制成，并与 6 根阳极棒绝缘，引出导线安装在竖杆中的方孔内并由树脂固定，然后倾斜地安装于监测部位的混凝土保护层中，使每一根钢筋与混凝土表面保持不同的距离。当钢筋棒脱钝时，此钢筋棒与不锈钢之间的回路电学参数必定改变。但共同的阴极棒则由涂有氧化铂的钛棒制成，使其具有很高的正电位。因为电位不同的两种金属通过导线可以构成原电池（图 7-2）电位差越大，则腐蚀电流越大。

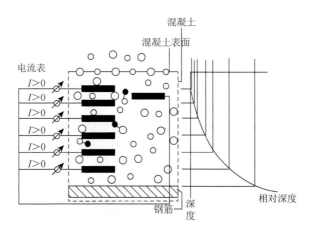

图 7-1　混凝土中的一组钢筋梯

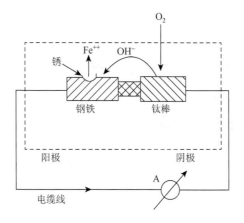

图 7-2　原电池示意图

梯形阳极系统已经投入市场，1990 年开始，该系统在世界各国陆续投入工程应用，但是这种传感器都存在阴阳极间距较大的问题，2003 年宋晓冰等[316]发明了一种梯形阳极传感器，此传感器体积较小，且阴阳极间距较小，已获得国家专利。2008 年，陈卿等[317]对一种混凝土中预埋式梯形阳极传感器进行进一步研究，通过测量传感器中阳极的电位及其与阴极之间的宏电流，监测混凝土中的钢筋在含氯环境下的腐蚀危险性随时间变化的情况。实验室的测试表明，该梯形阳极传感器可较好地判断临界氯离子浓度侵入混凝土中的深度，从而可以提前判断钢筋腐蚀的危险性。与以往宏电池监测系统相比，此梯形阳极传感器占用空间小，埋置于混凝土中对混凝土保护层、承载力等影响较小，阴阳极间距小，仅为几毫米，测试时受混凝土电阻影响较小。

　　另外，材料腐蚀过程中普遍产生氢，而产生的氢可能进入金属晶格导致金属裂开，尤其是在含硫的情况下，高合金钢氢脆会造成重大事故。氢的出现表明腐蚀正在发生或已经发生。因此对其含量的随时监测显得十分关键，而电位型氢传感器在此方面起到很大作用。Kuamr 等[318]研制的固态电位型氢传感器是由 γ-MnO$_2$/HUP/乙炔黑电极和（α-和 β-）PbO$_2$/HUP/乙炔黑电极组成的伽伐尼电池。HUP 代表磷酸氢铀酰电解质，其制备方法 Lyon 等[319]已有描述，电池结构是在参比电极和工作电极（铂黑）间夹了一层 1mm 厚的 HUP 电解质，结果证明传感器能定量测量含氢低于 1%的氩气，反应时间为几秒（高压）到几分钟（低压）。这种传感器可根据测试部件的要求而制成不同形状，已广泛应用于探测电镀、阴极保护等产生的氢原子以及评价缓蚀剂的相关性能。Morris 等[318]制了一种固态电位型传感器，用来测定商品管线钢中的氢，从而检测钢的腐蚀状况。传感器测得的钢中氢分压与氢浓度和钢开裂程度有关。它是一种以 Nafion 高分子为电解液的固态电位型传感器来测管线钢中的氢，其电池构成为：H$_2$(g)、H$_2$O(g)、Pd｜PFSA｜参比混合物、C、不锈钢。Nafio$^+$指聚氟磺酸离子，高分子电解液用全氟磺酸（PFSA）膜为氢离子导体，铂黑涂在 PFSA 膜的表面，参比混合物由 Fe（Ⅱ）和 Fe（Ⅲ）的硫化物和氢氧化物组成的，C 代表不锈钢和参比混合物之间的石墨片。利用此传感器可得氢浓度和氢扩散及钢中的 H$_2$ 分压 P_{H_2} 之间的关系。电位型氢传感器直接检测的信号包括平衡电位、pH、电导等与特定组分浓度相关的热力学参数，由于热力学平衡不可能很快建立，因此易受外来因素干扰，电位型传感器在响应速度、选择性和灵敏度等重要性能指标方面受到限制。

7.1.2　电流型传感器

1. 电流型传感器的原理及特点

　　电流型传感器是靠检测工作电极与对电极之间的短路电流为输出信号的电化学传感器，通过电极表面或其修饰层内氧化还原反应生成的电流随时间的变化来分析腐蚀状况的。电流型传感器又分为电流型气体传感器、电流型生物传感器等。在腐蚀监测方面电流型气体传感器应用较为广泛，而生物传感器在医药领域的研究更为活跃。与电位型传感器相比，电流型传感器具有以下优点：①电极的输出直接和被测物浓度呈线性关系，不像电位型电极那样和被测物浓度的对数呈线性关系；②电极输出值的读数误差所对应的待测物浓度的相对误差比电位型电极的小；③电极的灵敏度比电位型电极的高。

2. 电流型传感器在腐蚀方面的应用

万小山等[320]设计制作了能对水下大型钢铁构筑物直接测试的小孔限流型腐蚀传感器，并成功地在塘沽集装箱码头泊位裸露钢管桩上进行了现场测试。本传感器直接以大型金属构筑物为工作电极进行测试能更真实地反映测试对象的腐蚀状况和机制。2004 年，万小山等[321]研制了一种适用于材料海水腐蚀试验站网金属挂片腐蚀监测的电化学传感器，并设计了弹性固定装置，实验证明该传感器能如实的反映试片的腐蚀状况。

此外，利用电流型传感器检测氢对金属腐蚀的方法也渐渐成熟，1962 年 Deva-nathan 等[194]提出了一种电化学方法来研究氢对金属的渗透。其主要结构系由金属箔双面电极及其两侧的两个电解槽组成，箔的一侧处于自由腐蚀或阴极充氢状态，另一侧（表面镀了活性层催化剂 Pd）则在 0.1mol/L NaOH 溶液中处于阳极钝化状态。采用恒电位仪对阳极侧施加一个氧化电位，能将由充氢侧扩散过来的原子氢氧化，其氧化电流密度就是原子氢扩散速率的直接度量。

1973 年，通过使用 Ni/NiO 电极代替恒电位仪作为一个稳定的不极化电极[322]，能够消除用于控制阳极电位的复杂电子设备，发明了 "Barnacle" 电极，仪器中的 Ni/NiO 电极能够将钢铁表面维持在适当的电位，有足够的能力产生所需的电流。它附着于钢铁外壁，到达钢铁表面的氢原子被 NiO 电极产生的驱动电位所氧化，氧化过程中产生的电流即为氢渗透率。

电流型气体传感器就是根据 Devanathan-Stachurski 电化学电池以及 Barnacle 电极原理研制而成的。Ando 等[323]将一种质子导电性的固体电解质（5% Yb_2O_3-$SrCeO_3$）用于电池，设计了新型的探测高温下钢铁中渗透原子氢的仪器。它通过将电池与沉积了铂层的钢和无定形金属铜填充物连接在一起，可用于精确地测量高温下氢在普通碳钢和 2.25Cr-Mo 钢中的扩散系数及其含量，从而可预测氢对化工设备的侵蚀影响。

Tan 等[324]把 9% 的氧化钇-氧化锆（YSZ）片夹在两层铂膜中间制成一种电流型固态氢传感器。该传感器铂膜上覆有一层组分为 $7CuO·10ZnO_3·Al_2O_3$ 的多孔催化剂，因此在高温下能催化氧化氢气。该工作给出了在混合气体中传感器的输出信号和氢浓度关系的理论模型，并通过在氧气、氢气、氮气的混合气体中测定氢含量的方法来测试传感器的灵敏度。试验结果显示，传感器在 688～773K，含氢量为 0~0.145%的混合气中都有良好的反应性和灵敏性，该传感器尚处于实验室研究阶段。

杜元龙等[325]以 Devanathan-Stachurski 电池为基础，研制成功了新型的原子氢渗透速率测量传感器，它是一种密封型 Devanathan-Stachurski 结构的原子氢/金属氧化物燃料电池传感器。利用对氢吸附性强的钯银合金作为敏感阳极，阴极为金属氧化物粉末电极。两个电极表面之间有浸透了碱液的隔膜与电极相接触。以原电池"钯银合金（原子氢）/碱性电解液/金属氧化物"的短路放电电流作为原子氢扩散速率的度量[326]。这种传感器响应时间短，信号输出强，灵敏度高，能直接接触腐蚀介质而本身无明显的腐蚀。

综上，对于电流型氢传感器和电位型氢传感器都能提供材料中氢的浓度和活度信息，能够反映出氢渗透的瞬时状况，可连续记录测量结果，使用限制较少，但对温度变化十分敏感。

7.1.3　电导型传感器

电导型传感器是因腐蚀使传感器的电阻发生变化，从而记录电阻的变化得到腐蚀量的一种检测方法，目前在腐蚀防护方面应用较少。这种方法在液相或气相介质中均可适用，在实海实验中可用于大气区和海水全浸区的腐蚀监测。目前用于腐蚀监测的电阻探针已经商品化，并大量用于工业生产，主要用于检测全面腐蚀的腐蚀速率。如国内克拉玛依石油化工厂正在使用的 MS3500E 电阻探针，胜利炼油厂自己研制的 DF 型电阻探针腐蚀监测仪。

7.1.4　其他腐蚀电化学传感器

近来，一种新的局部腐蚀实时监/检测方法——耦合多电极矩阵传感器技术在实验室和工业中的应用越来越广泛。1996 年，Fei 等[327]首先将耦合多电极矩阵用于金属的腐蚀研究，2001 年，Yang 等[328]将其与传感器技术结合，制成了耦合多电极矩阵传感器（coupled multi-eleetrode array sensors，CMAS）。耦合多电极矩阵传感器技术作为局部腐蚀在线监/检测手段，灵敏度高，数据处理简单，测量时无须对被测体系的电极施加可能改变腐蚀电极过程的外界扰动，这些都使得耦合多电极矩阵系统在局部腐蚀在线监/检测中起着举足轻重的作用[329]。金属之所以发生局部腐蚀，是由于其表面组织的不均匀引起的。这种组织的不均匀在金属表面形成局部的电位差，即在金属表面形成微小的电化学腐蚀阳极区和阴极区，电子从阳极区流向阴极区，电流从阴极区流向阳极区，金属不断腐蚀破坏[330, 331]。如果将金属表面分割成足够微小的部分，各部分彼此独立，并通过外电路用导线将这些分开的部分耦合起来组成一个通路，这样金属腐蚀反应的阳极区和阴极区便得到模拟，腐蚀产生的电子将通过耦合的外电路从阳极流向阴极，那么金属局部腐蚀速率就可以通过测定这个外电流得到（各微小部分横截面积已知）。与丝束电极相似，每个电极与公共耦合结点之间通过电阻相连，从腐蚀电极流出的电流在通过电阻时产生一个小的压降（μV 级），各电阻压降通过高灵敏度多通道电压表测得，电压与电阻之比即为电流[332]。耦合多电极矩阵传感器已被用于研究 1008 碳钢（GB 08F）、110 铜（GB T2）、316L 不锈钢（GB00Crl7Nil4Mo2）在模拟海水中的缝隙腐蚀行为[333]。基于电化学交流阻抗法（EIS）的腐蚀电化学传感控表面的腐蚀速率成正比。EIS 的结果必须通过一个反应界面模拟电路来解释。范国义等[334]采用同种材料三电极体系，以热电厂实际使用的铜管制作传感器，利用电化学线性极化技术和交流阻抗技术测量铜管的年腐蚀速率。经过半年现场试用表明，该在线监测系统可以帮助现场工作人员及时了解凝汽器铜管的腐蚀结垢状况，为现场腐蚀结垢监测，进而指导生产提供有益信息。基于电化学噪声法（EN）的腐蚀电化学传感器：通过 EN 检测的腐蚀包括测量腐蚀过程中发生在金属表面的电流和电压的微小变化。根据电压和电流的相对变化可测量平均腐蚀速率。韩磊等[335]基于电化学噪声技术建立了适合现场应用的铝合金大气腐蚀测量系统，研制了铝合金大气腐蚀传感器，构建了零阻电流（ZRA）模式的 EN 测量系统和软件。该系统由传感器和测量系统两部分组成，传感器[336]由三块紧密排列的铝合金电极构成，当薄液膜同时覆盖三个电极时，可进行零阻电流模式的电化学噪声测试，ZRA 模式 EN 测量对腐蚀体系无外加扰动，并可同时记录电位和电流噪声信号，三块电极中两块构成耦合的工作电极，另一块作为参比电极。

研究表明，通过电位和电流噪声信号和噪声电阻变化可以对铝合金大气腐蚀过程进行有效检测。电化学噪声技术相对于诸多传统的腐蚀监/检测技术具有明显的优良特性[251, 337-339]，但其数据处理复杂，测量信号剧烈波动和漂移，测量结果可信度低，使其很难进行实时在线监/检测，且其通用性仍有较多异议[329, 340-344]。基于谐波调制分析法（HA）的电化学传感器：该方法将交互的电压震荡应用于一个传感器的三个探针，反馈回总电流。其不仅能分析基本频率，而且能分析谐波震荡。该方法可以计算线性极化法中所用的一个电化学参数，这一参数通常是假定值。因此，HA 与线性极化法联用时可以提高腐蚀测量的准确性。

7.2　实际海洋大气环境中钢材的氢渗透

腐蚀监测与腐蚀控制是设备运行中防腐的两个重要组成部分，但长期以来并未得到均衡发展和获得同等重视。腐蚀监测技术主要测量方法包括监测孔法、失重法、电阻探针、电化学法及电感法。近几年来迅速成长起来的腐蚀监测方法有电化学噪声技术[250, 345]，这是一种原位无损的在线监测技术，可实现无距离监测[346]。由于氢渗入钢材会对钢材性能造成极大的损伤，如氢脆等，所以研究者对氢渗透的研究早已开始尤其对石油和石油化工来说，氢脆更被认为是一个重要的问题[274, 347-349]。但人们对于大气腐蚀中氢渗透行为的研究起步比较晚，如近来 T.Kushida 和 R.Nishimura[163, 176]研究了高强钢在大气中的环境断裂敏感性。近来在研究海洋大气中钢材的氢渗透现象时[163]，发现氢渗透量与腐蚀速率之间有一定的线性关系，并揭示了氢离子在铁锈中的还原过程。但有关用氢渗透电流方法监测钢材大气腐蚀的报道仍很少见。

　　实验材料的准备及实验用溶液的配制方法详见本书 2.2 节。本实验用的装置原理是 Devanathan-Stachurski 双电解池原理，实验装置如本书 2.3 节中图 2-3 所示。Devanathan-Stachurski 发明测定金属中原子氢的扩散速率的电化学方法如图 7-3 所示[194]。测量装置是由两个互不相通的电解池组成，左端是充氢室，电解充氢时试样的 C 面是阴极，通电流 i_c 后在阴极（即 C 面）上发生反应 $H^+ + e^- \longrightarrow H$，产生原子氢，它一部分复合成分子氢放出，另一部分扩散进入试样内部。试样 A 面是另一电解池的阳极，当加上阳极恒定电势后，从 C 面扩散过来的氢原子在试样的 A 面被电离，即 $H \longrightarrow H^+ + e^-$，从而产生阳极电流 i_a。如果不存在表面反应 $H + H \longrightarrow H_2$（表面镀钯或镀镍以及加上足够大的阳极电势就可抑制表面反应的进行），则经过一定的时间后，从 C 面产生的原子氢在到达 A 面后将全部被氧化，即试样 A 面上的原子氢的浓度 $c_A=0$ 这时原子氢的氧化电流 i_a 达到最大值，称为稳态电流密度，用 i_{max}（A/m^2）表示。氢传感器以 Devanathan-stachurski 测量装置的阳极室部分构成，即研究电极为工件本身其表面需要进行集氢面镀镍或镀钯的处理，以提供原

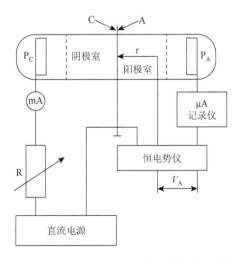

图 7-3　Devanathan-stachurski 氢渗透速率测量电路

C 为阴极室；A 为阳极室；P_A、P_C 为辅助电极；r 为参比电极；R 为可变电阻

子氢在其表面被氧化的催化活性，同时降低非原子氢氧化的背景电流，抑制表面反应的发生，提高传感器的灵敏度。电解液采用稀氢氧化钾溶液，参比电极选用无环境污染的金属镍，辅助电极也使用耐碱蚀性能很高的金属镍。所设计氢传感器是由三个镍电极组成，故称为三镍电极氢传感器[350]。装置图中试样的下部为阴极池，上部为阳极池。试样作为公用工作电极，与参比电极（Hg/HgO 参比电极）、辅助电极（镍电极）一套三电极体系。阴极池一侧产生的氢原子渗透过金属薄片在阳极侧镀镍层的催化下被氧化为氢离子，用计算机通过数据采集器测得的氧化电流即为氢渗透电流。把氢渗透电流曲线的面积进行积分，作为评价氢渗透量的标准。实验时，将实验装置放于室外，引线进入室内恒电位仪，用恒电位仪记录氢渗透电流。用湿度计记录环境湿度。

　　图 7-4 和图 7-5 表示的是 16Mn 钢和 X56 钢在室外海洋大气环境中的氢渗透电流图。图 7-4 和图 7-5 中 1 所示为实际海洋大气环境中氢渗透电流密度，2 为一段时间内的环境湿度值。从图中可以看出，随环境湿度的降低，氢渗透电流逐渐增大。达到最高峰后又随着环境湿度的增大而减小到最小值。这正是因为随着环境湿度的变化，试样表面完成了一次干湿循环，促进了氢的渗透。实际海洋大气环境中能检测到氢渗透电流，进一步证明了海洋大气环境中能够发生氢的渗透。结合本书第 6 章海洋大气环境中材料应力腐蚀敏感性试验部分，在海洋大气环境中氢渗透进钢材确实能够造成材料脆化，造成材料应力腐蚀敏感性增大。这应该引起在实际应用上对于合理选材，避免事故，减小损失的极大重视。另外，从以上实验结果看，在海洋大气环境中，处于浪花飞溅区和潮差区的钢材的氢渗透现象更为显著，处于浪花飞溅区和潮差区的钢材更应该采取措施，减少金属材料与海水的接触，从而减小氢的渗透，避免发生重大生产事故。

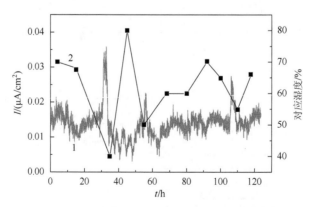

图 7-4　16Mn 钢在室外海洋大气环境中的氢渗透电流图

1. 氢渗透电流密度；2. 环境湿度

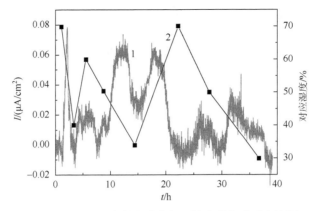

图 7-5　X56 钢在室外海洋大气环境中的氢渗透电流图

1. 氢渗透电流密度；2. 环境湿度

7.3　氢渗透电流传感器原理

Devanathan 和 Stachurski 在 1962 年首先提出一种研究氢对金属渗透速率的测量方法[351]，其为双电解池结构。测量装置由两个互不相通的电解池组成，金属片的一端为一电解池的阴极，此面电解充氢引入氢源，即 $H^+ + e^- \longrightarrow H$，原子氢部分扩散进入试样内部。金属片的另一端是另一电解池的阳极，在此面镀钯或镀镍提高氢原子氧化的催化活性，施加足够高的氧化电势使氢原子完全氧化，得到一个氧化电流，即为氢原子扩散到阳极面的扩散速率 i_a，扩散达到稳态时，其渗氢电流密度 i_a 变为 $i_{max}(A/m^2)$，金属中氢原子的浓度与稳态扩散电流密度之间的关系由菲克第一定律表示为

$$C_0 = \frac{i_{max}L}{DF} \qquad (7-1)$$

式（7-1）是计算钢中原子氢浓度的依据。式中，F 为法拉第常数；D 为氢在金属中的扩散系数，m^2/s；L 为钢试样的厚度，m[352]。

在以上氢渗透试验结果的基础上，在相应的环境中，进行了腐蚀失重测量。腐蚀失重实验的方法如下：在干湿循环试验中，试样经过第一循环、第三循环、第五循环、第七循环后，取出试样，用缓蚀剂清洗腐蚀产物，空白试样对照，清洗完毕后，吹风机冷风吹干，置于干燥器内 24h 后取出称重。试样腐蚀失重减去对照试样失重，即得到在第一循环、第三循环、第五循环、第七循环等循环后的试样腐蚀失重。

将以上试验氢渗透电流图中曲线积分计算曲线下面面积，并除以法拉第常数 F，得到实验过程中由试样表面渗透过试样的氢离子的摩尔数。将得到的失重试验结果与相应循环氢渗透量作图，发现氢渗透量与腐蚀失重之间有明显的线性关系存在。图 7-6 和图 7-7 表示的是 16Mn 钢和 X56 钢在不同浓度 H_2S 溶液干湿循环时的腐蚀失重与氢渗透量的关系。图 7-8 和图 7-9 表示的是 16Mn 钢和 X56 钢

在不同浓度 SO₂ 溶液干湿循环时的腐蚀失重与氢渗透量的关系。

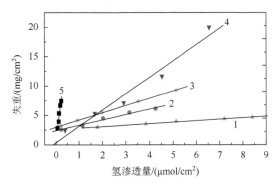

图 7-6　16Mn 钢在不同浓度 H₂S 溶液干湿循环时的腐蚀失重与氢渗透量的关系

1. 海水；2.10μmol/L H₂S；3.100μmol/L H₂S；4.1000μmol/L H₂S；5. 蒸馏水

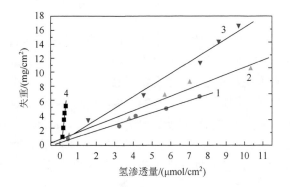

图 7-7　X56 钢在不同浓度 H₂S 溶液干湿循环时的腐蚀失重与氢渗透量的关系

1. 海水；2.100μmol/L H₂S；3.1000μmol/L H₂S；4 蒸馏水

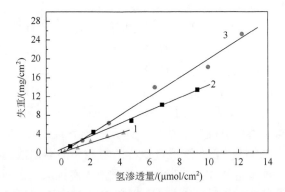

图 7-8　16Mn 钢在不同浓度 SO₂ 溶液干湿循环时的腐蚀失重与氢渗透量的关系

1. 海水；2.0.01mol/L SO₂；3.0.03mol/L SO₂

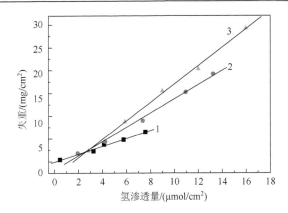

图 7-9　X56 钢在不同浓度 SO$_2$ 溶液干湿循环时的腐蚀失重与氢渗透量的关系

1. 海水；2. 0.01mol/L SO$_2$；3. 0.03mol/L SO$_2$

如图中所示，失重与氢渗透量之间均有明显的线性关系。有研究者研究发现，氢渗透电流与阴极极化电流的平方根存在线性关系[353]。研究表明[187]，在大气环境中，渗透过金属的氢大概占电极反应产生氢的量的 33%。根据法拉第定律，如果反应 Fe——→Fe^{2+} + 2e$^-$ 是唯一的阳极反应，则氢还原对腐蚀失重的贡献大概只有 0.1%，从这一角度看，在大气腐蚀中氢的还原可被忽略。但是氢渗透电流跟腐蚀失重的关系表明，氢还原跟其他腐蚀过程包括氧的还原之间有着本质的联系。在腐蚀过程中，每个反应都相互影响，直到互相之间达到一个平衡，氢的生成是这众多反应中的一个，而氢的生成与氢渗透电流有着直接关系，所以渗透过金属的氢与腐蚀失重之间有着必然的联系。这在一定程度上表明氢渗透量与腐蚀失重之间存在着内在的关联，可以利用这种关系通过测量氢渗透电流来对钢材的腐蚀情况进行监测。在此基础上，制作了一种测量氢渗透电流的传感器，用于实时地监测钢材的氢渗透电流，进而估算腐蚀失重。

7.4　传感器设计

把图 2-47 所示的装置加以改进，开发出氢渗透电流传感器，示意图如图 7-10 所示，在实际海洋大气环境中的氢渗透实验与腐蚀失重的关系如图 7-11 所示。

图 7-11 中，1 为实验室中用实验装置连续测量在海水干湿循环下的氢渗透电流 2 个月所测得的氢渗透量与腐蚀失重的结果。2 为实际海洋大气中，用传感器测量氢渗透量，用失重试样测腐蚀失重所得结果，2 中四个点代表的数据分别为 15 天、1 个月、45 天及 2 个月的数据。实验室所得结果与实际海洋大气所得结果具有良好的一致性。分别对实验室结果及实际海洋大气结果进行线性拟合，

如图 7-11 中 1、2 所示，两条拟合线基本吻合。所以，可以推测采用此方法可以较好地对海洋大气中钢材的腐蚀情况进行实时监测。

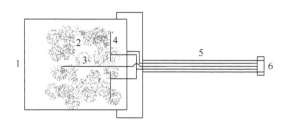

图 7-10　氢渗透电流传感器结构示意图

1. 敏感膜；2. 溶液；3. 微参比电极；4. 辅助电极；5. 电缆；6. 连接接头

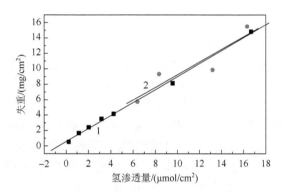

图 7-11　实验室实验结果与实际大气中结果比较

1. 实验室结果　2. 实际大气中结果

从实验模拟到实际海洋大气环境中的氢渗透实验结果表明：

（1）实验室模拟干湿循环海洋大气腐蚀情况下，检测到氢渗透电流存在，在每个干湿循环中，氢渗透电流大小与表面液膜状况有关，电流随试样表面液膜的挥发干燥而逐渐增大，到达一个峰值后，又随着表面干燥，氢渗透电流也减小，直到表面完全干燥后，回复到最低值。

（2）氢渗透电流的大小与表面液膜的成分有关。海洋大气中的盐粒子能加大氢渗透电流。

（3）H_2S 或 SO_2 的存在能大幅地提高氢向金属材料的渗透，二者促进作用的机制有所不同，H_2S 除了能水解生成氢离子外，S^{2-} 的毒化作用也是 H_2S 促进氢渗透的一个重要原因。而 SO_2 促进的机制主要是它能在水中电离出大量的氢离子，另外，还可能进一步氧化生成 H_2SO_4 从而增大氢离子来源，促进氢渗透电流。

（4）氢离子的渗透量与腐蚀失重之间存在着明显的线性关系。利用此线性关系可以通过对氢渗透量的监测来测定腐蚀速率。

（5）在实际海洋大气中采用制作的传感器记录氢渗透电流，并测量相同条件下钢材的腐蚀失重时，实际情况下的结果与实验室结果取得了较好的对应关系。

（6）实际海洋大气环境中的氢渗透电流随环境湿度变化而逐渐变化。这是因为环境湿度的变化在试样表面完成了干湿循环的原因。

（7）实际海洋大气中，氢渗透电流与环境湿度存在着对应关系，环境湿度由大变小时，氢渗透电流由小变大。环境湿度交替变化，在试样表面完成干湿循环，促进了氢的渗透，实际海洋大气与模拟海洋大气失重取得了较好的一致性。可以用氢渗透电流传感器实时监测海洋用钢在大气中的氢渗透情况及腐蚀失重情况。

（8）可以利用此方法对特定环境中的钢材进行实验得到拟合直线，然后通过用传感器测量实际情况下的特定环境钢材的氢渗透电流来预测钢材的氢渗透情况及腐蚀情况，可对有效地预测钢材的腐蚀情况、避免事故等起到参考作用。

第8章 海洋大气环境下的氢脆机制

8.1 海洋大气中发生氢渗透的前提条件

在海洋工业大气腐蚀环境中,金属表面的水分对氢渗透的发生起着重要作用。大气腐蚀本质上是电化学过程,钢铁结构暴露在海洋大气环境中,在钢材表面会凝结一层电解质液膜。由于电解质液膜的存在,在钢铁表面发生了阴极析氢反应,氢原子由此可以渗透进入钢材内部,从而进一步使钢铁结构脆化断裂。只有金属表面被润湿后,才能发生腐蚀析氢反应。在洁净的环境中,金属表面没有附着尘埃,很难对蒸发的水分起到吸附作用,在短期内不能形成有效的腐蚀液膜,且环境的腐蚀性较弱,所以即使空气中的相对湿度达到100%,氢渗透也很难在试样表面发生;在实际的海洋大气环境中,由于金属处于开放体系,在金属表面容易附着上尘埃及盐分等吸湿物质,故能够形成水膜,发生氢渗透。在含有 H_2S 和 SO_2 的工业大气环境中,H_2S 以及 SO_2 由于其溶解在表面液膜后通过电离以及水解等一系列反应,使金属表面的 pH 降低,从而造成了氢向金属内部的大量渗透,而且由于环境含有较多的固体尘粒和发生点蚀的原因,氢渗透得到促进[353]。即钢材在海洋大气中发生环境致脆的前提条件可以总结为两条:①在钢材表面能够有氢原子形成;②吸附在表面的氢原子能够渗透进入钢材内部。以下将结合实验结果对以上两个前提条件进行阐述。

8.1.1 钢材表面氢原子的形成

众所周知,在海洋大气环境中,钢材表面电解质液膜的存在是腐蚀反应进行的前提条件。钢材表面水膜的存在为腐蚀反应的阴极析氢以及氢原子在钢材表面的吸附提供了必要的条件,具体过程见第 2 章反应式(2-13)～式(2-16)。

从第 2 章的试验结果也可以看出,不论在干湿循环条件下还是在模拟海洋大气腐蚀环境条件下,只有钢材表面被润湿后,才能发生腐蚀析氢反应,氢渗透电流才能被检测到,即钢材发生了氢渗透行为。在钢材没有被润湿或是表面水分完全蒸发后,氢渗透行为不能发生或者停止。第 2 章中,在模拟蒸馏水大气环境实验(2.2.1)以及模拟海洋大气环境实验(2.2.2)中,虽然在很短时间内大气环境相对湿度达到100%,但是由于试样表面过于洁净,难于形成液滴进而形成液膜,相关腐蚀反应不能在试样表面进行，故检测不到明显的氢渗透电流的发生，证明了钢材只有在表面有电解质液膜的存在下，才能发生氢渗透行为。

8.1.2　钢材表面氢原子的渗透

如果系统中存在化学位梯度，则氢原子将从化学位高的区域向低的区域扩散，直到达到平衡状态，即化学位相等时为止。除了氢的浓度外，温度梯度、应力梯度都将导致化学位梯度变化。因此，化学位梯度可以理解为具有更普遍意义的氢扩散过程推动力。化学位梯度推动氢原子从高化学位处向低化学位处扩散，相当于有一个虚拟力 F 作用在氢原子上，使它迁移。金属表面在经过阴极析氢等一系列反应后，氢原子吸附在试样表面，由于氢原子自身半径极小，可以很容易渗透进入金属内部，从而使金属脆化。表面吸附的氢原子量的多少决定了氢向金属内部渗透的持续时间的长短。氢原子数量越多，在金属表面及金属内部之间产生的氢浓度梯度就越大，在浓度梯度作用下，氢向金属内部进行渗透，直至试样内外氢浓度达到一致。即使金属表面存在着电解质液膜，氢渗透行为也不会进行。金属表面液膜的存在对氢渗透的发生是必要条件，只有在金属表面液膜以及氢浓度梯度同时存在的情况下，金属才会发生氢渗透。由于金属表面和内部应力的不一致，应力梯度将导致氢的扩散。氢在金属内部的扩散主要是应力扩散，即氢由低应力区向高应力区扩散。氢在应力梯度作用下，将向高应力区富集，经过一定时间后，扩散将达到平衡状态。在金属中由于氢原子的进入，将导致基体金属晶格的畸变，即氢原子的应变场和外载荷引起的应力场之间存在弹性交互作用，从而使化学位达到平衡状态。氢原子通过应力诱导扩散而富集于裂纹前端局部区域，当该局部区域的氢浓度达到临界值时，就产生了氢致滞后裂纹的形核和扩展，这些微裂纹成为应力集中区，氢原子由于形变的作用向裂纹部位富集，又促进了裂纹的加速发展，在氢渗透与拉应力的共同作用下最终导致了试样在较低载荷下的断裂，最终引起金属的低应力脆断。

另外，金属材料因局部的阳极溶解在表面形成了腐蚀坑，这就成为腐蚀裂纹产生的原始缺陷。在这些缺陷部位，将会引起较大的应力集中，使介质中的氢择优溶解并通过缺陷端部向金属内部扩散。进入金属内部的氢将与位错发生交互作用：一方面，位错是氢的陷阱，氢在金属内部将偏聚在位错附近，并能够通过扩散跟位错一起运动；另一方面，氢能促进位错发射、增殖和运动，从而加剧了局部的塑性变形，导致微裂纹的形核和扩展。任何断裂过程均是微裂纹形核、扩展的结果，微裂纹的形核是关键，是以局部塑性变形为先导的。金属在海洋气候环境中由于腐蚀产生的氢与位错相互作用，促进了位错的发射和运动，即促进了局部塑性变形。导致金属材料在较低的外应力（和空拉相比）下，就会使局部塑性变形发展到临界状态，从而使局部应力等于原子键合力，导致微裂纹的形核和扩展，微裂纹相互贯通使裂纹长度达到一定数值时，将产生金属的机械失稳断裂[353]。

钢材表面在经过阴极析氢等一系列反应后，氢原子吸附在试样表面，由于氢原子自身半径极小，可以很容易渗透进入钢材内部，从而使钢材脆化。第 2 章干湿循环实验中，在蒸馏水干湿循环条件下，对于 35CrMo 钢，一个循环持续时间最短为 4h 10min，最长为 6h；在海水条件下，最短为 5h 48min，最长为 7h 30min；在 1500μmol/L H_2S 条件下，最短为 13h 18min，最长为 18h 18min；在 0.03mol/L SO_2 条件下，最短为 10h 50min，最长为 13h 18min。由以上数据可知，钢材表面的液膜至少可以存在 18h 18min，但在蒸馏水及海水条件下，氢渗透电流的可检测时间却远远小于这个数值。

在试样未受力情况下，表面吸附的氢原子量的多少决定了氢向钢材内部渗透的持续时间的长短。氢原子数量越多，在试样表面及试样内部之间产生的氢浓度梯度就越大，在浓度梯度作用下，氢向钢材内部进行渗透，直至试样内外氢浓度达到一致。在蒸馏水及海水条件下，虽然试样表面的液膜可以存在至少 18h 18min，但是由于产生的氢的量较少，氢浓度梯度没有 1500μmol/L H_2S 条件下以及 0.03mol/L SO_2 条件下的大，故经过较短时间，试样内外氢浓度即达到一致，氢向试样内部的渗透停止。这时即使试样表面存在着电解质液膜，氢渗透行为也不会进行。钢材表面液膜的存在对氢渗透的发生是必要条件，只有在钢材表面液膜以及氢浓度梯度同时存在的情况下，钢材才会发生氢渗透。

在实验室大气中的水蒸气环境中金属也会发生氢渗透，这证实了大气腐蚀中氢还原的普遍性。

8.2　大气环境中氢渗透的起因

金属在大气环境中发生氢渗透的前提是氢原子的产生、吸附，

$$H^+ + e^- \longrightarrow H_{ad} \qquad (8\text{-}1)$$

在静载条件下，试样内部原子结构无较大变化，对氢渗透电流起到关键作用的是氢原子数量，氢原子数量越多，在浓度梯度作用下，氢向金属的扩散加剧。在大气环境中，金属表面首先要形成微液滴，进而在金属表面形成液膜，然后发生腐蚀反应，在腐蚀反应过程中发生氢的还原。在海洋大气环境中，存在大量的氯离子，氯离子具有强极性和强穿透性，可发生一系列的水解作用加大了氢离子的产生：

$$FeCl^+ + H_2O \longrightarrow FeOH^+ + H^+ + Cl^- \qquad (8\text{-}2)$$

$$FeCl_2(aq) + H_2O \longrightarrow FeOH^+ + H^+ + 2Cl^- \qquad (8\text{-}3)$$

　　这些反应的发生大大加强了 H_{ad} 的产生，较大的浓度梯度加速了氢向金属的渗透。所以处于海洋大气环境中的钢材，氢渗透现象更为严重。

　　图 8-1 表示的是纯铁在滴加 0.5mL 蒸馏水后，用 pH 微电极测量的金属表面 pH 变化曲线，引自参考文献[163]。从图中可明显地看到，金属表面 pH 随着时间而减小，蒸馏水 pH 约为 7.0，而在金属表面 pH 下降到约 4.5。pH 的变小，证实了氢离子浓度的增大。

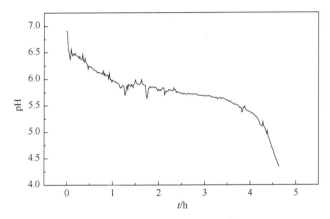

图 8-1　纯铁表面滴加蒸馏水后的 pH 变化曲线[163]

　　另外，金属材料表面电位会随着腐蚀反应的发生而变化，电位的下降对氢的渗入也起到促进作用。图 8-2 所示的是 16Mn 钢在表面滴加蒸馏水后的表面电位和氢渗透的对照图。滴加蒸馏水时，表面电位变化不大，只是随着腐蚀反应的发生有负移的趋势。大约 4 小时后，氢渗透电流急剧增大到一个峰值；电位在

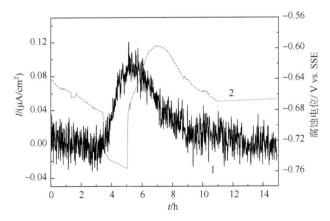

图 8-2　16Mn 钢在滴加 0.5mL 蒸馏水后表面电位与氢渗透电流对照图

1. 氢渗透电流密度；2. 腐蚀电位

3 小时后突然下降，然后又上升，最后随着蒸馏水的蒸发干燥，电位回复到自腐蚀电位。滴加蒸馏水后，金属表面开始发生腐蚀反应，随着时间增长，表面液膜厚度开始下降，氧扩散能力加强，腐蚀速率增大，电位下降；当表面液膜厚度减小到一定值时，鲁金毛细管与金属表面发生断路，电位又突然增大。

　　在大气环境中氢渗透要发生的前提是有氢原子的产生和吸附，而要发生氢原子的产生吸附，首先要在金属材料表面形成微液滴，进而形成薄层液膜发生腐蚀反应。在腐蚀反应过程中发生氢的还原、吸附和渗入。在腐蚀反应中，发生氢原子数量的增多和表面电位的变化对氢渗透起到促进作用。

8.3　大气环境中氢渗透的影响因素

　　除去材料本身性能对氢渗透的影响，本章主要研究了环境变化因素与腐蚀产物膜对氢渗透的影响。

8.3.1　干湿循环的影响

　　比较干湿循环过程中的氢渗透电流（2.3 小节）和模拟大气环境中的氢渗透电流（2.4 小节），发现在干湿循环实验中的氢渗透电流比在模拟大气环境中的要大，并且在干湿循环实验中检测到氢渗透电流的时间要比在模拟大气环境中的短，这是因为，在干循环实验中，试验溶液直接与金属表面接触，省略了在实际大气环境中微液滴形成和表面液膜形成这一步。再结合在实际大气中氢渗透电流和空气湿度关系图（图 8-3 和图 8-4），氢渗透电流随着空气湿度的变化而变化，这说明

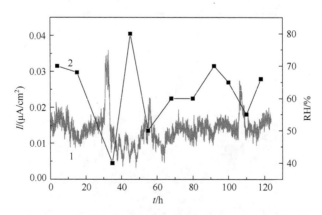

图 8-3　16Mn 钢在室外海洋大气环境中的氢渗透电流图

1. 渗氢电流；2. 相对湿度

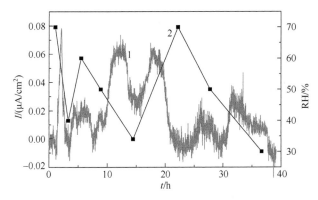

图 8-4　X56 钢在室外海洋大气环境中的氢渗透电流图

1. 渗氢电流；2. 相对湿度

干湿循环对氢渗透电流有促进作用。在海洋大气环境中，处于浪花飞溅区和潮差区的钢材的氢渗透现象更为显著，处于浪花飞溅区和潮差区的钢材更应该采取措施，减少金属材料与海水的接触，从而减小氢的渗透，避免发生重大生产事故。

结合拉伸实验结果（6.3 小节），在模拟大气环境中，材料抗拉性能降低，断裂延伸率减小，断裂时间缩短，SEM 结果表明，断裂出现脆性断裂特征。表明在模拟大气环境中，氢渗透引起了材料的脆性增大，环境断裂敏感性增大。

8.3.2　空气污染物的影响

在海洋采油平台附近常存在少量的 H_2S 或 SO_2，研究发现，这两种气体在大气环境中能够促进氢渗透电流，但二者的促进机理有所不同。H_2S 促进氢渗透电流的原因是 S^{2-} 的毒化作用，阻碍了氢原子相互结合生成氢分子，增大了金属材料表面氢原子浓度。而 SO_2 促进氢渗透电流的原因在于 SO_2 与水结合生成亚硫酸，Schikorr[218, 221, 354] 认为一部分溶解的 SO_2 可以直接被氧化成 SO_3，并生成 H_2SO_4。另一部分溶解的 SO_2 吸附在金属表面并与之反应生成 $FeSO_4$。并且会进一步发生具有自催化性质的水解反应，生成 H_2SO_4，产生大量的 H_{ad}，从而增大了氢渗透电流。通过第 2 章中的实验研究，可以看出，当海洋大气环境中加入 H_2S 或 SO_2 等污染物时，氢渗透电流增大，即表明有更多的氢原子渗透到钢材的内部。H_2S 或 SO_2 由于其溶解在表面液膜后通过电离以及水解等一系列反应,试样表面的 pH 降低，从而造成了氢向试样内部的大量渗透。在实际海洋大气环境中，工业生产所释放的酸性气体，一旦溶解在钢铁结构表面的液膜中，会对氢渗透起到极大的促进作用，造成对钢铁结构的破坏。

材料力学性能实验结果表明，在加入少量 H_2S 或 SO_2 后，材料断裂延伸率迅速减小，断裂时间有大幅缩短，SEM 结果表明，断裂脆性断裂特征比较明显。这说明在含 H_2S 或 SO_2 的模拟大气环境中，氢渗透电流有很大增加，引起了材料的脆性增大，环境断裂敏感性大幅增大。海洋采油平台附近，处于 H_2S 或 SO_2 环境中的钢材有较大脆性断裂的可能性，应该给予足够的保护，定期检查材料状态，避免重大事故的发生。

8.3.3　腐蚀产物膜的影响

腐蚀反应发生后会在材料表面生成一层腐蚀产物膜，腐蚀产物膜的状态对氢的渗透也有较大影响。图 8-5 表示的是第一循环在两个试样上分别滴加 0.5mL 蒸馏水和 0.5mL 海水后，待表面干燥后，又分别滴加 0.5mL 海水和 0.5mL 蒸馏水的氢渗透电流。图中所示的是第二次循环时的氢渗透电流。

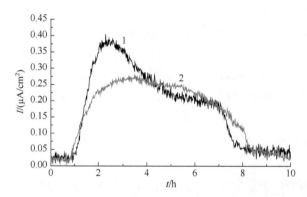

图 8-5　不同腐蚀产物膜下的氢渗透电流比较图
1. 第一次干湿循环，滴加海水；2. 第一次干湿循环，滴加蒸馏水

实验中，两次所加溶液的总量一样，氢渗透电流的不同主要是因为腐蚀产物膜的不同。第一次滴加蒸馏水时，生成的腐蚀产物膜比较疏松；而第一次滴加海水时，由于海盐粒子的作用，腐蚀产物膜比较致密。从氢渗透电流的比较图中可以看出，在腐蚀产物膜比较疏松的状态下的氢渗透量更小，腐蚀产物膜比较致密时，氢渗透量更大一些。疏松的腐蚀产物膜会对氢渗透到金属表面起到更大的阻碍作用。这可能是由于疏松的腐蚀产物膜厚度更大，并且试验溶液滴加的量又很少，溶液在未到达试样表面时，已经被蒸发。另外，在氢原子向金属表面移动的过程中，由于疏松的腐蚀产物膜厚度更大，要穿过较长的距离才能到达试样表面，在这个过程中，有更多的氢原子相互碰撞结合成氢分子，而逸出试样表面溶液，减少了氢原子数量，所以氢渗透量也较小。

8.3.4　材料受力状态的影响

材料在受到拉应力时的氢渗透电流与静载条件下的氢渗透电流有不同之处。动载条件下，试样弹性变形阶段，氢渗透电流也随着形变的增大有增大的趋势。在试样到达塑性变形后，氢渗透电流急剧下降，然后又逐步上升到一个稳定值。这与金属材料晶格位错和陷阱浓度有关，在弹性变形阶段，试样内部位错与晶格陷阱不会发生变化，但随着形变的增大，原子间空隙增大，在一定范围内，这种空隙增大导致氢更容易穿透，所以随着形变的增大，氢渗透电流有增大的趋势。在塑性变形阶段，晶格位错和陷阱浓度越大，陷阱处产生氢富集，并阻碍氢向其他区域扩散，所以当金属材料达到塑性变形后氢渗透量减少。从第 3 章的研究结果可以看出，试样在不同的形变阶段对氢渗透有着不同的影响，在弹性变形阶段，由于晶格能的增大以及新的活性点的出现，氢渗透电流增大；在塑性变形阶段前期，由形变所产生的位错对氢起着陷阱作用，氢渗透电流减小；在塑性变形阶段后期，由于位错的移动，将氢携带至阳极侧表面，氢渗透电流增大。

综上所述，金属材料在大气环境中的氢渗透除受本身材料性能的影响外，还受到干湿循环、空气污染物、腐蚀产物膜和材料受力状态的影响。海洋采油平台附近，常存在少量的 H_2S 或 SO_2 气体，这些气体的存在能极大地促进氢向金属的渗透。在海洋采油平台中，处于浪花飞溅区的金属材料，由于受到干湿循环的影响，氢的渗入会更剧烈。另外，材料受到力的作用，对氢渗透有加强作用，在这些条件的共同作用下，氢的渗入会更加剧烈，如不加以保护，极易发生脆性断裂。

8.3.5　试样表面状况的影响

在第 2 章用蒸馏水模拟的大气环境实验和海水模拟的海洋大气环境实验中，由于试样表面过于洁净难以形成液膜，故在短期内氢渗透不能发生。而在海洋大气现场实验中，由于处在开放体系中，试样表面存在能形成液滴的核心，故经过一段时间后能形成液膜，氢的产生以及向试样内部的渗透成为可能。随着试样表面锈层的形成，由于锈层结构的疏松多孔，可以使试样表面较长时间地保持湿润，从而有利于氢渗透的进行。同时，锈层通过水解反应产生 H^+，同样促进了氢渗透的发生。另外，锈层增大了氢原子向试样表面扩散的距离，使更多的氢原子在向试样表面吸附的过程中相互碰撞结合成氢分子，而逸出试样表面溶液，减少了吸附在表面的氢原子数量，抑制了氢渗透的进行。因此，表面锈层对氢渗透的影响较为复杂。在现实海洋大气环境中，应尽量保持钢铁构筑物表面的清洁，以防止水分的凝结，从而抑制氢渗透的发生。

8.3.6　温度的影响

张大磊等[164]对热镀锌钢材在海洋大气环境中的氢渗透行为进行了研究。影响材料大气腐蚀行为的主要因素有湿度、温度、表面盐沉积量、污染物浓度等[15, 355]。在湿度高于 80%RH 时氢渗透进入热镀锌钢材的基体，且随着湿度的升高氢渗透量增加[356]。温度对金属腐蚀速率的影响十分显著[357]，但是温度对热镀锌钢材的氢渗透行为的影响目前尚不清楚。因此张大磊采用改进的 Devanathan 双面电解池检测热镀锌钢材在不同的恒温、恒湿条件下的渗氢电流密度，研究温度对其在海洋大气环境中的氢渗透行为的影响。

在模拟海洋大气环境湿度为 70%RH 的条件下，测试过程中渗氢电流密度均在 $0.012\mu A/cm^2$ 以下，说明热镀锌钢材表面的析氢反应较微弱。表 8-1 列出了试样的渗氢电流密度的最大值和平均值。在此湿度条件下的平均渗氢电流密度都不高，不超过 $0.010\mu A/cm^2$。

表 8-1　热镀锌钢材在恒湿 70%RH、不同温度下的渗氢电流密度最大值和平均值

温度/℃	30	40
最大电流密度/($\mu A/cm^2$)	0.009	0.011
平均电流密度/($\mu A/cm^2$)	0.008	0.009

表 8-2 列出了恒湿 80%RH 条件下试样的渗氢电流密度曲线的最大值和平均值。可以发现，20℃时的各项数值均最低，而 40℃时最高；40℃时试样的平均渗氢电流比 30℃时提高了近 2 倍，比 20℃时提高了 8 倍多。

表 8-2　热镀锌钢材在恒湿 80%RH、不同温度下的渗氢电流密度最大值和平均值

温度/℃	20	30	40
最大电流密度/($\mu A/cm^2$)	0.081	0.321	1.133
平均电流密度/($\mu A/cm^2$)	0.037	0.135	0.397

表 8-3 列出了试样在恒湿 90%RH 条件下最大渗氢电流和平均电流值。可以发现，30℃时的平均电流密度比 20℃时提高了约 4 倍，而 40℃时的平均电流密度则明显增大，达到 $3.13\mu A/cm^2$，比前两者高出整整一个数量级。

表 8-3　热镀锌钢材在恒湿 90%RH、不同温度下的渗氢电流密度最大值和平均值

温度/℃	20	30	40
最大电流密度/(μA/cm^2)	0.143	0.871	12.64
平均电流密度/(μA/cm^2)	0.068	0.360	3.132

8.3.7　湿度的影响

董燕[39]研究了相对湿度、温度、表面亚硫酸盐沉积量对 16MnR 钢氢渗透行为的影响。

表 8-4 中列出了 16MnR 钢试样在恒温 20℃下不同湿度时的最大氢渗透电流和氢渗透电量。从表中可看到，80%RH 和 90%RH 时的最大电流密度和氢渗透电量都很小。

表 8-4　16MnR 钢的最大电流密度和氢渗透量（20℃，变湿）

相对湿度/%	70	80	90
最大电流密度/(μA/cm^2)	0.005	0.01	0.014
氢渗透电量/C	0.010 23	0.024 85	0.033 10

表 8-5 中列出了 16MnR 钢试样在恒温 30℃下，不同湿度时的最大氢渗透电流和氢渗透电量。在恒湿 70%RH 时，氢渗透电流还是很微弱，说明此时试样表面的析氢反应很微弱，渗透到金属内部的氢很少；在恒湿 80%RH 时，氢渗透电流增加。而与环境湿度为 80%RH 的情况相比，90%RH 时的氢渗透电流的增长幅度要明显地高于前者；比较两者的最大氢渗透电流可以发现，90%RH 时的电流值约为前者的 2 倍，氢渗透量也约为前者的 2 倍。

表 8-5　16MnR 钢的最大电流密度和氢渗透量（30℃，变湿）

相对湿度/%	70	80	90
最大电流密度/(μA/cm^2)	0.010 54	0.262 19	0.559 98
氢渗透电量/C	0.060 23	0.996 40	1.813 52

恒温 40℃下湿度对 16MnR 钢氢渗透行为的变化规律与上两个环境温度下的规律相似。当环境湿度为 70%RH 时，氢渗透电流基本保持在背景电流的水平上；当环境湿度为 80%RH 和 90%RH 时，试样的氢渗透电流曲线表现出明显的先增大后减小的变化趋势。与恒湿 80%RH 时相比，恒湿 90%RH 时电流呈现了更快的增长幅度；通过表 8-6 中的数据可以看出，环境湿度为 90%RH 的最大电流接近

80%RH 的 3.5 倍，而总的氢渗透电量达到 80%RH 的 4.2 倍。

表 8-6　16MnR 钢的最大电流密度和氢渗透电量（40℃，变湿）

相对湿度/%	70	80	90
最大电流密度/(μA/cm²)	0.013 64	1.135 95	3.939 55
氢渗透电量/C	0.033 10	1.813 52	9.958 73

　　综合温湿度分析可以看出，当环境湿度保持恒定的情况下，伴随着温度的逐步升高，16MnR 钢的渗氢过程被加速；而环境湿度的提高，可以使得温度对 16MnR 钢渗氢行为的加速作用更加显著。温度、湿度这两个海洋大气环境的主要因素对加速 16MnR 钢的渗氢行为存在一定的协同效应。在我国的东南沿海，高温、高湿的海洋大气环境会使得 16MnR 钢表面的渗氢反应以较快的速度进行，有必要引起足够的重视。

　　学者们研究证实，海洋大气中的盐粒子具有很强的吸湿性，当其沉积在设备、管道等暴露的金属表面上时，促使金属表面的微液滴和液膜更容易凝结而成，为大气腐蚀反应提供了良好条件[51]，促进了析氢反应的发生。大气中的相对湿度不仅会影响金属表面液膜的成形速度，还会影响液膜的厚度，而液膜的厚度与析氢反应的快慢和氢的析出量有着直接的关系，因此相对湿度是影响氢渗透电流的重要因素。实验过程中发现，当环境为恒湿 70%RH 时，试样表面上的盐膜吸湿作用不明显，没有形成肉眼能看到的液膜；当湿度保持 80%RH 时，隐约能看到表面薄液膜的形成，到 90%RH 时，试样表面可以看到较为完整的液膜。

　　液膜的厚度对金属腐蚀速率有着明显的影响，在 80%RH 和 90%RH 时的曲线上会看到较为明显的氢渗透电流，说明了此结论。当环境在 80%RH 时，16MnR 钢表面的液膜厚度很小，氧比较容易达到电极表面，因而容易发生氧的还原反应，而抑制了析氢反应，使得氢渗透电流增长较为缓慢，电流值较低；当环境在 90%RH 时，试样表面上的液膜相对较厚，吸附在表面的水分子较多，水去极化反应更容易发生，产生的氢原子增多，氢渗透电流也较快增加，且明显高于前者。

8.3.8　表面亚硫酸盐沉积量的影响

　　图 8-6 是在恒温 30℃，恒湿 80% 的条件下，试样表面沉积不同含量的亚硫酸钠时的 16MnR 钢氢渗透-时间曲线。亚硫酸钠的沉积量分别为 0g/cm²、0.5×10^{-5}g/cm²、1.0×10^{-5}g/cm²，从图上可看出三种含量下的氢渗透曲线有着相同的变化趋势，都是先增大后减小，与上述研究的温度和湿度对氢渗透行为的影响趋势相似。当试样表面亚硫酸钠沉积量达到 0.5×10^{-5}g/cm² 时，可以看到析氢时间比没有亚硫酸

钠沉积的时间要提前，氢渗透电流的增加速度明显加快。而当试样表面亚硫酸钠沉积量达到 $1.0 \times 10^{-5} \mathrm{g/cm^2}$ 时，析氢时间更为提前，氢渗透电流增加更为迅速。表 8-7 中列出了图 8-6 中的三种亚硫酸钠沉积量下的最大渗氢电流和氢渗透电量，通过比较可发现：表面无亚硫酸钠沉积的试样电流值最低，亚硫酸钠沉积量越多，氢渗透电流越大，亚硫酸钠沉积量为 $1.0 \times 10^{-5} \mathrm{g/cm^2}$ 时的最大氢渗透电流是无亚硫酸钠沉积时的 3 倍，氢渗透量为 2 倍。

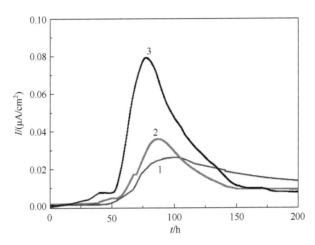

图 8-6　表面不同亚硫酸钠沉积量的 16MnR 钢氢渗透电流曲线（80% RH，30℃）

1. 0g/cm² Na₂SO₃；2. 0.5×10⁻⁵g/cm² Na₂SO₃；3. 1.0×10⁻⁵g/cm² Na₂SO₃

表 8-7　16MnR 钢在不同亚硫酸钠沉积条件下的最大电流密度和氢渗透电量（80% RH，30℃）

亚硫酸钠沉积量/(g/cm²)	0	0.5×10^{-5}	1.0×10^{-5}
最大电流密度/(μA/cm²)	0.262 19	0.359 21	0.792 09
氢渗透电量/C	0.996 40	1.128 04	2.094 76

　　由试验可以看出，亚硫酸盐在试样表面的沉积会促进 16MnR 钢的氢渗透行为，且含量越多氢渗透速率和总量明显增加。亚硫酸盐对 16MnR 钢氢渗透促进作用的原因主要为：①由于亚硫酸根离子能够抑制氧化还原反应，氧还原反应难于发生，从而增大了水还原反应的发生概率；②亚硫酸根阻碍氢原子结合成氢分子，这样在金属表面生成的氢原子会更多地渗入金属内部，而不会结合成分子析出。在现实环境中，亚硫酸根是 SO_2 气体溶解在材料表面水膜中形成的，SO_2 促进氢渗透的原理主要为：①SO_2 能在水中电离出大量的氢离子；②在液膜中形成的亚硫酸可能会进一步被氧化生成 H_2SO_4，进而增加了氢离子的来源，使得有更多的氢渗入材料内部[358]。

8.4　不锈钢在海洋大气环境中应力腐蚀开裂敏感性及影响因素

采用灯芯引流法研究了在模拟海洋大气环境中不锈钢的应力腐蚀开裂敏感性。不锈钢结构在海洋环境中发生腐蚀时，在其表面往往先生成一层溶液膜，由于溶液膜的性质与溶液的性质有根本不同，因此，用灯芯引流法将腐蚀溶液引至试样表面以模拟这种环境。实验过程和装置详见第 6 章。

研究发现，当不锈钢试样在空气中拉伸时，试样具有明显的韧性断裂特征，当试样在模拟海洋大气环境中拉伸时，则试样的最大断裂应力、断裂延伸率和断裂时间均显著减小，说明不锈钢在这种环境下易发生应力腐蚀开裂，结合第 2 章中的研究结果，氢在不锈钢内部的渗透、扩散过程增大了其应力腐蚀开裂敏感性，使不锈钢更容易发生脆性断裂。

此外，温度对不锈钢的应力腐蚀开裂敏感性也有很大的影响，当温度为 55℃时，拉伸实验中不锈钢的各项参数均降低。温度升高促进了不锈钢的蠕变过程，加之外加应力作用，金属内部的位错及缺陷等会移动至试样表面，形成微裂纹，在腐蚀溶液和应力的共同作用下发生脆断。

电位对不锈钢的应力腐蚀开裂敏感性有决定性的影响。施加阴极极化电位时，能够使拉伸过程中不锈钢的断裂延伸率和断裂时间明显延长，起到了保护作用。施加阳极电位时，则促进了不锈钢的阳极溶解。

综上所述，在海洋大气环境中，氢渗透的发生及发展有其前提条件，同时也受到各种环境因素的影响，不锈钢的氢渗透行为受到了各种因素的影响，其普遍存在于表面含有腐蚀性液膜的不锈钢结构中。氢渗透行为的发生能够增大不锈钢的应力腐蚀开裂敏感性，此外，温度和电位对不锈钢的应力腐蚀开裂敏感性均有重要影响。保持钢铁结构表面的洁净与干燥，以及避免酸性气体的污染等措施都可以减轻氢在钢铁内部的渗透。钢铁结构受到海洋大气腐蚀环境与自身载荷的共同作用，存在着氢致开裂的危险性。

第9章 应 用 展 望

9.1 引 言

以往对氢渗透的研究工作大部分集中于本体溶液中，对于在大气腐蚀中氢渗透电流的研究很少，对于大气腐蚀过程中发生氢的还原也是最近才正式提出[163]，并因此获得了 T.P. Hoar 国际奖。该研究对两种海洋结构用钢在海洋大气环境中的 SCC 敏感性和氢渗透现象作了系统地研究，研究了氢渗透电流的影响因素，建立了海洋结构用钢在海洋大气中的氢渗透电流密度和海洋结构用钢在海洋大气环境中的应力腐蚀开裂敏感性二者之间的关系，并进一步探讨了应力腐蚀的氢脆机理，为海洋钢结构及管线工程的腐蚀与防护提供了理论依据，具有非常重要的实用价值。

（1）把氢渗透实验、力学方法和各种电化学方法结合起来研究海洋结构用钢在海洋大气环境中的 SCC 敏感性。

（2）建立了研究动载条件下大气环境中氢渗透的方法，简单实用，效果良好。

（3）发展了利用氢渗透电流测量金属材料腐蚀状况的方法，室内外对比实验表明，该方法可实时、方便地检测材料腐蚀状况。

9.2 腐蚀监测的意义[359]

腐蚀是众所周知的现象。腐蚀造成了惊人损失。美国每年腐蚀损失占国民总产值 42%，达 750 亿美元。我国化学工业每年因腐蚀造成的经济损失达 16 亿元以上[360]。然而，据估计，腐蚀损失中约有三分之一可以通过更好、更广泛地运用现有知识和技术加以避免。腐蚀监测就是这种技术之一。

腐蚀监测指对设备的腐蚀或破坏进行系统测量，其目的在于弄清腐蚀过程，了解腐蚀控制的应用情况以及控制效果。通过腐蚀监测，可以获得生产装置操作状态的有关信息，以便制订合理的维修保养制度，减轻停车期间的检查负担，也为了避免由于生产装置意外损坏引起的计划外停车。腐蚀监测还可以获得腐蚀过程和操作参数之间相互联系的数据，以便对问题进行判断，改善腐蚀控制，使装置更有效地运行。归纳起来，腐蚀监测有下述六项目的：①改善生产能力；②延长设备寿命；③改善产品质量；④预报维修需要；⑤减少投资费用；⑥减少操作费用。

　　腐蚀监测能起到下述五项作用：①帮助诊断问题；②监测解决问题的效果；③提供操作和管理信息；④为控制系统提供依据；⑤为管理系统提供部分依据。

　　电子技术的发展为腐蚀监测技术开辟了广泛的应用前景。例如，程序控制单元的发展，使得能够进行多探头测量及记录，并使来自生产装置各部分与腐蚀数据有关的瞬时反馈信号输送到生产装置的控制室或计算机，以便对必要的工艺参数进行控制，进而实行腐蚀监控。因而，腐蚀监测能为工厂的生产管理决策提供情报，为制订维修计划提供重要信息。很明显，腐蚀监测可以获得明显的经济效益，特别是对大型的一体化的生产装置。因为，一个有关单元设备意外损坏，会招致巨大的经济损失。同时，腐蚀监测还为生产中的人身安全以及环保问题带来明显的社会效益，这也是毋庸置疑的。

　　各种腐蚀监测方法如表 9-1、表 9-2 所示。

表 9-1　腐蚀监测方法

方法	检测原理	应用情况	测量装置
腐蚀挂片法	经过一已知的暴露期后，根据试样质量变化测量平均腐蚀速率	当腐蚀是以稳定的速率进行时非常满意，是一种费用中等的方法。可说明腐蚀类型，使用非常频繁	挂片放入装置内，劳动强度大，加工试样费用而视材料而定
分析法	测量腐蚀下来的金属离子浓度或缓蚀剂浓度	可用来逐一鉴别正在腐蚀的设备，只有中等程序的用途	需要范围广泛的分析化学方法，但对特定离子敏感的离子电极很有用处
	测量工艺介质的 pH	监测如废液 pH 变化，应用非常频繁	很容易从市场购到各种 pH 计。锑、白金、钨等电极常优于玻璃电极。固体 Ag/AgCl 参比电极也很有好处
	测量工艺介质中的氧浓度	一般通过氧吸收器控制氧含量以减轻腐蚀，也可能需维持必要的氧量以保持钝化。用途适中	通常属于电化学类型，采用深入到液相或气相物料中的电极，也可采用取样分析
警戒孔法	当腐蚀裕度已经消耗完时给出指示	用在特殊的设备，特别是磨蚀能造成无规律减薄的管道弯头处，可防止灾难性破坏，不常应用	从设备壁及管道外侧钻一孔，使剩余壁厚等于腐蚀裕度。警戒孔泄漏就表明腐蚀裕度已经消耗完。用一锥形销打入洞内可将泄漏洞临时修补
超声波法	通过对超声波的反射变化，检测金属厚度	普遍用来检查金属厚度或裂纹，空洞。广泛应用	有简单仪器，也有较复杂的仪器，有的工作可承包出去
电阻法	通过正在腐蚀的金属元件电阻变化对金属损失进行积累测量，可计算出腐蚀度	适用于液相和气相，测量与工艺介质的导电性无关，经常使用	仪器有简单的手提式，也有可处理数十个探头的监测系统，并带安全装置
电位检测法	测量金属试片或生产装置本身相对于参比电极的电位变化	根据特性电位区的特征说明生产装置的腐蚀状态（如活态、钝态、孔蚀还是应力腐蚀破裂），可直接测定生产装置的行为，用途适中	可利用简单的高输入阻抗（10MΩ）电压表进行测量，参比电极通常是铂金，不锈钢 Ag/AgCl 制成探头

方法	检测原理	应用情况	测量装置
极化阻力法（线性极化法）	用两电极或三电极探头，通过电化学极化阻力法测定腐蚀速率	在有适当电导的电解液中对大多数工程金属和合金适用。经常使用	有各种型号仪器，包括简单的手提式仪表；各种探头和附属的电缆，记录仪表
零电阻电流表法	在适当的电解质中测定两电极间的电偶电流	显示双金属腐蚀的极性和腐蚀电流，对大气腐蚀显示露点条件。可作为衬里等开裂而有腐蚀剂渗漏的灵敏显示器。不常使用	使用零电阻电流表。利用运算放大器可测量 $10^{-6}A$ 的微弱电流，也可利用小型恒电位仪
涡流法	用一个电磁探头对表面进行扫描	探测表面缺陷，如裂纹、坑。广泛应用	基本仪表不贵，但多用途仪器价值较贵
声发射法	（1）探测泄漏、空泡破灭、设备振动等（2）通过裂纹传播期间发出的声音探测裂纹	（1）用于检查泄漏和摩擦腐蚀、腐蚀疲劳、空泡腐蚀（2）用于探测应力腐蚀破裂和腐蚀疲劳目前还处在研究阶段，应用不广泛	（1）仪器一般较简单便宜（2）仪器较昂贵
辐射显示法	通过射线穿透作用检查缺陷和裂纹	特别适用于探测焊缝缺陷，广泛应用	有 X 射线和 γ 射线两类，需专门知识和小心处理
热象显示法（红外成像法）	利用局部表面温度或表面温度图像指示物体物理状态	用于耐火材料和绝缘材料检查，炉管温度测量，流道探测和电热指示。应用不广泛	带用快响应时间的灵敏红外探测器价钱昂贵，需有专门技巧
氢显示法	用探氢针测定腐蚀析出的氢，用电化学法测定渗入金属的氢	应用于石油化工中，显示钢在硫化物、氰化物等介质中的腐蚀，在特殊用途中频繁使用	探氢针包括一个与压力表连接的细长管，氢渗入内部环形空间，给出压力读数。氢监测仪利用氢浴电解电池进行电化学测定渗氢量

表 9-2　各种监测方法的特点

方法	单个测量所用时间	所得信息类型	对变化的响应速度	与生产装置的联系	可能应用的环境	适用的腐蚀类型	对结果解释的难易	所需技术素养
腐蚀挂片法	长时间暴露	平均腐蚀速率，腐蚀形态	差	探头	任意	全面腐蚀或局部腐蚀	容易	简单
分析法	较快	腐蚀状态，正在腐蚀的系统和不见的腐蚀	较快	一般的生产装置	任意	全面腐蚀	较易，但需有生产装置的知识	中等要求
警戒孔法	慢	"是否"存在剩余厚度	差	生产装置的局部	任意环境、气体或蒸气	全面腐蚀	容易	比较简单
超声波法	较快	剩余厚度或存在的裂纹	很差	生产装置的局部	任意	全面腐蚀或局部腐蚀	容易，但检查裂纹或蚀坑需要有经验	简单

方法	单个测量所用时间	所得信息类型	对变化的响应速度	与生产装置的联系	可能应用的环境	适用的腐蚀类型	对结果解释的难易	所需技术素养
电阻法	瞬时	累积腐蚀	中等	探头	任意	全面腐蚀	比较容易	比较简单
电位监测法	瞬时	腐蚀状态,间接表明速度	快	探头或一般的生产装置	电解液	全面腐蚀或局部腐蚀	比较容易,但需有腐蚀知识,可能需要专家帮助	比较简单
极化阻力法	瞬时	腐蚀速率	快	探头	电解液	全面腐蚀	比较容易	比较简单
零电阻电流表法	瞬时	腐蚀速率并可获表面原电池效应信息	快	探头或一般生产装置	电解液	全面腐蚀或特殊条件下的局部腐蚀	比较容易,但需有腐蚀知识	比较简单
涡流法	快	损坏分布	差	生产装置的局部	任意	裂纹蚀坑、缺陷	容易	比较简单,但需有经验
声发射法	瞬时	裂纹传播,汽蚀,泄漏检查	快	一般的生产装置	任意	腐蚀破裂,汽蚀和组分泄漏	比较容易	对裂纹传播要有专门知识,其他较简单
辐射显示法	比较慢	腐蚀的分布	差	生产装置的局部	任意	孔蚀或可能的腐蚀破裂	容易	简单,但有特殊辐射危险
热象显示法(红外成像法)	相对较快	损坏分布	差	生产装置的局部	任意,必须是热的或在环境温度以下	局部腐蚀	容易	较难,需有专门知识
光学器具法(闭路电视、光调制管)	在能够取数时快,其他较慢	损坏分布	差	生产装置的局部	任意	局部腐蚀	容易	比较简单
目测法(借助量规)	慢,需停车进入设备	损坏分布,显示速率	差	可顾及的表面	任意	全面腐蚀或局部腐蚀	容易	比较简单,但需有经验
氢显示法	快	总腐蚀	相当差	探头或生产装置的局部	非氧化性电解液或热气体	全面腐蚀	容易	简单

现将其中使用较广泛或较有特色的方法介绍如下。

9.2.1 电阻法

1980年,第一次提出了利用电阻测定来研究大气腐蚀[361]。目前,电阻法已经发展成为一项应用非常普遍的成熟的腐蚀监测技术,国际市场有专门的公司供应各种规格齐全的测量仪表、探头及辅助器件。

电阻法所测量的是金属元件的横截面积因腐蚀而减少所引起的电阻变化。这种元件通常是丝状、片状或管状。如果腐蚀大体上是均匀的,电阻的变化就与腐蚀的增量呈比例。从每次的读数可以计算出经过一段时间之后的总腐蚀,因而也可以计算出腐蚀速率。通过元件灵敏度的选择,可以测定出腐蚀速率较快的变化。然而,无论如何,电阻法毕竟只能测定一段时间内的累计腐蚀量,它不能测定瞬时腐蚀速率,也不能测定局部腐蚀。此外,电阻法所测定的"探头元件"的腐蚀,它有时与设备本身金属的腐蚀行为可能不同。但它也有其特色,就是电阻法既能作液相(不论溶液是电解质还是非电解质)测定,也能作气相测定。而且,方法简单,易于掌握和解释结果。测量仪器可采用开尔文电桥或惠斯通电桥,处于腐蚀状态下的元件作为电桥的一个臂。为了补偿温度对电阻的影响,通常设置一个比较元件,作为电桥的第二个臂。此比较元件必须防腐,避免与工艺介质接触,并靠近受腐蚀的元件放置,使其与测试元件经受相同的温度条件。

在设计时,元件的有效寿命一般取为元件厚度减少到原始厚度的一半所需要的时间,这可以最大限度地减少由于腐蚀不完全均匀而产生的测试误差。而对于元件的有效寿命来说,电桥中平衡电位器的阻抗与元件厚度成比例。国外一些商品电阻法腐蚀测定仪选择平衡电位器时,使其刻度范围从 0~1000,此范围与探头元件的有效金属损失相对应。例如,一个丝状探头元件,假设其直径为 80 密尔(2mm),此探头的有效厚度损失就是 40 密尔(1mm),这相当于丝状元件周围被腐蚀了 20 密尔(0.5mm)的厚度。因此,将 20 密尔(0.5mm)的金属损失与平衡电位器上刻度 1 的变化相对应,就可根据下式确定经过一段时间腐蚀之后的穿透深度(总腐蚀量)或者平均腐蚀速率:

$$穿透深度(密尔)=读数\times\frac{20}{1000} \tag{9-1}$$

$$腐蚀速率(密尔/年)=\frac{读数}{时间(天)}\times\frac{20}{1000}\times365 \tag{9-2}$$

对于一些商品仪器,引入了探头系数的概念,将上式写成:

$$穿透深度(密尔)=读数\times0.001\times探头系数 \tag{9-3}$$

$$腐蚀速率(密尔/年)=\frac{读数}{时间(天)}\times0.365\times探头系数 \tag{9-4}$$

对于上例中直径 80 密尔的丝状元件,式中探头系数为 20。若探头元件为壁厚 10 密尔的管状元件,且只从一侧腐蚀,则探头系数为 5。

如果将上式中密尔或密尔/年值再乘以转换系数 0.0254,即可得到以 mm 或 mm/a

表示的腐蚀数值。

　　测试元件和温度补偿用的比较元件都装于探头上（图 9-1）。这种探头耐压 $35\times10^5\text{Pa}$ 以上，有的探头耐压更高，达 $247\times10^5\text{Pa}$。耐温性能取决于元件与探头体的绝缘密封材料。如果采用聚四氟乙烯，名义耐温达 250℃，实际为 149℃，采用玻璃绝缘，实际耐温为 204℃，但有的采用陶瓷块进行绝缘密封，实际耐温可达 371℃[362]。

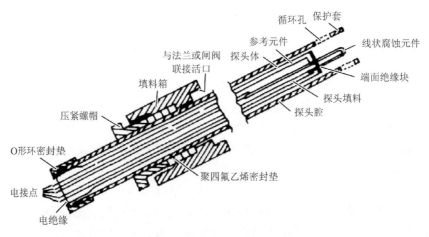

图 9-1　可伸缩型电子探头

9.2.2　极化阻力法

　　极化阻力法又称线性极化法，它是根据腐蚀的电化学原理而发展起来的一种测量金属腐蚀速率的方法。极化阻力一词，是 1951 年由 Bonhoeffer 和 Jena[363]提出的，它所表示的定静止电位处极化曲线的斜率 $\dfrac{\Delta E}{\Delta I}$。1957 年，Stern 和 Geary[364]根据大量的定量研究总结发展了这一技术，从而奠定了它的应用基础。他们根据复合电位理论推导出了著名的公式：

$$\left.\frac{(\Delta E)}{(\Delta I)}\right|_{\Delta E=0}=\frac{b_a b_c}{2.3 i_{\text{corr}}(b_a+b_c)} \tag{9-5}$$

式中，$\Delta E=E-E_{\text{corr}}$，即从腐蚀电位 E_{corr} 开始的电位移动（移到 E）；ΔI 是测得的由于此电位移动所产生的外部电流；i_{corr} 是自由腐蚀电位 E_{corr} 下的腐蚀电流；b_a 和 b_c 分别是阳极极化曲线和阴极极化曲线斜率所给出的常数。

　　要使上式成立，工作条件需满足某些前提，其中 ΔE 要小，如不超过 10mV。在所规定的条件下，上式可简化成：

$$\left.\frac{(\Delta E)}{(\Delta I)}\right|_{\Delta E=0} = R_{\mathrm{p}} = \frac{B}{i_{\mathrm{corr}}} \tag{9-6}$$

从而

$$i_{\mathrm{corr}} = \frac{B}{R_{\mathrm{p}}} \tag{9-7}$$

式中，R_{p} 为极化阻力，$\Omega \cdot m^2$；B 为极化阻力常数，V；i_{corr} 为腐蚀电流，A/m^2。

　　利用法拉第定律，很容易将腐蚀电流转换成以 mm/a 表示的腐蚀速率 C_{corr}：

$$C_{\mathrm{corr}}(\mathrm{mm}/\mathrm{a}) = \frac{8760 e i_{\mathrm{corr}}}{D} = \frac{8760 e B}{R_{\mathrm{p}}} \tag{9-8}$$

式中，e 为腐蚀金属的电化当量，g/Ah；D 为金属的密度，kg/m^3。

　　由此可见，腐蚀速率与极化阻力成反比。极化阻力大，腐蚀过程缓慢；极化阻力小，腐蚀就严重。测出 R_{p}，知道 B 值，便可求出腐蚀电流 i_{corr}（A/m^2）或腐蚀速率 C_{corr}（mm/a）。

　　为了知道体系的 B 值，最基本的方法就是通过腐蚀挂片失重按式（9-9）先求出腐蚀电流 i_{corr}（A/m^2）：

$$i_{\mathrm{corr}} = \frac{\Delta w}{ste} \tag{9-9}$$

式中，Δw 为挂片失重，g；s 为挂片表面积，m^2；t 为挂片试验时间，h；e 为电化当量，g/Ah。再测定体系的 R_{p}，然后按式（9-7）求出 B 值，或者直接按式（9-10）用失重值代入而算出 B 值：

$$B = \frac{\Delta w R_{\mathrm{p}}}{ste} \tag{9-10}$$

　　然而，B 的理论估算值在 0.010～0.052V。事实上，根据大量的测定，已记录到 B 值约 90%是在 0.012～0.040V，有 70%是在 0.012～0.030V。因此，对于商品仪器和实际使用来说，当没有更可靠的计算依据时，常假设 B 值在 0.015～0.020V，建议采用 0.018V 的 B 值，可将误差范围缩小，使求出的腐蚀速率与实际值相比，只相差 2 倍。在大多数实际使用中，特别是工业监测，为了解释和估计设备腐蚀状况，测量值与实际值之间相差 2 倍是不大的。

　　严格说来，极化阻力与腐蚀电流之间的数学关系只当 ΔE 趋于零并且是在腐蚀电位处测量时才正确。而在 0～10mV 或 0～30mV 范围内的极化曲线，事实上大都呈曲线关系。但考虑到实际应用所允许的误差，常常假设它呈直线关系，在商品仪器中，对数据进行了线性化处理。因此极化阻力法有时也称线性极化法。极化阻力法和电阻法类似，也需将所测定的金属制成电极试样（探头），装入设备内。而且只适合于在电解液中发生电化学腐蚀的场合，基本上还只能测定全面腐蚀。但它能测定瞬时腐蚀速率。

9.2.3　电位监测法

金属的腐蚀行为与腐蚀电位之间存在一定的关系。有的腐蚀只能在某个电位区间发生，在其他电位区间就不能发生，如应力腐蚀开裂、孔蚀、钝化、过钝化与活化腐蚀、晶间腐蚀。如果预先掌握腐蚀形态与电位关系的规律，就可以通过电位测量来监测设备的腐蚀。图 9-2 是碳钢在各种介质中发生应力腐蚀开裂的电位区。此法的优点是可以测定均匀腐蚀也可以测定局部腐蚀，还可能确定腐蚀类型。最突出的特点是它可以直接测定设备的状况，而不一定通过制成试片的探头来作出响应。但它往往不能测定准确的腐蚀速率值，尽管可以推断大致的腐蚀快慢程度。在阴极保护和阳极保护技术中，普遍采用电位监测方法。

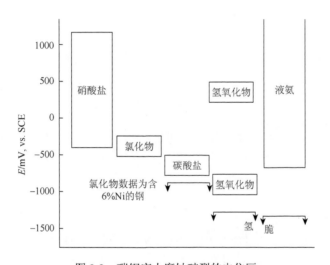

图 9-2　碳钢应力腐蚀破裂的电位区

该方法需向设备内部插入一个参比电极，以供电位测定用。实际上，该方法应用范围的限制往往是随参比电极使用范围的限制而定。

9.2.4　零电阻电流表法

根据电化学原理，腐蚀原电池电流就是腐蚀电流，它反映的也是腐蚀量，即

$$\Delta w = Iet \tag{9-11}$$

式中，Δw 为腐蚀损失量，g；I 为腐蚀原电池电流，A；t 为腐蚀时间，h；e 为腐蚀金属的电化当量，g/Ah。

如果能直接测量出腐蚀电流 I，便可算出金属腐蚀损失。实际上，为了减少测

量电流时仪表内阻对原电池工作的影响，需使用内阻为零的电流测量装置——零电阻电流表。电子技术的发展已能很容易地提供这样的商品仪表。

双金属电偶腐蚀就是原电池腐蚀，可以利用零电阻电流表法进行腐蚀测量。零电阻电流表还可以作为信号探测器，用来检查衬里的渗漏。因为电解液渗透过衬里时，零电阻电流表两个埋在衬里内的电极间就会产生电流，从而指示衬里已经腐蚀穿透。有时，可以利用同种材料在相同条件下应具有同类型腐蚀行为而如果行为不同（因而产生腐蚀电池电流）就表明条件变化的特点，将相同的试片作为两个电极，用零电阻电流表监测高流速引起的冲刷腐蚀，监测介质中氧含量、缓蚀剂浓度或水质的较大变化。

9.2.5　氢检测

氢气是许多腐蚀过程的一种产物。腐蚀产生的氢或工艺介质中的氢渗入金属能引起生产设备破坏。渗氢破坏包括氢脆、氢鼓泡、氢诱导应力腐蚀破裂等，在化工厂、炼油厂、油井和输油管线等很多装置都会发生这类问题。氢监测就是测定氢的渗入倾向，从而表明结构材料的危险趋势。图 9-3 是一种氢监测所用的探氢针。它的薄壁钢壳厚 1～2mm，插入容器内，吸收的氢可通过钢壳扩散到狭窄的环状空间，通过与此空间相连的压力表，可根据压力增加速度测定扩散的氢量。当钢壳金属已经被氢饱和时，探氢针的工作就达到稳定状态。通常，从投用起算，这可能要 6～48 小时。其余电化学技术的渗氢监测仪还可以测定渗透到设备或管线内的氢量。

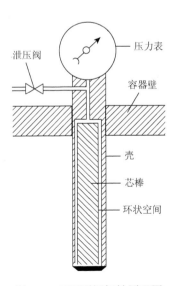

图 9-3　正压型探氢针原理图

9.3　选择监测方式的原则[365]

9.3.1　测量所需的时间

有的技术可取得瞬时信息，如极化阻力法和电位法；有的技术只能提供较慢的信息，如电阻法和超声法。

9.3.2　所得信息的类型

有的技术测量的是腐蚀速率，如极化阻力法；有的方法测量的是总腐蚀量或剩余厚度，如电阻法和超声法；有的方法则显示腐蚀分布或有关腐蚀形态，如热象显示和电位监测。

9.3.3　响应变化的速率

测量值属于腐蚀速率或腐蚀形态时，可以得到快速响应，如果测量值属于总腐蚀、剩余厚度或者腐蚀分布时，响应速率就受限制。并非所有能提供瞬时信息的技术都具有快速响应能力。

9.3.4　与生产装置行为的关系

有的技术可以反映装置本身的行为，如电位法和超声法。有的只能通过探头反映环境的腐蚀性从而推断生产装置的行为。大多数技术只能反映某部位的腐蚀，反映不出其他地方正在发生什么。没有一项单独的方法可以给出所有希望能得到的信息。

9.3.5　对环境的适用性

基于电化学技术的方法，只能适用于电解质溶液。电阻法则既适用于电解液也适用于非导电介质。

9.3.6　腐蚀类型

大多数方法适用于全面腐蚀，有的技术也能适用于局部腐蚀。

9.3.7　解释上的困难

一般地，对信息的解释比较直观，但如果采用某些单项监测方法，而且又在其适用范围的界限附近应用，则对所得信息作出解释有时也比较困难。

9.3.8　技术素养

有的方法要求简单，如电阻法和超声法；有的方法本身有其固有的技术复杂性，不是每个单位、每个人容易熟练掌握，如声发射、谐振频率测量等。

9.3.9　经济比较

电阻法、电位法、极化阻力法、超声法等所需投资不大。声发射、谐振频率测量、交流阻抗法等所需投资就较大。但是，还应该对采用该种腐蚀监测技术所能带来的经济效益进行总体比较才能作出最后评价。

9.4　海洋腐蚀监测的发展现状及趋势[315]

9.4.1　海洋腐蚀监测的发展现状

海上钢结构每时每刻都在遭受着腐蚀，腐蚀监测是防止腐蚀危害，确保安全生产的有效方法。海洋腐蚀监测就是采用各种技术手段对海洋环境下材料的腐蚀状况及环境的腐蚀性进行跟踪。了解腐蚀状况，掌握腐蚀规律，并对材料的寿命作出预测，避免由腐蚀引起的破坏。海洋腐蚀环境比较复杂，从大气区到海泥区腐蚀规律各不相同，这对如何运用腐蚀监测技术，如何研制腐蚀监测仪器提出了特殊要求。一般地，腐蚀监测仪器需要满足海上"三防"要求，即防潮湿、防盐雾、防霉菌，从而在恶劣的海上环境中保证具有很高的可靠性。腐蚀监测仪器密封性要好，避免进水和盐类影响仪器的正常工作；腐蚀监测设备本身也遭受着腐蚀，工作于一线各类探头、传感器、传输设备由于受到腐蚀及生物污损等容易使精密度、准确度降低甚至损坏；同时海浪、海冰对腐蚀传感器和放置在室外的腐蚀监测仪具有强烈破坏作用，必须研制出坚固耐用的监测仪器；一些工业生产中常用的监测方法在海水环境下并不一定适用，由于海水的密度、盐度、渗透压、折射率等各种因素的影响必须对仪器进行误差校正，必要时必须对所得数据进行修正才能得出正确结果。

9.4.2　海洋腐蚀监测中可以利用的技术

腐蚀监测是由实验室检测法和无损检测技术发展起来的，近年来又出现了许多新技术，按学科大体分为物理法、电化学法、生物分析法、化学分析法等。

1. 物理法

作为传统的腐蚀监测方法，物理法已经应用了很长一段时间。如表观检查、厚度测量、失重挂片等。表观检查是最基本的腐蚀检查方法。由于海洋环境的特殊性，这种方法仅限于实验室分析，现场直接的肉眼检查很难做到。一般都是从受腐蚀部位取样，通过化学分析、金相观察以及各种电子显微研究来获取腐蚀信息。当然也可以使用摄像机等设备进行现场检查。与表观检查相比，挂片法最大的优点是可对腐蚀进行精确度的定量跟踪，例如，可以测均匀腐蚀速率。实际运用中一般是将与被腐蚀物同质的小块材料置于相同的腐蚀环境中进行实海挂片实验（对照实验）。海浪、海流和海冰、海水温度等物理因素也是我们在海洋腐蚀监测中必须注意的方面，目前各种流速计、温度计之类的仪器已很成熟，可以直接拿来用在腐蚀监测系统中。上述方法的技术要求都不高，但不失为经典的腐蚀研究方法，下面介绍一些基于光、声、电磁的物理方法。

1）声法

（1）声发射监测技术。材料在腐蚀开裂过程中会释放声波，我们可以将这种声波转化成可监测的电信号来检测材料腐蚀损伤的发生和发展，并确定它们的位置。

（2）超声检测。超声测厚已是一种很成熟的工业无损探测技术，但是必须注意海水中声速与大气不同，要校正参数才可以使用。另外，水下超声裂纹检查需要二级资质的潜水员，花费昂贵。研究携带超声检测的智能仪器十分必要。

2）光法

通过反射镜、放大镜、内窥镜、体视显微镜和照相机、摄像机等，可以实现水环境中实时监测。下面介绍几种复杂一点的光监测法。

（1）热像显示技术（红外图像法）。如果设备泄漏、开裂就会释放能量引起材料表面温度场变化，这就提供了进行红外测量的信息。就像红外夜视仪一样，我们可以非接触地进行在线测量，此技术对复合材料的检测十分有效。

（2）射线照相技术。射线照相技术可以用来检测局部腐蚀，射线穿过构件后就在底片上产生图像，这些图像的密度可以反映受检材料的厚度和密度。现在使用最普遍的是 X 射线，另外中子射线可以监测某些氢氧化物。其他一些射线也可以进行腐蚀监测。

（3）光纤传感技术。重庆大学的黎学明等采用电化学方法制备了用于混凝土结构钢筋腐蚀监测的光纤传感器（FOCS），该方法基于电沉积于光纤纤芯上的敏感膜能够将腐蚀信息传递给光纤内传导的光波，从而获取腐蚀信息，实现腐蚀监测。他们将 Fe-C 合金镀覆于光纤纤芯上作为腐蚀敏感层，并将该光纤埋入混凝土结构钢筋处，使钢筋与腐蚀敏感膜层处于相同的腐蚀环境中，则测量光纤传输信号的改变而获取钢筋腐蚀状态的信息。

（4）全息干涉测量法。Habibn 等提出全息干涉测量法监测点蚀的过程。他们为了测量铜在海水中的腐蚀行为，使用一种用来测试评价材料与不同腐蚀现象相关性的光学腐蚀仪。通过本法观察到两种金属表面干涉花纹混乱，由此推出金属发生了点蚀。

3）磁法

（1）涡流技术。涡流检测方法是利用交流磁场使位于磁场中的金属物体感应出涡流，这个涡流的分布与金属材料表面处光滑度有关，如果发生开裂或腐蚀涡流受到干扰，通过检测线圈测定金属涡流大小、分布及其变化，可以检测材料的表面缺陷和腐蚀。

（2）漏磁法。钢腐蚀缺陷处的磁导率远小于钢管的磁导率，外加磁场后，无缺陷的地方磁力线分布均匀；当钢内部有缺陷时，磁力线发生弯曲，并有一部分磁力线泄漏出钢表面，可以通过监测逸出的漏磁通监测腐蚀状况。北京有色金属研究院在上述磁法检测方面做了较多研究。

2. 电化学法

由于腐蚀本身是个电化学反应的过程，因此在众多的腐蚀监测系统中，绝大多数依据的是电化学测试技术。电化学法有：①电阻探针法；②电位法；③线性极化探针；④交流阻抗探针；⑤电流法；⑥恒电量技术；⑦电化学噪声技术；⑧电偶探针；⑨场图像技术。

3. 生物监测法

海水中的生物污损和各种菌类对腐蚀有不可忽视的影响，同化学分析法一样，用各种生物传感器及生物收集装置监测某被腐蚀物周围海域的生物和菌类对我们掌握腐蚀规律有极大的帮助。油田生产中硫酸盐还原菌 SRB 会引起不良的后果，监测硫酸盐还原菌的含量对控制腐蚀十分必要。监测 SRB 的方法有培养法，显微记数法等，用于监测的仪器有 ANGUS 公司的 BUGCHECKSRB，BROTH 生物技术公司的 MICKIT-CBTI-SRB 检测仪等。

4. 化学分析法

化学法并不是直接对腐蚀状况进行监测而是跟踪影响腐蚀的各种因素及腐蚀产物，辅以各种数据处理方法来间接监测腐蚀状况，并能积累数据找出腐蚀规律，作出预测。例如，海洋环境下氧的含量对腐蚀起着决定性作用，其他与化学有关的因素也很重要，因此我们必须进行化学分析确定腐蚀随时间变化的规律。我们在监测过程中需要关注的项目有腐蚀气体的含量（氧、硫化氢、二氧化碳）；水成分（pH、盐度、水中铁含量）。为此我们要想全面的把握腐蚀状况必须研制阵列式的各种传感探头去采集各种化学参数。渗氢检测就是一种典型的化学分析法。在酸性介质中，由于钢构件吸收了腐蚀产生的氢原子或在高温下吸收了工艺介质中的原子氢从而产生氢脆、氢致开裂和氢鼓泡。氢探针所测量的是生成氢的渗入倾向，从而表明结构材料的危险趋势。中国科学院金属研究所先后研制出纽扣式燃料电池渗氢传感器，外置式渗氢传感器，在此基础上研制出了几种商品探测仪。部分仪器已成功应用于渤海，南海的海洋平台年检。

9.4.3　海洋腐蚀监测中需要大力发展的几个方面

在讨论腐蚀监测技术发展方向的同时，不能不提及计算机技术所带来的革新以及对今后腐蚀研究的影响。美国腐蚀工程师协会曾专门召开过"计算机在腐蚀中的应用研讨会"，并出版过论文集。1995 年它所召集的腐蚀会议征文 5 项议题中有一项是关于腐蚀自动监测的。由于计算机技术的发展，现代化的腐蚀监测已经脱胎换骨，从原来的单一探针、单一仪器的裸机发展到以微处理器为核心的腐蚀监测系统。目前许多基于计算机技术的腐蚀监测仪已经相当成熟，实现了数据采集、处理、分析、预测、反馈命令一体化。国内的如前面提到的 PM 系列腐蚀监测系统，计算机辅助氢损伤监测系统及管道内腐蚀监测系统等。在海洋腐蚀监测中积极探索和利用基于计算机技术的新方法是我们的研究重点，也是研究方向。

1. 将与计算机结合的数学方法用于腐蚀监测

与海洋腐蚀有关的环境因子多，数据采集量大，数据来源广泛，时间和空间跨度大，并存在大量的随机数据。随着计算机技术的发展，出现了许多新的数据处理方法，在腐蚀监测中积极探索新的数据处理方法，引进和编写功能强大的数据处理软件，对保证监测结果的精确性具有十分重要的意义。目前一些新的数据处理方法，如模糊数学、人工神经元网络、灰色理论、有限元、小波分析等早已被用于腐蚀数据处理。一些商业化的数据处理软件，如 MAT-LAB、EXCEL、ORIGIN、SPSS 等在腐蚀数据处理中也大显身手。虽然海洋腐蚀数据繁多，但是我们将这些方法用于腐蚀监测系统可以大大提高数据处理效率，提高监测系统的性能。

2. 将网络化与专家系统结合

采用局域网组网技术将各监测探头测得的数据传到各小型工作站（如一个平台或一艘船的腐蚀监测处理器），再汇集到陆上大型服务器甚至传到 Internet 上。由一套专家系统对标志腐蚀状况的数据进行分析，从而进行寿命预测或提出整改及防腐控制措施，再将方案反馈到现场，指挥智能化的腐蚀监测仪。目前基于局域网的电阻探针腐蚀监测系统于 2002 年 10 月研制成功，并于上海高桥石化炼油厂成功应用。腐蚀监测系统在现场实时数据采集，在企业局域网上可直接浏览数据和腐蚀曲线。北京科技大学在腐蚀网络数据库方面起步较早，最近他们将 JSP 技术与 SQL 语言相结合建立了一套网络腐蚀数据库查询系统，大大拓宽了腐蚀数据的传播途径。

3. 建立腐蚀监测数据库对数据进行整理

我们知道海洋腐蚀环境因子分为三类：物理因素、化学因素和生物因素。长期以来由于没有有效的跟踪手段，对以上众多的参数不能进行全面的把握，加紧研制多功能的腐蚀监测仪尽可能获得各种腐蚀参数，同时利用数据库技术和现代化的数据处理手段，用数学方法进行分析，绘制各种腐蚀图谱，建立腐蚀监测数据库势在必行。赖俊斌等建立了一个航空材料环境试验数据库并设计了专家咨询系统。徐杰等为了对多年积累的大量的与腐蚀有关的图片进行调用，建立了海水腐蚀图谱库，进一步完善了数据库的功能，可以查询、显示图片及与其相对应的腐蚀数据和曲线。这种将腐蚀数据、曲线及相关图片对照研究的方法能够更加鲜明地突出有色金属海水腐蚀行为的规律和特征。

4. 智能仪器在海洋腐蚀监测中的应用

虽然一些腐蚀监测系统已比较成熟，但是多是半自动性的，即只能人为地固定在某个工作场合进行自己的监测活动，不能自己调节位置和姿态，这大大限制了腐蚀监测系统的使用范围。研究动态遥测腐蚀监测仪就显得很有必要了。目前南海惠州油田就使用 ROV 检测技术对海底管线实施电位测量,无损检测等。英国最早在北海油田使用遥控操纵腐蚀监测方法,最初的模型是用船拖引参比电极进行远程电位监测,监测船装有数据采集系统和海底管线定位系统,可实现定点监测。过去石油输油管道的检测普遍采用管道检测机器人(pipeline intelligent pig),目前研制生产管道检测机器人的公司有 NKK、Pipetronix、TD William son 等。英国 JME 公司生产的 JME10/60 管道爬行器,是一种 X 射线探伤爬行器。尽管 JME 爬行器采用了最先进的微处理技术,但它们在现场的使用和维修是相当简单的。爬行器提供可预设功能来适应每种特定的管线,并且其可以通过外部低能量的同位素信号源进行全面遥控。它用于对管道焊缝的无损探伤检测。这种爬行器结构紧凑,适用于陆地、海底及各种气候条件下工作,适合在 $10''$(250mm)~$60''$(1500mm)的不同管径的管道内检测。Pipescan 是一种用来检验管线内部腐蚀的检测系统,该系统以磁泄漏方法为原理并具有操作简单、高效、便携的特点。这套系统仅仅依靠两个能调节的扫描头即可覆盖管径为 50~2400mm 的管线,有多种扫描头可以选择,不同于其他检测方法,不论在线或离线检验,此系统不受管道内部流动介质流动的影响。日本 NKK 公司研制了一种利用超声波高精度检测管道腐蚀情况的机器人系统。产生超声波,并测定超声波的反射时间,然后对这些超声波进行分析,以鉴定管道连接部分的腐蚀情况及管道基质材料。我们正在研制一种有缆水下腐蚀监测智能机器人,可在水下摄像、红外分析及直接用探头测量牺牲阳极对被保护物的电位,通过水上控制软件的友好界面操作人员可实现对水下机器人姿态的控制。此水下腐蚀监测智能机器人既可以替代潜水员工作又可以实现对各部分进行灵活连续的实时监测。另外还装有数据分析软件,可以对数据进行解析处理,实现预测功能。

9.4.4　金属腐蚀监测仪器的发展及其趋势[366]

随着计算机技术特别是单片机技术应用的日益广泛和深入,腐蚀监测技术逐渐向智能化方向发展。以计算机技术为核心的智能化腐蚀监测仪成为腐蚀监测的重要发展方向[367]。智能化腐蚀监测仪一般是以微处理器为核心,配置一定的硬件组成不同的模块,通过数据总线、控制总线、地址总线,采用传感器将检测得到的腐蚀信息转化为电信号,通过 A/D 和 D/A 转换接口,微处理器进行试验控制、采集数据、计算出腐蚀量数据并打印结果[368]。计算机技术与电化学技术融合,可以通过反馈作用于实验,改变与调整实验参数,使腐蚀监测研究达到新的高度。因此出现了精度更高、适用面更广泛、更容易操作的智能化便携式的腐蚀监测仪。例如,恒电量腐蚀测试仪和微型计算机联机在线测量,能对腐蚀的影响因素连续跟踪，还可通过测量电阻、电容的变化，判断缝隙腐蚀和小孔腐蚀是否发生。流阻抗技术与计算机结合，其应用领域进一步拓宽，为其他（如生物、环境、电子、材料、土建等）领域的研究工作提供新的机遇。最新的电化学测试组合仪器，加上辅助设备的体积也只有一个手提箱大，但功能却相当于十年前一整套的电化学实验室测试系统（如 Solartron 公司的 1280Z）。

国内近年来涌现出的智能化便携式的腐蚀监测仪主要有 CMB-1510B（弱极化法）[369]、CCMW-9810（恒电量法）[370]和能够用电阻探针、线性极化探针和氢探针等多种方法监测的 CMA-1000 腐蚀监测系统[371]。国外在原有系列产品基础上除继续出新型号仪器外，沿着实时（realtime）和在线（on-line）方向研制出了更新的监测仪器[372]。例如，美国 Cortest 公司的 MK-9300，它利用电感阻抗法的原理制作而成，测量的是置于金属/合金敏感元件周围的线圈由于敏感元件的腐蚀而引起的感抗变化的信号。美国的 EG&G 公司、Gamry 公司，英国的 Solartron 公司，德国的 ZANHER 公司，荷兰 Eco Che-mie 等公司则致力于微机化的实验装置（如恒电位仪、频响分析仪等）[373]。

9.5 对后续工作的建议

由于在大气环境中，测量方法和手段的不足，对一些电化学实验进行起来还比较困难，要完全了解大气腐蚀中的氢渗透机理还需要做大量的工作，尤其在如下几个方面。

（1）发展研究大气环境中的实验方法和设备，采用一些电化学方法对大气腐蚀过程中材料表面状态的变化做更多研究。

（2）由于在大气腐蚀的过程中，会涉及短路电流，可以深入地研究电流热效应对氢渗透的影响。

（3）以后进一步研究在海洋大气环境中影响氢渗透的因素。

（4）进一步研究在不同海洋大气条件下氢渗透对高强度海洋用钢在海洋大气中氢致开裂的影响。

（5）进一步研究材料形变对氢渗透的影响，阐明在应力作用下，氢在材料中的分布、聚集、渗透以及对材料破坏的机理和规律。

（6）尝试建立氢渗透相关数学模型，能够对氢致开裂进行有效的分析及监测。

参 考 文 献

[1] 刘秀晨，安成强. 金属腐蚀学. 北京：国防工业出版社，2002.

[2] C. 莱格拉夫（瑞典），T. 格雷德尔（美国）. 大气腐蚀. 韩恩厚等译. 北京：化学工业出版社，2005.

[3] Feliu S，Morcillo M，Chico B. Effect of distance from sea on atmospheric corrosion rate. Corrosion，1999，55（9）：883-891.

[4] 王光雍，王海江，李兴濂，等. 自然环境的腐蚀与防护——大气·海水·土壤. 北京：化学工业出版社，1997.

[5] 李兴濂. 我国大气腐蚀网站试验研究回顾及发展建议. 材料保护，2000，33（1）：20-22.

[6] Rosenfeld I L. Atmospheric Corrosion of Metals. Houston：NACE，1972.

[7] Barton K. Protection Against Atmospheric Corrosion. London：Wiley，1976.

[8] Ailor W H. Atmospheric Corrosion. New York：Wiley，1982.

[9] Coburn K. Atmospheric Factors Affecting the Corrosion the Engineering Metals. ASTM STP 646. ASTM，Philadelphia，1978.

[10] Dean S W，Rhea E C. Atmospheric Corrosion of Metals. ASTM STP 767. ASTM，Philadelphia，1982.

[11] Dean S W，Lee S. Degradation of Metals in the Atmosphere. ASTM STP 965. ASTM，Philadelphia，1988.

[12] Kirk W W，Lawsen H H. Atmospheric Corrosion. ASTM STP 1239. ASTM，Philadelphia，1995.

[13] Johansson L G. The corrosion of steel in atmospheres containing small amount of SO_2 and NO_2. 9th International Congress on Metallic Corrosion. Toronto，1984，1：407-411.

[14] Oesch S. The effect of SO_2, NO_2, NO and O_3 on corrosion of unalloyed carbon steel and weathering steel-the results of laboratory exposure. Corrosion Science，1996，38（8）：1357-1368.

[15] Oesch S，Faller M. Environmental effects on materials：the effect of the air pollutants SO_2，NO_2，NO and O_3 on the corrosion of copper，zinc and aluminum. A short literature survey and results of laboratory exposures. Corrosion Science，1997，39（9）：1505-1530.

[16] Svensson J E，Johansson L G. A laboratory study of the effect of ozone，nitrogen dioxide and sulfur dioxide on the atmospheric corrosion of zinc. Journal of the Electrochemical Society，1993，140（8）：2210-2216.

[17] Tidblao J，Leygraf C. Atmospheric corrosion effects of SO_2 and NO_2, a comparation of laboratory and field-exposed copper. Journal of the Electrochemical Society，1995，142（3）：749-756.

[18] Zakipour S，Tidblad J，Legraf C. Atmospheric corrosion of SO_2 and O_3 on laboratory-exposed copper. Journal of the Electrochemical Society，1995，142（3）：757-760.

[19] Strandberg H，Johansson L G，Lindqvist O. The atmospheric corrosion of statue bronzens exposed to SO_2 and NO_2. Materials and Corrosion，1997. 48（11）：721-730.

[20] Zakipour S. Atmospheric corrosion effects of SO_2, NO_2 and O_3, A comparison of laboratory and

field-exposed nickel. Journal of the Electrochemical Society，1997，144（10）：3513-3517.

[21] Kucera V. Materials damage caused by acidifying air pollutants-4 year result from an international exposure program within UNECE. 12th International Corrosion Congress. 1993，2：494-508.

[22] Cox A，Lyon L B. An electrochemical study of the atmospheric corrosion of mild steel，III-the effect of sulphur dioxide. Corrosion Science，1994，36（7）：1193-1199.

[23] Persson D，Leygraf L. Initial interaction of sulphur dioxide with water covered metal surfaces：an in-situ IRAS study. Journal of the Electrochemical Society，1995，142（5）：1459-1468.

[24] Morcillo M，Chiro B，Otero E，et al. Effect of marine aerosol on atmospheric corrosion. Materials Performance，1999，38（4）：72-77.

[25] Cole I S，Patterson D A，Furman S A，et al. A holistic approach to modeling atmospheric corrosion. 14th ICC. Cape Town，1999. 265.

[26] Arroyave C，Lopez F A，Morcillo M. The early atmospheci corrosion stages of catbon steel in acidic fogs. Corrosion Science，1995，37（11）1751-1761.

[27] Svensson J E，Johansson L G. The synergistic effect of hydrogen sulfide and nitrogen dioxide on the atmospheric corrosion of zinc. Journal of the Electrochemical Society，1996，143（1）：51-58.

[28] Abott W H. Corrosion of electrical contacts：review of flowing mixed gas test developments. British Corrosion Journal，1989，24（2）：153-159.

[29] Skerry B S，Johnson J B，Wood G C，et al. Corrosion in smoke. Hydrocarbon and SO_2 polluted atmosphere，I，II，III. Corrosion Science，1988，28（7）：657-740.

[30] Patton J S，Wolf K. Fire and smoke corrosivity of metals. Materials Performance，1992，31（5）：46-49.

[31] Bawden R J，Ferguson J M. Trend in materials degradation rates in the Uk. Industrial Corrosion，1989，7（8）：9-15.

[32] Lobning R E，Jankosk C A. Atmospheric corrosion of copper in the presence of ammonium sulfate particles. Journal of the Electrochemical Society，1998，145（3）：946-956.

[33] Lobning R E，Siconolfi D J，Maisano J，et al. Atmospheric corrosion of aluminum in the presence of ammonium sulfate particles. Journal of the Electrochemical Society，1996，143（4）：1175-1182.

[34] Lobning R E，Siconolfi D J，Psota-Kelty L，et al. Atmospheric corrosion of zinc in the presence of ammonium sulfate particles. Journal of the Electrochemical Society，1996，143（5）：1539-1546.

[35] Dean S W，Reiser D B. Time of Wetness and Dew Formation：A Model of Atmospheric Heat Transfer. ASTM STP 1239. ASTM，Philadelphia，1995.

[36] Cole I S，Ganther W D，Norberg P. A new approach to predicating wetness on a metal surface and its implication on atmospheric corrosion. 14th ICC. Cape Town. South Africa，1999.

[37] Tidblad J，Mikhailov A A，Cicero V. A model for calculation of time of wetness using relative humidity and temperature data. 14th ICC. Cape Town. South Africa，1999.

[38] 廖国栋，吴国华，苏少燕. 金属材料曝露试验与人工加速试验腐蚀速率的研究. 环境试验，

2005，12：13-15.

[39] 董燕. 沿海炼厂 16MnR 钢大气环境中的氢渗透及脆性行为研究. 中国石油大学硕士学位论文，2011.

[40] 谢绍东，周定，岳奇贤，等. 酸沉降对非金属建筑材料腐蚀机理的探讨. 环境科学研究，1998，11（2）：15-17.

[41] Corvo F，Mendoza A，Autie M，et al. Role of water adsorption and salt content in atmospheric corrosion products of steel. Corrosion Science，1997，39（4）：815-820.

[42] 吴荫顺. 金属腐蚀研究方法. 北京：冶金工业出版社，1993.

[43] Dehri I，Erbil M. The effect of relative humidity on the atmospheric corrosion of defective organic coating materials：an EIS study with a new approach. Corrosion Science，2000，42：969-978.

[44] Roberge P，Klassen R，Haberecht P，et al. Atmospheric corrosivity modeling-a review. Materials and Design，2002，23：321-330.

[45] 叶康民. 金属腐蚀与防护概论. 北京：高等教育出版社，1993.

[46] 孙秋霞. 材料腐蚀与防护. 北京：冶金工业出版社，2001.

[47] 李相怡，翁永基，周长江，等. 探测电池法研究海洋大气腐蚀行为. 石油化工腐蚀与防护，2001，18（2）：53-55.

[48] Smirnov M，Lapina I. Influence of high temperature thermomechanical treatment on brittleness of high strength aluminum alloy. Inorganic Materials，1995，84（1）：87-95.

[49] Elola A S，Otero T F，Porro A，et al. Evolution of the pitting of aluminum exposed to the atmosphere. Corrsion，1992，48（10）：854-863.

[50] 安百刚，张学元，韩恩厚，等. 铝和铝合金的大气腐蚀研究现状. 中国有色金属学报，2001，11（2）：11-15.

[51] 王佳. 无机盐微粒沉积和大气腐蚀的发生与发展. 中国腐蚀与防护学报，2004，24（3）：155-158.

[52] Corvo F，Haces C，Betancourt N，et al. Atmospheric corrosivity in the caribbean area. Corrosion Science，1997，39（5）：823-833.

[53] Almeida E，Morcillo M，Rosales B. Atmospheric corrosion of mild steel，Part Ⅱ-Marine atmospheres. Materials and Corrosion，2000，51：865-874.

[54] 梁彩凤，郁春娟，张晓云. 海洋大气及污染海洋大气对典型钢腐蚀的影响. 海洋科学，2005，29（7）：42-44.

[55] 朱惠斌，黄燕萍. 海洋大气环境中钢铁表面的防腐蚀. 全面腐蚀控制，2003，17（4）：26-29.

[56] Trethewey K，Chamberlain J. Corrosion for science engineering. 2ed. England：Associated Companies Throughout the World，1995.

[57] 夏兰廷，黄桂桥，张三平，等. 金属材料的海洋腐蚀与防护. 北京：冶金工业出版社，2003.

[58] Sehumacher M. Seawater Corrosion Handbook. USA，New Jersey：Park Ridge，1979.

[59] 刘刚，张奎志，曲政，等. 某滨海电厂钢结构腐蚀防护. 腐蚀与防护，2004，25（9）：400-401，408.

[60] 李晓刚，董超芳，肖葵，等. 金属大气腐蚀初期行为与机理. 北京：科学出版社，2009.

[61] Larrabee C，Coburn S. The atmospheric corrosion of steels as influenced by changes in chemical composition. 1st International Congress on Metallic Corrosion，1962.

[62] Nishimura T. Rust formation and corrosion performance of Si-and Al-bearing ultrafine grained weathering steel. Corrosion Science，2008，50（5）：1306-1312.

[63] Jönsson M，Persson D，Leygraf C. Atmospheric corrosion of field-exposed magnesium alloy AZ91D. Corrosion Science，2008，50（5）：1406-1413.

[64] 王光雍. 环境腐蚀考察团出国考察报告. 腐蚀科学与防护技术，1989，1（2）：41-44.

[65] 王光雍，舒启茂. 材料在大气、海水、土壤环境中的腐蚀数据积累及腐蚀与防护研究的意义与进展. 中国科学基金，1992，6（1）：40-48.

[66] Chandler K，Kilculen M. Atmospheric corrosion of carbon steels. Corrsion，1974，5：24-28.

[67] 奥斯特罗夫，等. 腐蚀控制手册. 王向农译. 北京：石油工业出版社，1988.

[68] 屈祖玉，王光雍. 材料大气腐蚀数据库系统. 中国腐蚀与防护学报，1991，11（4）：373-377.

[69] 孙成，黄春晓. 辽宁城市污染大气腐蚀调查研究. 全面腐蚀控制，2000，14（3）：1-3.

[70] 于国才，王振尧. 沈阳地区碳钢、耐候钢的腐蚀规律研究. 腐蚀与防护，2000，21（6）：243-245.

[71] 侯文泰，于敬敦. 钢的大气腐蚀性4年调查及其机理研究. 腐蚀科学与防护技术，1994，6（2）：137-142.

[72] 王振尧，陈鸿川，于国才，等. 海南省的大气腐蚀性调查. 中国腐蚀与防护学报，1996，16（3）：225-229.

[73] 黄春晓，吴维，孙成，等. 辽宁省的大气腐蚀性调查. 中国腐蚀与防护学报，1993，13（1）：19-26.

[74] 梁彩凤，侯文泰. 环境因素对钢的大气腐蚀的影响. 中国腐蚀与防护学报，1998，18（1）：1-6.

[75] Hou W，Liang C. Eight-year atmospheric corrosion exposure of steel in China. Corrosion，1999，55（1）：65-73.

[76] 汪轩义，王光雍. 模式识别在金属大气腐蚀预测中的应用. 腐蚀科学与防护技术，1998，10（3）：171-173.

[77] 汪轩义，王光雍. 我国典型地区大气腐蚀性的综合评价. 腐蚀科学与防护技术，1996，8（1）：79-83.

[78] 蔡建平，柯伟. 应用人工神经网络预测碳钢、低合金钢的大气腐蚀. 中国腐蚀与防护学报，1997，17（4）：303-306.

[79] 栾艳冰，李顺华，屈祖玉. 用神经网络技术建造碳钢和低合金钢大气腐蚀知识库. 北京科技大学学报，2002，24（5）：571-573.

[80] Cai J P，Cottis R，Lyon S. Phenomenological modeling of atmospheric corrosion using an artificial neural network. Corrosion Science，1999，41（10）：2001-2030.

[81] Pintos S，Queipo N，Rincon O，et al. Artificial neural network modeling of atmospheric corrosion in the MICAT project. Corrosion Science，2000，42（1）：35-52.

[82] Falk T，Svensson J，Johansson I. The influence of carbon dioxide in the atmospheric corrosion of zinc. Journal of the Electrochemical Society，1998，145（9）：2993-2999.

[83] 金蕾，唐其环. 大气腐蚀的模拟加速试验方法研究. 腐蚀科学与防护技术，1995，7（3）：214-215.

[84] Pourbaix M，Pourbaix A，Recent progress in atmospheric corrosion testing，Corrosion，1989，45（1）：71-83.

[85] Rosenfeld I L，Pavlutskaya T I. The mechanism of metal corrosion under thin layers of electrolytes. Zhurnal Fizicheskoi Khimii，1957，31（2）：328-339.

[86] Stern M，Geary A. Structure of chemically deposited nickels. Journal of the Electrochemical Society，1957，104：56-60.

[87] 张万灵，刘建容. 交流阻抗法对耐候钢腐蚀行为的研究. 钢铁研究，1996，5：39-44.

[88] Chung S，Lin A，Chang J，et al. EXAFS study of atmospheric corrosion products on zinc at the initial stages. Corrosion Science，2000，42（9）：1599-1610.

[89] Stratmann M. The investigation of the corrosion properties of metals，covered with adsorbed electrolyte layers：a new experimental technique. Corrosion Science，1987，27（8）：869-872.

[90] Stratmann M，Streckel H. On the atmospheric corrosion of metals which are covered with thin electrolyte layers-（I）verification of the experimental technique. Corrosion Science，1990，30（6-7）：681-696.

[91] 王佳，水流彻. 使用 Kelvin 探头参比电极技术进行薄液层下电化学测量. 中国腐蚀与防护学报，1995，15（3）：173-179.

[92] 孙志华，刘明辉，李家柱，等. 大气腐蚀电化学测定研究. 航空材料学报，2000，20（3）：120-123.

[93] Tahara A，Kodama T. Potential distribution measurement in galvanic corrosion of Zn/Fe couple by means of Kelvin probe. Corrosion Science，2000，42（4）：655-673.

[94] Nazarov A，Thierry D. Scanning Kelvin probe study of metal/polymer interfaces. Electrochimica Acta，2004，49（17-18）：2955-2964.

[95] Zakipour S，Leygraf C. Studies of corrosion kinetics on electrical contact materials by means of QCM and XPS. Electrochemical Society，1986，133（5）：873-878.

[96] Forsuund M，Leygraf C. A QCM probe developed for outdoor in-situ atmospheric corrosivity monitoring. Electrochemical Society，1996，143（3）：839-844.

[97] Wadsal M，Astrup T，Odenevall Wallinder I，et al. Multianalytical in situ investigation of the initial atmospheric corrosion of bronze. Corrosion Science，2002，44（4）：791-802.

[98] 柯伟. 中国腐蚀调查报告. 北京：化学工业出版社，2003.

[99] 张学元，韩恩厚，李洪锡，等. 中国的酸雨对材料腐蚀的经济损失估算. 中国腐蚀与防护学报，2002，22（5）：316-319.

[100] 张学元，安百刚，韩恩厚，等. 酸雨对材料的腐蚀/冲刷研究现状. 腐蚀科学与防护技术，2002，14（3）：157-160.

[101] Stigliani W M，Jaffe P R，Anderberg S. Heavy metal pollution in the Rhine Basin. Environmental Science Technology，1993，27：786-793.

[102] 焦淑菲，尹艳镇，蔡成翔，等. 金属材料在海洋环境中的腐蚀行为模拟研究. 广州化工，

2013，41（13）：20-21，39.

[103] Li C L，Ma Y T，Li Y，et al. Corrosion mechanism of Mo/Nd16Fe71B13/Mo film in a simulated marine atmosphere. Corrosion Science，2011，53（8）：2549-2557.

[104] Hao L，Zhang S X，Dong J H，et al. Atmospheric corrosion resistance of MnCuP weathering steel in simulated environments. Corrosion Science，2011，53（12）：4187-4192.

[105] Hao L，Zhang S X，Dong J H，et al. A study of the evolution of rust on Mo-Cu-bearing fire-resistant steel submitted to simulated atmospheric corrosion. Corrosion Science，2012，54（1）：244-250.

[106] Shi H W，Liu F C，Han E H. The corrosion behavior of zinc-rich paints on steel：influence of simulated salts deposition in an offshire atmosphere at steel/paint interface. Surface and Coatings Technology，2011，105（19）：4532.

[107] 王树涛，高克玮，杨善武，等. 结构钢在模拟海洋大气环境中的腐蚀行为研究. 材料热处理学报，2009，205（19）：61-66.

[108] 武博，蔡庆伍，张杰，等.E690 平台用钢耐海洋大气腐蚀模拟. 金属热处理，2011，36（3）：26-31.

[109] 李春玲，马元泰，李瑛，等. 模拟海洋大气环境中 NdFeB（M35）初期腐蚀行为特征. 电化学，2010，16（4）：406-410.

[110] 韩德盛，贾欣茹.LY12 铝合金在模拟海洋大气环境中的加速腐蚀试验. 腐蚀与防护，2010，31（12）：926-928.

[111] 杨帆，陈朝铁，李玲，等.Cl⁻浓度对 0359 铝合金在模拟海洋大气环境中腐蚀的影响. 现代机械，2012，（1）：79-81，94.

[112] 李黎，顾宝珊，杨培燕，等. 热浸镀锌及锌铝合金镀层在模拟海洋大气环境中腐蚀行为的电化学研究. 电镀与涂饰，2011，30（3）：40-42.

[113] Brown B F. Stress-corrosion cracking：a perspective review of the problem. National Technical Information Service，1970.

[114] Morcillo，Manuel. Atmospheric corrosion in Ibero-America：the MICAT project. Astm International，1995：257-275.

[115] Stachle R W. Stress corrosion cracking of the Fe-Cr-Ni alloy system. The theory of stress corrosion cracking in alloys. Ericeira Portugal，1971.

[116] 左景伊. 应力腐蚀破裂. 西安：西安交通大学出版社，1985.

[117] Oldfield J W，Todd B. Ambient temperature stress corrosion cracking of austenitic stainless steel in swimming pools. Mater Performance，1990，29（12）：57-58.

[118] Kain R M. Marine atmospheric stress corrosion cracking of austenitic stainless steels. Mater Performance，1990，29（12）：60-62.

[119] Gnanamoorthy J B. Stress corrosion cracking of unsensitized stainless steels in ambient-temperature coastal atmosphere. Mater Performance，1990，29（12）：63-65.

[120] Dillon C P. Imponderables in chloride stress corrosion cracking of stainless steels. Mater Performance，1990，29（12）：66-67.

[121] Torchio S. Stress corrosion cracking of type AISI 304 stainless steel at room temperature; influence of chloride content and acidity. Corrosion Science, 1980, 25 (4): 555-561.

[122] Satoshi S, Masanori K, Kazuhiko M, et al. Influence of concentration of H_2SO_4 and NaCl on stress corrosion cracking in H_2SO_4-NaCl solutions. Journal of the Japan Institute of Metals, 2005, 69 (10): 899-906.

[123] Nishimura R, Maeda Y. SCC evaluation of type 304 and 316 austenitic stainless steels in acidic chloride solutions using the slow strain rate technique. Corrosion Science, 2004, 46 (3): 769-785.

[124] Pan C, Chu W Y, Li Z B, et al. Hydrogen embrittlement induced by atomic hydrogen and hydrogen-induced martensites in type 304L stainless steel. Materials Science and Engineering A: Structural Materials Properties Microstructure and Processing, 2003, 351 (1-2): 293-298.

[125] Nishimura R, Maeda Y. Metal dissolution and maximum stress during SCC process of ferritic (type 430) and austenitic (type 304 and type 316) stainless steels in acidic chloride solutions under constant applied stress. Corrosion Science, 2004, 46 (3): 755-768.

[126] Chu W Y, Qiao L J, Gao K W. Investigation of stress corrosion cracking under anodic dissolution control. Chinese Science Bulletin, 2001, 46 (9): 717-722.

[127] Niu L, Cao C N, Lin H C, et al. Inhibitive effect of benzotriazole on the stress corrosion cracking of 18Cr-9Ni-Ti stainless steel in acidic chloride solution. Corrosion Science, 1998, 40 (7): 1109-1117.

[128] Fang Z, Wu Y, Zhu R, et al. Stress corrosion cracking of austenitic type-304 stainless steel in solutions of hydrochloric-acid plus sodium-chloride at ambient temperature. Corrosion, 1994, 50 (11): 873-878.

[129] 曹楚南, 杨乾刚, 吕明, 等. 321 不锈钢在酸性氯离子溶液中 SCC 缓蚀剂研究. 中国腐蚀与防护学报, 1992, 12 (2): 109-115.

[130] 曹楚南. 电化学过程对金属材料的力学行为的影响. 新材料研究-第二届中国材料研讨会, 武汉, 1988: 238-244.

[131] Chen H, Gao K W, Chu W Y, et al. Stress corrosion cracking enhancing martensite transformation of type 304 stainless steel. Acta Metallurgica Sinica, 2002, 38 (8): 857-860.

[132] 乔利杰, 肖纪美, 褚武扬, 等. 奥氏体不锈钢应力腐蚀和氢致开裂裂尖区的氢浓度分布. 中国腐蚀与防护学报, 1989, 9 (3): 235-239.

[133] 克舍. 金属腐蚀. 吴荫顺译. 北京: 化学工业出版社, 1980.

[134] 肖纪美. 不锈钢的金属学问题. 北京: 冶金工业出版社, 2006.

[135] Parkins R. The stress-corrosion cracking of mild steels in nitrate solution. Journal of the Iron and Steel Institute, 1952, 172: 149-155.

[136] Uhlig H, Sava J, The effect of heat treatment on stress corrosion cracking of iron and mild steel. Trans. ASM, 1963, 56: 361-376.

[137] Lang F S. Effects of trace elements on stress-corrosion cracking of austenitic stainless steels in chloride solutions. Corrosion, 1962 (18): 378-382.

[138] Deker W R, Grefen H S, Eisen. Fresenius Zeitschrift Für Analytische Chemie. 1956 (76): 1616-1621.

[139] Hoar T P, Hines J G. The corrosion potential of stainless steels during stress corrosion. Journal of the Iron and Steel Institute, 1954, 177: 248.

[140] Mcevily A, Bond A. On the initiation and growth of stress corrosion cracks in tarnished brass. Journal of the Electrochemical Society, 1965, 112 (2): 131-135.

[141] Nielsen N. Physical metallurgy of stress corrosion fracture. New York: Interscience Publishers, 1959.

[142] Pourbaix M. Significance of protection potential in pitting and intergranular corrosion. Corrosion, 1970, 26: 431-438.

[143] 李久青, 杜翠薇. 腐蚀试验方法及监测技术. 北京: 中国石化出版社, 2007.

[144] Kane R D. Slow strain rate testing-25years experience, slow strain rate testing for the evaluation of environmentally induced cracking: research and engineering applications. Case Studies, 1993: 7-21.

[145] Parkins R N. stress corrosion cracking-slow strain rate technique. American Society for Testing and Materials, 1979: 5-25.

[146] Payer J, Berry W, Boyd W. Stress corrosion cracking-slow strain rate technique. American Society for Testing and Materials, 1979: 61-77.

[147] Schofied, Michael J, Bradshaw, et al. Stress corrosion cracking of duplex stainless steel weldments in sour conditions. Materials Performance, 1996, 35 (4): 65-70.

[148] Meyn D, Pao P. Slow strain rate testing for the evaluation of environmentally induced cracking: research and engineering applications. Case Studies, 1993: 158-169.

[149] Erilsson H, Berhandsson S. Applicability of duplex stainless steels in sour environments. Corrosion, 1991, 47 (9): 719-727.

[150] Beavers J, Koch G. Slow strain rate testing for the evaluation of environmentally induced cracking: research and engineering applications. Case Studies, 1993 (1210): 22-39.

[151] Kane R, Wilhelm S. Status of standardization activities on slow strain rate testing techniques, slow strain rate testing for the evaluation of environmentally induced cracking: research and engineering applications. Case Studies, 1993 (1210): 40-47.

[152] Zhang X Y, Du Y L. Relationship between susceptibility to embrittlement and hydrogen permeation current for UNS G10190 steel in 5% NaCl solution containing H_2S. British Corrosion Joumal, 1998, 33 (4): 292-296.

[153] Ahluwalia, Harklrat S. Slow strain rate testing for the evaluation of environmentally induced cracking: research and engineering applications. Case Studies, 1993: 225-239.

[154] Ikeda, Akio, Ueda, et al. Hiroshi. Slow strain rate testing for the evaluation of environmentally induced craeking: research and engineering applications. Case Studies, 1993: 240-262.

[155] Muizhnek I A. Accelerated corrosion cracking tests of steels in active-passive loading. Soviet Materials Science, 1990, 26 (2): 168-171.

[156] Payer J，Berry W，Parkins R. Application of slow strain-rate technique to stress corrosion cracking of piping steel，stress corrosion cracking：slow strain rate technique. American Society for Testing and Materials，1979：222-234.

[157] Wang J Q，Atrens A，Cousense D R，et al. Microstructure of X52 and X65 pipelines steels. Journal of Materials Science，1999，34（8）：1721-1728.

[158] Kushida T，Nose K，Asahi H. Effects of metallurgical factors and test conditions on near neutral pH SCC of pipeline steels. Corrosion，2001：1213.

[159] Woodtli J. Engineering damage due to hydrogen embrittlement and stress corrosion cracking. Failure Analysis，2000，7（9）：427-450.

[160] Biezma M V. The role of hydrogen in microbiologically influenced corrosion and stress corrosion cracking. International Journal of Hydrogen Energy，2001，26（3）：515 .

[161] Oriani R A，Josephic P H. Equilibrium aspects of hydrogen-induced cracking of steels. Acta Metallurgical，1974，22：1065-1074.

[162] 卢志明，朱建新，高增梁. 16MnR 钢在湿硫化氢环境中的应力腐蚀开裂敏感性研究. 腐蚀科学与防护技术，2007，19（6）：410-413.

[163] Huang Y L，Zhu Y Y. Hydrogen ion reduction in the process of iron rusting. Corrosion Science，2005，47（6）：1545-1554.

[164] 张大磊，李焰. 湿度对热镀锌钢材在海洋大气环境中氢脆敏感性的影响. 中国有色金属学报，2010，20（3）：476-482.

[165] 褚武扬，肖纪美，李世琼. 钢中氢致裂纹机构研究. 金属学报，1981，17（1）：10-17.

[166] Perng T，Johnson M，Altstetter C. Hydrogen permeation through coated and uncoated WASPALOY. Metallurgical Transactions A，1988，19（5）：1187-1192.

[167] 陈廉，徐永波，尹万全. 钢中白点断口的显微空隙与台阶花样. 金属学报，1978，14（3）：253-256.

[168] Petch N，Stabls P. Delayed fracture of metals under static load. Nature，1952，169（4307）：842-843.

[169] Yoshino K，McMahon C. The cooperative relation between temper embrittlement and hydrogen embrittlement in a high strength steel. Metallurgical Transactions，1974，5（2）：363-370.

[170] Oriani R. Stress corrosion cracking and hydrogen embrittlement of iron base alloys. National Association of Corrosion Engineers，1977：351.

[171] 褚武扬，李世琼，肖纪美. 高强度钢水介质应力腐蚀研究. 金属学报，1980，16(2)：179-189.

[172] Chu W Y，Liu T H，Hsiao C M，et al. Mechanism of stress corrosion cracking of low alloy steel in water. Corrosion，1981，37（6）：320-327.

[173] 褚武扬，王核力，马若涛，等. 奥氏体不锈钢应力腐蚀和氢致开裂的机理. 金属学报，1985，21（1）：86-94.

[174] 刘猛. 热浸镀钢材在海水中的氢渗透行为和脆性研究. 青岛：中国科学院海洋研究所，2008.

[175] Devanathan M A V，Stachurski Z. A technique for the evaluation of hydrogen embrittlement characteristics of electroplating baths. Journal of the Electrochemical Society，1963，111（8）：1435.

[176] Nishimura R，Shiraishi D，Maeda Y. Hydrogen permeation and corrosion behavior of high strength steel MCM 430 in cyclic wet-dry SO_2 environment. Corrosion Science，2004，46：225-243.

[177] Tazhibaeva I L，Klepikov A K，Romanenko O G，et al. Hydrogen permeation through steels and alloys with different protective coatings. Fusion Engineering and Design，2000，51-52：199-205.

[178] 张利，印仁和，孙占梅. 测氢扩散系数的电化学交流法研究. 电化学，2002，8（3）：348-351.

[179] Kermanidis A T，Stamatelos D G，Labeas G N，et al. Tensile behaviour of corroded and hydrogen embrittled 2024 T351 aluminum alloy specimen. Theoretical and Applied Fracture Mechanics，2006，45：148-158.

[180] 刘白. 30CrMnSiA 高强度钢氢脆断裂机理研究. 机械材料工程，2001，25（9）：18-21.

[181] Jayalakshmi S，Kim K B，Fleury E. Effect of hydrogenation on the structural，thermal and mechanical properties of Zr50-Ni27-Nb18-Co5 amorphous alloy. Journal of Alloys and Compounds，2006，417：195-202.

[182] 王毛球，董瀚，惠卫军，等. 氢对高强度钢缺口拉伸强度的影响. 材料热处理学报，2006，27（4）：57-60.

[183] Beloglazov S M. Peculiarity of hydrogen distribution in steel by cathodic charging. Journal of Alloys and Compounds，2003，356-357：240-243.

[184] Tsuru T，Huang Y L，Ali M R，et al. Hydrogen entry into steel during atmospheric corrosion process. Corrosion Science，2005，（47）：2431-2440.

[185] 郑文龙，于青. 钢的环境敏感断裂. 北京：化学工业出版社，1988：167-171.

[186] 张学元，杜元龙，郑立群. 16Mn 钢在 H_2S 溶液中的脆断敏感性. 材料保护，1998，31（1）：3.

[187] Huang Y L，Nakajima A，Nishikata A，et al. Effect of mechanical deformation on permeation of hydrogen in iron. ISIJ International，2003，43（4）：548-554.

[188] Tsai W T，Chou S L. Environmentally assisted cracking behavior of duplex stainless steel in concentrated sodium chloride solution. Corrosion Science，2000，42：1741-1762.

[189] 余刚，赵亮，张学元，等. 16MnR 钢硫化氢腐蚀与氢渗透规律的研究. 湖南大学学报（自然科学版），2004，31（3）：5-9.

[190] Victoria Biezma M. The role of hydrogen in microbiologically influenced corrosion and stress corrosion cracking. International Journal of Hydrogen Energy，2001，26：515-520.

[191] Prakash U，Parvathavarthini N，Dayal R K. Effect of composition on hydrogen permeation in Fe-Al alloys. Intermetallics，2007，15（1）：17-19.

[192] Brass A M，Chene J. Influence of tensile straining on the permeation of hydrogen in low alloy Cr-Mo steels. Corrosion Science，2006，48：481-497.

[193] Evans U R. 金属的腐蚀与氧化. 华保定译. 北京：机械工业出版社，1976.

[194] Devanathan M A V，Stachurski Z. The adsorption and diffusion of electrolytic hydrogen in palladium. Proceedings of the Royal Society A Mathematical Physical and Engineering Sciences，1962，270（1340）：90-102.

[195] Brauer E, Doerr R, Gruner R. A nuclear physics method for the determination of hydrogen diffusion coefficients. Corrosion Science, 1981, 21 (6): 449-457.

[196] Ju C P, Don J, Rigsbee J M. A high voltage electron microscopy study of hydrogen-induced damage in a low alloy, medium carbon steel. Materials Science and Engineering, 1986, 77: 115-123.

[197] Senkov O N, Jones J H, Froes F J. Recent advances in the thermohydrogen processing of titanium alloys. Journal of Metals, 1996, 48 (7): 4.

[198] 刘国瑞, 陆志兴. 腐蚀与防护手册——理论基础·试验及监测. 北京: 化学工业出版社, 1995.

[199] Kim H, Popov B N, Chen K S. Comparison of corrosion-resistance and hydrogen permeation properties of Zn-Ni, Zn-Ni-Cd and Cd coatings on low-carbon steel. Corrosion Science, 2003, 45: 1505-1521.

[200] Hirth J P. Institute of etals lecture-The metallurgical society of AIME-Effects of hydrogen on the properties of iron and steel. Metallurgical Transactions A, 1980, 11 (6): 861-890.

[201] Schmitt G, Sobbe L, Bruckhoff W. Corrosion and hydrogen-induced cracking of pipeline steel in moist triethylene glycol diluted with liquid-hydrogen sulfide. Corrosion Science, 1987, 27: 1071-1076.

[202] Turnbull A. Modelling of environment assisted cracking. Corrosion Science, 1993, 34 (6): 921-960.

[203] Hœrlé S, Mazaudier F, Dillmann Ph. Advances in understanding atmospheric corrosion of iron. I. Rust characterisation of ancient ferrous artefacts exposed to indoor atmospheric corrosion. Corrosion Science, 2004, 46 (6): 1431-1465.

[204] Omura T, Kudo T, Fujimoto S. Environmental factors affecting hydrogen entry into high strength steel due to atmospheric corrosion. Materials Transaction, 2006, 47 (12): 2956-2962.

[205] Tsai S Y, Shih H C. A statistical failure distribution and lifetime assessment of the HSLA steel plates in H_2S containing environments. Corrosion Science, 1996, 38 (5): 705-719.

[206] 乔利杰, 王燕斌, 诸武扬. 应力腐蚀机理. 北京: 科学出版社, 1993.

[207] Li M Q, Cai Z C, He X Y. Electrochemical study of 16Mn steel under H_2S thin electrolyte film. Journal of Materials Protection, 2006, 39 (1): 1-5.

[208] 曹楚南. 腐蚀电化学. 北京: 化学工业出版社, 1995.

[209] Li G M, Liu L W, Zheng J T. Corrosion behavior of carbon steel in high pressure dioxide saturated NaCl solutions containing hydrogen sulfide. Journal of Chinese Society for Corrosion and Protection, 2000, 20 (4): 204-209.

[210] Turnbull A, Maria M S D S, Thomas N D. The effect of H_2S concentration and pH on hydrogen permeation in AISI 410 stainless steel in 5% NaCl. Corrosion Science, 1989, 29 (1), 89.

[211] Iyer R N, Takeuchi I, Zamanzadeh M, et al. Hydrogen sulfide effect on hydrogen entry into iron-A mechanistic study. Corrosion, 1990, 144: 2313.

[212] 李明, 李晓刚, 陈华. 在湿 H_2S 环境中金属腐蚀行为和机理研究概述. 腐蚀科学与防护技

术，2005，17（2）：107-111.

[213] Ma H Y，Cheng X L，Chen S H，et al. An ac impedance study of the anodic dissolution of iron in sulfuric acid solutions containing hydrogen sulfide. Journal of Electroanalytical Chemistry，1998，451（1-2），11-17.

[214] Cheng X，Ma H，Zhang J，et al. Corrosion of iron in acid solutions with hydrogen sulfide. Corrosion，1998，54（5）：369-376.

[215] Ma H，Cheng X，Chen S，et al. Theoretical interpretation on impedance spectra for anodic iron dissolution in acidic solutions containing hydrogen sulfide. Corrosion，1998，54（8），634-640.

[216] Shoesmith D，Taylor P，Bailey M，et al. The Formation of ferrous monosulfide polymorphs during the corrosion of iron by aqueous hydrogen sulfide at 21℃. Journal of the Electrochemical Society，1980，127（5）：1007-1015.

[217] 杨怀玉，陈家坚，曹楚南，等. H$_2$S 水溶液中的腐蚀与缓蚀作用机理的研究. 中国腐蚀与防护学报，2000，20（1），1-7.

[218] Schikorr G. Über den Mechanismus des atmosphärischen Rostens des Eisens. Materials and Corrosion，1963，14：69-80.

[219] Philip A，Schweitzer P E. Atmospheric Degradation and Corrosion Control. Corrosion Technology，United States，1999.

[220] Bartoň K，Bartoňová Ž. Die stimulierung des atmosphärischen rostens durch sulfate. Materials and Corrosion，1970，21：25-27.

[221] Schikorr G. Die Bedeutung des Schwefeldioxyds für die atmosphärische Korrosion der Metalle，Materials and Corrosion，1964，15，457-463.

[222] Louthan Jr M R，Caskey Jr G R，Donovan J A，et al. Hydrogen embrittlement of metals. Materials Science and Engineering，1972，10：357-368.

[223] Zakroczymski T. The effect of straining on the transport of hydrogen in iron，nickel，and stainless steel. Corrosion，1985，41（8）：485-489.

[224] Zhu R，Tong J，Zhang W. Trapping and transport of hydrogen by plastic deformation in iron. Corrosion，1987，43（1）：15-19.

[225] Bastien P，Azou P. Influence de L'écroussage Sur le Frottement int'térieur du Fer et de L'ancior. Comptes Rendus de Académie des Sciences-Series I -Mathematics，1951，232：1845-1848.

[226] Donovan J A. Accelerated evolution of hydrogen from metals during plastic deformation. Metallurgical Transactions，1976，7A（11）：1677-1683.

[227] Kurkela M，Latanision R M. The effect of plastic deformation on the transport of hydrogen in nickel. Scripta Metallurgica，1979，13（10）：927-932.

[228] Kurkela M，Frankel G S，Latanision R M，et al. Influence of plastic deformation on hydrogen transport in $2\frac{1}{4}$ Cr-1Mo steel. Scripta Metallurgica，1982，16（4）：455-459.

[229] Berkowitz B J，Heubaun F H. Dislocation transport of hydrogen in steel：atomistics of fracture，ed. By Latanision R M，Pickens J R，New York：Plenum Press，1984.

[230] McNabb A，Foster P K. A new analysis of the diffusion of hydrogen in iron and ferritic steels. Transaction of American Institute of Mining，1963（227）：618-625.

[231] 朱日彰，童建筑，张文奇. 工业纯铁中形变对氢渗透的作用. 中国腐蚀与防护学报，1986，6（1）：42.

[232] 郭海丁，田锡唐. 塑性形变对 4030 钢中氢富集及传输行为的影响. 腐蚀科学与防护技术，1995，7（1）：47.

[233] Beck W，Bockris J，McBreen J，et al. Hydrogen permeation in metals as a function of stress，temperature and dissolved hydrogen concentration. Proceedings of the Royal Society A Mathematical Physical and Engineering Sciences，1966，290：220.

[234] Frankel G，Latanision R. Hydrogen transport during deformation in nickel：part II. Single crystal nickel. Metallurgical Transactions，1986，17：869-875.

[235] 李亚坤. 薄液层下金属电化学腐蚀行为研究. 中国海洋大学硕士学位论文，2007.

[236] Mansfild F，Kenkel J V. Electrochemical monitoring of atmospheric corrosion phenomena. Corrosion Science，1979，16（3）：111-119.

[237] 王凤平，张学元，雷良才，等. 二氧化碳在 A3 钢大气腐蚀中的作用. 金属学报，2000，36（1）：55-59.

[238] 张正. LY12CZ 铝合金在模拟大气及海水环境中腐蚀行为的研究. 天津大学硕士学位论文，2003.

[239] Walter G W. Laboratory simulation of atmospheric corrosion by SO₂-II. Electrochemical mass loss comparisons. Corrosion Science，1991，32（12）：1331-1338.

[240] 赵永涛，吴建华，陈范才，等. 薄层缓蚀剂液膜对 907A 钢防蚀效果的电化学测量技术. 电化学，2002，8（3）：295-297.

[241] Cox A，Lyon S B. An electrochemical study of the atmospheric corrosion of mild steel-I. Experimental method. Corrosion Science，1994，36（7）：1167-1180.

[242] Cheng Y L，Zhang Z，Cao F H，et al. A study of the corrosion of aluminum alloy 2024-T3 under thin electrolyte layers. Corrosion Science，2004，46（7）：1649-1667.

[243] 张学元，柯克，杜元龙. 金属在薄液层下的电化学腐蚀电池的设计. 中国腐蚀与防护学报，2001，21（2）：117-121.

[244] 李明齐，何晓英，蔡铎昌. 薄层液膜下金属电化学腐蚀电池的设计. 腐蚀科学与防护，2005，17（5）：355-360.

[245] Zhang S H，Lyon S B. Anodic processes on iron covered by thin dilute electrolyte layers（II）-A. C. impedance measurements. Corrosion Science，1994，36（8）：1309-1315.

[246] Nishikata A，Ichihara Y，Tsuru T. Electrochemical impedance spectroscopy of metals covered with a thin electrolyte layer. Electrochemical Acta，1996，41：1057-1062.

[247] Nishikata A，Ichihara Y，Tsuru T. An application of electrochemical impedance spectroscopy to atmospheric corrosion study. Corrosion Science，1995，37（6）：897-907.

[248] Vera Cruz R P，Nishikata A，Tsuru T. AC impedance monitoring of pitting corrosion of stainless steel under a wet-dry cyclic condition in chloride-containing environment. Corrosion Science，

1996，38（8）：1397-1404.

[249] Nishimura T，Katayama H，Noda K，et al. Electrochemical behavior of rust formed on carbon steel in a wet/dry environment containing chloride ions. Corrosion，2000，56（9）：935-944.

[250] Budevski E，Obretenov W，Bostanov W，et al. Noise analysis in metal deposition-expectation and limits. Electrochimica Acta，1989，34（8）：1023-1030.

[251] Pistorius P C. Design aspects of electrochemical noise for uncoated metals electrode size and sampled rate. Corrosion，1997，53（4）：273-283.

[252] Xiao H，Han L T，Lee G C，et al. Collection of electrochemical impedance and noise data for polymet-coated steel from remote test sites. Corrosion，1997，53（5）：412-420.

[253] Flis J，Dawson J L，Gill J，et al. Impedance and electrochemical noise measurements on iron and iron-carbon alloys in hot caustic soda. Corrosion Science，1991，32（8）：877-884.

[254] 程英亮. 铝合金在本体溶液以及薄层液膜下的腐蚀电化学研究. 浙江大学博士学位论文，2003.

[255] Shi Y Y，Zhang Z，Zhang J Q. Electrochemical noise study on 2024-T3 aluminum alloy corrosion in simulated acid rain under cyclic wet-dry condition. Electrochimica Acta，2006，51：4977-4984.

[256] Zhong Q D. Study of behaviour of mild steel and copper in thin film salt solution using the wire beam electrode. Corrosion Science，2002，44：909-1008.

[257] 王燕华，张涛，王佳，等. Kelvin 探头参比电极技术在大气腐蚀研究中的应用. 中国腐蚀与防护学报，2004，24（1）：59-69.

[258] Stratmann M，Streckel H. On the atmospheric corrosion of metals which are covered with thin electrolyte layers-（Ⅱ）experimental results. Corrosion Science，1990，30（6/7）：697-714.

[259] Stratmann M，Miller J. The mechanism of the oxygen reduction on rust-covered metal substrates. Corrosion Science，1994，36（2）：327-359.

[260] 王佳，水流彻. 使用 Kelvin 探头参比电极技术研究液层厚度对氧还原速度的影响. 中国腐蚀与防腐学报，1995，15（3）：180-188.

[261] Laguzzi G，Luvidi L，Brunoro G. Atmospheric corrosion of B6 bronze evaluated by the thin layer activation technique. Corrosion Science，2001，43：747-758.

[262] 王凤平，严川伟，张学元，等. 石英晶体微天平研究薄液膜下的腐蚀动力学. 物理化学学报，2001，17（4）：319-326.

[263] 郝文魁. 海洋工程用 E690 高强钢薄液环境应力腐蚀行为及机理. 北京科技大学博士学位论文，2014.

[264] Fiaud C，Keddam M，Kadri A. Electrochemical impedance in a thin surface electrolyte layer. Influence of the potential probe location. Electrochimica Acta，1987，32（3）：445-448.

[265] Fu A Q，Tang X，Cheng Y F. Characterization of corrosion of X70 pipeline steel in thin electrolyte layer under disbonded coating by scanning Kelvin probe. Corrosion Science，2009，51：186-190.

[266] Huang H L，Guo X P，Zhang G A，et al. Effect of direct current electric field on atmospheric corrosion behavior of copper under thin electrolyte layer. Corrosion Science，2011，53：

3446-3449.

[267] Micak K，Kratochvilova K，Klima J. Electrolysis at a disc electrode in a thin electrolyte layer. Electrochimica Acta，1997，42（6）：1005-1010.

[268] Dubuisson E，Lavie P，Dalard F，et al. Corrosion of galvanized steel under an electrolytic drop. Corrosion Science，2007，49（2）：910-919.

[269] Remita E，Sutter E，Tribollet B，et al. A thin layer cell adapted for corrosion studies in confined aqueous environments. Electrochimica Acta，2007，52（27）：7715-7723.

[270] Huang H，Guo X，Zhang G，et al. The effects of temperature and electric field on atmospheric corrosion behaviour of PCB-Cu under absorbed thin electrolyte layer. Corrosion Science，2011，53（5）：1700-1707.

[271] Huang H，Dong Z，Chen Z，et al. The effects of Cl^- ion concentration and relative humidity on atmospheric corrosion behaviour of PCB-Cu under adsorbed thin electrolyte layer. Corrosion Science，2011，53（4）：1230-1236.

[272] Jiang J，Wang J，Wang W W. Modeling influence of gas/liquid/solid three-phase boundary zone on cathodic process of soil corrosion. Electrochimica Acta，2009，54：3623-3629.

[273] Li C L，Ma Y T，Li Y，Wang F H. EIS monitoring study of atmospheric corrosion under variable relative humidity. Corrosion Science，2010，52：3677-3686.

[274] Kushida T. Hydrogen entry into steel by atmospheric corrosion. ISIJ International，2003，43（4）：470-474.

[275] Taniguchi Y，Nishikata A，Tsuru T. Effect of wet and dry corrosion cycles on hydrogen entry into iron. Proceedings of Japan-China Joint Seminar on Marine Corrosion. Tokyo，November 13th～15th，2002：183-186.

[276] 陈崇木. 镁及镁合金薄液膜下腐蚀行为研究. 哈尔滨工程大学硕士学位论文，2009.

[277] Cheng Y，Zhang Z，Cao F，et al. A study of the corrosion of aluminum alloy 2024-T3 under thin eleetrolyte layers. Corrosion Science，2004，46：1649-1667.

[278] Yadav A，Nishikata A，Tsuru T. Eleetrochemical impedance study on galvanized steel corrosion under cyclic wet-dry conditions-influence of time of wetness. Corrosion Science，2004，46：169-181.

[279] Song G，Atrens A，Darguseh M. Influence of microstructure on the corrosion of diecast AZ91D. Corrosion Science，1999，41：249-273.

[280] 张晓云，孙志华，刘明辉，等. 40CrNi2Si2MoVA 钢的大气应力腐蚀行为. 中国腐蚀与防护学报，2006，26（5）：275-281.

[281] Zhang D L，Wang W，Li Y. An electrode array study of electrochemical inhomogeneity of zine in zine/steel couple during galvanic corrosion. Corrosion Science，2009，12：30-37.

[282] Hu Y B，Dong C F，Sun M，et al. Effects of solution pH and Cl^- on electrochemical behaviour of an Aermet 100 ultra-high strength steel in acidic environments. Corrosion Science，2011，53：4159-4165.

[283] Amjad S，El-Amoush. Investigation of corrosion behaviour of hydrogenated 7075-T6

aluminum alloy. Journal of Alloys and Compounds，2007，443：171.

[284] Du X S，Su Y J，Li J X，et al. Stress corrosion cracking of A537 steel in simulated marine environments. Corrosion Science，2012，65：278-287.

[285] 陆永浩，裙武扬，高克伟，等. 304L 不锈钢在高温水中的应力腐蚀裂纹扩展. 金属学报，2004，40（7）：763-767.

[286] Cooper K R，Kelly R G. Using capillary electrophoresis to study the chemical conditions within cracks in aluminum alloys. Journal of Chromatography A，1999，85：381-389.

[287] Andresen P L，Young L M. Crack tip microsampling and growth rate measurements in low-alloy steel in high-temperature water. Corrosion，1995，51：223-233.

[288] Smith J A，Peterson M H，Brown B F. Electrochemical conditions at the tip of an advancing stress corrosion crack in AISI 4340 steel. Corrosion，1970，26：539-542.

[289] Dmytrakh I M. Corrosion fracture of structural metallic materials：effect of electrochemical conditions in crack. Strain，2011，47：427-435.

[290] Cooper K R，Kelly R G. Crack tip chemistry and electrochemistry of environmental cracks in AA 7050. Corrosion Science，2007，49：2636-2662.

[291] Tumbull A，Zhou S，Hinds G. Stress corrosion cracking of steam turbine disc steelmeasurement of the crack-tip potential. Corrosion Science，2004，46：193-211.

[292] MacDonald D D，Urquidi-MacDonald M. A coupled environment model for stress corrosion cracking in sensitized type 304 stainless steel in LWR environments. Corrosion Science，1991，32：51-81.

[293] Liu Z Y，Li X G，Du C W. Local additional potential model for effect of strain rate on SCC of pipeline steel in an acidic soil solution. Corrosion Science，2009，51：2863-2871.

[294] Olive J M，Cwiek J，Desjardins D. Quantification of the hydrogen produced during corrosion fatigue crack propagation. Corrosion Science，1999，41：1067-1078.

[295] Sun M，Xiao K，Dong C F，et al. Stress corrosion cracking behavior of ultrahigh strength steel in the atmospheric environment. Science and Technology Review，2012，30（30）：129-134.

[296] Lu B T，Song F M，Gao M. Crack growth model for pipelines exposed to concentrated carbonate-bicarbonate solution with high pH. Corrosion Science，2010，52：4064-4072.

[297] Huang Y L，Dong X Q，Chen J. Electrochemical characteristics of an austenitic stainless steel under simulated solution film formed in marine atmosphere. International Journal of Electrochemical Science，2011，6（11）：5597-5604.

[298] Qiao L J，Luo J L，Mao X. Hydrogen evolution and enrichment around stress corrosion crack tips of pipeline steels in dilute bicarbonate solution. Corrosion，1998，54（2）：115-120.

[299] Gu B，Yu W Z，Luo J L，et al. Transgranular stress corrosion of X80 and X52 pipeline steels in dilute aqueous solution with near neutral pH. Corrosion，1999，55（3）：312-318.

[300] 柯伟，李劲. 腐蚀疲劳裂尖材料损伤研究. 腐蚀与防护，1999，20（3）：103-107.

[301] Dong C F，Liu Z Y，Li X G，et al. Effects of hydrogen-chaining on the susceptibility of Xl00 pipeline steel to hydrogen-induced cracking. International Journal of Hydrogen Energy，2009，

34（24）：9879-9884.

[302] Parkins R N，Blanchard W K，Delanty B S. Transgranular stress corrosion cracking of high pressure pipelines in contact with solutions of near neutral pH. Corrosion，1994，50（5）：394-408.

[303] Gu B，Luo J，Mao X. Hydrogen-facilitated anodic dissolution-type stress corrosion cracking of pipeline steels in near-neutral pH solution. Corrosion，1999，55（1）：96-106.

[304] Harle B A，Beavers J A. Low-pH stress corrosion crack propagation in API X65 line pipe steel. Corrosion，1994，49（10）：861-863.

[305] Park J J，Pyun S I，Na K H, et al. Effect of passivity of the oxide film in low-pH stress corrosion cracking of API5L X-65 pipeline steel in bicarbonate solution. Corrosion，2002，58（4）：329-336.

[306] 郑三龙，陈冰冰，高增梁，等. 0Cr18Ni9Ti 钢在饱和 H_2S 水溶液中应力腐蚀敏感性研究. 化工装备技术，2005，26（5）：42-45.

[307] 杨洲. 硫化氢对石油管线钢应力腐蚀开裂和氢渗透行为的影响. 青岛：中国科学院海洋研究所，2004.

[308] 杨洲，霍春勇，朱永艳，等. 硫化氢对管线钢在氯化钠溶液中应力腐蚀开裂的影响. 海洋科学，2005，29（10）：23-26.

[309] GB/T 228.1—2010. 金属材料-拉伸试验 第 1 部分：室温试验方法.

[310] 刘白. 氢对位错运动的影响. 材料科学与工程，2001，19（1）：63-66.

[311] Liang Y，Ahn D C，Sofronis P, et al. Effect of hydrogen trapping on void growth and coalescence in metals and alloys. Mechanics of Materials，2008，40（3）：115-132.

[312] 张洁，庞雪辉，隋卫平，等. 电化学传感器在腐蚀监检测中的应用. 海洋科学，2010，34（12）：96-99.

[313] Bergveld P. Development of an ion-sensitive solid-state device for neuro-physiological measurements. IEEE Transactions on Biomedical Engineering，1970，17（1）：70-71.

[314] Hafeman D G，Parce J W，McConnell H W. Light-addressable potentiometric sensor for biochemical system. Science，1988，240：1182-1185.

[315] 孙虎元，王在峰，黄彦良. 海洋腐蚀监测的发展现状及趋势. 海湖盐与化工，2005，34（2）：33-37.

[316] 刘洪德. 广州人保大厦南北塔楼连体结构高支模系统设计. 广东土木与建筑，2003，10：39-40.

[317] 陈卿，宋晓冰，翟之阳. 混凝土中钢筋腐蚀监测传感器的试验. 工业建筑，2008，38（5）：57-60.

[318] Morris D R，Wan L. A solid-state potentiometric sensor for monitoring hydrogen in commercial pipeline steel. Corrosion，1995，51（4）：301-311.

[319] Iyon S B，Fray D J. Electrochemical detection of hydrogen using a solid-state probe. Solid State Ionics，1983，9（10）：1295-1296.

[320] 万小山，田斌，宋诗哲. 水下钢铁构筑物腐蚀监/检测电化学传感系统研制. 中国腐蚀与防护学报，2001，21（3）：181-186.

[321] 万小山，尹波，曾圣湖，等. 海洋金属腐蚀监检测电化学传感器的研制. 腐蚀科学与防护

技术，2004，16（1）：52-55.

[322] Mansfeld F，Jeanjaquet S，Roe D K. Barnacle electrode measurement system for hydrogen in steels. Materials Performance，1982，2（2）：35-38.

[323] Ando S，Hisaoka A，Hamada H，et al. A ceramic sensor for prediction of hydrogen attack. ISIJ Intern- ational，1991，31（2）：184-188.

[324] Tan Y，Tan T C. Characteristics and modeling of a solid state hydrogen sensor. Journal of the Electrochemical Society，1995，142（6）：1923-1929.

[325] Du Y L，Zhang X Y. Repair and maintenance for the offshore and marine industries. Singapore：Proceedings of the 1986 Conference on Inspection，1986.

[326] 杜元龙，张尔茹，陆征，等. 原子氢渗透速率测量传感器：中国，G01N27/407，1992-06-10.

[327] Fei Z，Kelly R G，Hudson J L. Spatiotemporal patterns on dectode arrays. Journal of Physical Chemistry，1996，100：18986-18991.

[328] Yang L T，Sridhar N. Coupled multielectrode array systems and sensors for real time corrosion monitoring-a review. Corrosion，Houston，TX：NACE International，2006.

[329] Yang L T，Sridhar N，Brossia C S，et al. Evaluation of the coupled multielectrode array sensor as a real-time corrosion monitor. Corrosion Science，2005，47：1794-1809.

[330] Sun X D，Yang L T. Real-time monitoring of crevice corrosion propagation rates in simulated seawater using coupled muhielectrode array sensor. Corrosion，Houston，TX：NACE Interna- tional，2006.

[331] Sun X D，Yang L T. Real-time monitoring of localized and general corrosion rates in drinking water systems utilizing coupled mutieletrede array sensor. Corrosion，Houston，TX：NACE International，2006.

[332] Sun X. Real-time monitoring of corrosion in soil utilizing coupled mutielectrode array sensors. Corrosion，Houston，TX：NACE International，2005.

[333] 尹立辉，宋诗哲. 黄铜管腐蚀监测传感器的研制. 中国腐蚀与防护学报，2004，24（1）：52-54.

[334] 范国义，曾为民，马玉录. 循环冷却水腐蚀在线监测系统的研究与应用. 化工装备技术，2006，27（4）：49-51.

[335] 韩磊，宋诗哲，张正. 电化学噪声技术在铝合金大气腐蚀检测中的应用. 中国腐蚀与防护学报，2009，29（6）：471-474.

[336] 张正. 飞行器用铝合金大气腐蚀的电化学检测研究. 天津大学博士学位论文，2008.

[337] Chen J F，Bogaerts W F. Electrochemical emission spectroscopy for monitoring uniform and localized corrosion. Corrosion，1996，52（10）：753-785.

[338] Magaino S，Kawaguchi A，Hirata A，et al. Spectrum analysis of corrosion potential fluctuations for localized corrosion of type 304 stainless steel. Journal of the Electrochemical Society，1987，134（12）：2993-2997.

[339] Puget Y，Trethewey K，Wood R J K. Electrochemical noise analysis of polyurethane coated steel subjected to erosion-corrosion. Wear，1999，（233-235）：552-567.

[340] Bevilaqua D, Acciari H A, Benedetti A V, et al. Electrochemical noise analysis of bioleaching of bornite (Cu$_5$FeS$_4$) by acidithiobacillus ferrooxidans. Hydrometallurgy, 2006, 83: 50-53.

[341] Legat A, Zevnik C. The electrochemical noise of mild and stainless steel in various water solutions. Corrosion Science, 1993, 35 (5-8): 1661-1666.

[342] Cotti R A. Simulation of electrochemical noise due to metastable pitting. Journal of Corrosion Science and Engineering, 2000, 3: 4-6.

[343] Tan Y J, Aung N N, Liu T. Novel corrosion experiments using the wire beam electrode. (I) Studying electrochemical noise signatures from localised corrosion processes. Corrosion Science, 2006, 48 (1): 23-38.

[344] 张宝宏, 丛文博, 杨萍. 金属电化学腐蚀与防护. 北京: 化学工业出版社, 2005.

[345] Bertocci U, Huet F. Noise analysis applied to electrochemical systems. Corrosion, 1995, 51 (2): 131-144.

[346] 张鉴清, 张昭, 王建明, 等. 电化学噪声的分析与应用-I. 电化学噪声的分析原理. 中国腐蚀与防护学报, 2001, 21 (5): 310-321.

[347] Treseder R S, Swanson T M. Factors in sulfide corrosion cracking of high-strength steels. Corrosion, 1968, 24 (1): 31-38.

[348] Ikeda A, Kaneko T, Terasaki F. Metallurgical factors on hydrogen-induced. Cracking of line pipe steel. Corrosion, 1980, 80 (1): 8-14.

[349] Townsend H E. Hydrogen sulfide stress corrosion cracking of high strength steel wire. Corrosion, 1973, 28 (1): 39-44.

[350] 余刚, 赵亮, 叶立元, 等. 三镍电极氢传感器. 化学通报, 2003, 66: 1-8.

[351] 欧阳跃军, 欧爱良, 余刚, 等. 电流型氢渗透传感器研究. 湖南大学学报(自然科学版), 2009, 36 (12), 49-52.

[352] Chaudhari B S, Radhakrishnan T P. The uptake of cathodic hydrogen by shim steel. Corrosion Science, 1985, 25 (11): 1077-1088.

[353] 蔡勤, 王磊. 海洋工业大气环境下应力腐蚀开裂机理分析. 全面腐蚀控制, 2013, 27 (6): 9-12.

[354] Schikorr G. Über die Nachahmung des atmosphärischen Rostens im Laboratorium. Materials and Corrosion, 1967, 18: 514-521.

[355] Chen Y Y, Chung S C, Shih H C. Studies on the initial stages of zinc atmospheric corrosion in the presence of chloride. Corrosion Science, 2006, 48 (11): 3547-3564.

[356] 张大磊, 李焰. 湿度对热镀锌钢材在海洋大气环境中氢脆敏感性的影响. 中国有色金属学报, 2010, 20 (3): 476-482.

[357] 曹楚南. 中国材料的自然环境腐蚀. 北京: 化学工业出版社, 2005.

[358] 杨德钧, 沈卓身. 金属腐蚀学. 北京: 冶金工业出版社, 1999.

[359] 李挺芳. 腐蚀监测方法综述(1). 石油化工腐蚀与防护, 1993, (2): 53-60.

[360] 中国化工防腐蚀技术协会1986年工作总结. 中国化工防腐信息, 1987, 7 (2): 3.

[361] Hudson J C, Bickley W G, The application of electrical resistance measurements to the study of

the atmospheric corrosion of metals. Proceedings of the Physical Society，1928，40：107-131.

[362] Petorlite Insturments，Potrolite Corpoartion，O. S. A. https://search.yahoo.com/search;_ylt= A2KK_cqz7JVWYzUBdSybvZx4?p=Petorlite+lnsturments%2Cpotrolite+Corpoartion%2CO. +S.+A&toggle=1&cop=mss&ei=UTF-8&fr=yfp-t-901&fp=1

[363] Bonhoeffer K F，Jena W. The electromotive behavior of iron. Zeitschrift Für Elektrochemie und Angewandte Physikalische Chemie，1951，55：151-158.

[364] Stern M，Geary A J. Electrochemical Polarization I . A theoretical analysis of the shape of polarization curves. Journal of the Electrochemical Society，1957，104（1）：56.

[365] 李挺芳. 腐蚀监测方法综述（2）. 石油化工腐蚀与防护，1993，3：49-51.

[366] 张敏，黄红军，李志广，等. 金属腐蚀监测技术. 腐蚀科学与防护技术，2007，19（5）：354-356.

[367] 刘晓方，黄淑菊，王汉功，等. 计算机在腐蚀与防护领域中的应用. 腐蚀科学与防护技术，1998，10（4）：222-229.

[368] 朱卫东，陈范才. 智能化腐蚀监测仪的发展现状及趋势. 腐蚀科学与防护技术，2003，15（1）：29-32.

[369] 郑立群，左晋，荀伟，等. 腐蚀监测技术在工业循环水中的应用. 工业水处理，2000，20（4）：35-37.

[370] 杨喜云，赵常就，高继东，等. CCMW-9810库仑斯特智能腐蚀监测仪在工业循环冷却水中的应用. 腐蚀与防护，1999，20（11）：504-507，510.

[371] 施岱艳，杨朔，杨诚，等. 腐蚀监测技术在四川含硫气田的应用. 天然气工业，1998，18（6）：72-75.

[372] Hausler R H. Practical experiences with linear polarization measurements. Corrosion，1977，33（4）：117-128.

[373] 赵永韬，吴建华，赵常就. 工业腐蚀监测的发展及其仪器的智能化. 腐蚀与防护，2000，21（11）：515-518.